局域网组网技术
（第3版）

主　编　肖　川　吕海洋　谢　玮
副主编　张栩之　王红艳　陈虹洁
参　编　郑美珠　杨洪军　刘燕燕
　　　　李石师

北京理工大学出版社
BEIJING INSTITUTE OF TECHNOLOGY PRESS

内 容 简 介

本书全面分析组网工程中的常用技术,并从局域网组网案例出发,介绍路由交换配置、网络工程建设以及服务器搭建方法。全书共12章,包括路由器基础、直连路由和静态路由、路由协议之RIP、路由协议之OSPF、广域网配置、ACL应用、NAT应用、虚拟局域网技术、高级交换技术、多路由协议的路由重分布、无线网络、网络工程等内容。

本书是一本实用性很强的教科书,特别适合高等职业院校计算机、信息管理、电子商务及相关专业本科生和大专生,以及网络从业人员使用,对网络工程人员和网络管理员也有一定的参考价值,还可以作为网络工程师辅导的参考资料。

版权专有　侵权必究

图书在版编目(CIP)数据

局域网组网技术 / 肖川,吕海洋,谢玮主编. --3版. --北京:北京理工大学出版社,2023.12
　ISBN 978-7-5763-3304-6

Ⅰ.①局… Ⅱ.①肖… ②吕… ③谢… Ⅲ.①局域网-组网技术 Ⅳ.①TP393.1

中国国家版本馆CIP数据核字(2024)第017271号

责任编辑:李 薇	**文案编辑**:李 硕
责任校对:刘亚男	**责任印制**:李志强

出版发行 /	北京理工大学出版社有限责任公司
社　　址 /	北京市丰台区四合庄路6号
邮　　编 /	100070
电　　话 /	(010)68914026(教材售后服务热线)
	(010)68944437(课件资源服务热线)
网　　址 /	http://www.bitpress.com.cn
版 印 次 /	2023年12月第3版第1次印刷
印　　刷 /	涿州市新华印刷有限公司
开　　本 /	787 mm×1092 mm　1/16
印　　张 /	19
字　　数 /	443千字
定　　价 /	98.00元

图书出现印装质量问题,请拨打售后服务热线,负责调换

第3版前言
FOREWORD

1. 改版背景

习近平总书记在党的二十大报告中指出"科技是第一生产力、人才是第一资源、创新是第一动力"。大国工匠和高技能人才作为人才强国战略的重要组成部分,在现代化国家建设中起着重要作用。高等教育肩负着培养大国工匠和高技能人才的使命,近几年得到了迅速发展和普及。网络强国是国家的发展战略,要做到网络强国,不但要使网络技术保持领先,有所创新,而且要确保网络的安全,保障重大应用系统正常运营,因此网络技能型人才的培养尤为重要。

本书自2016年公开出版,距今已有7年时间,其间改版、重印9次,读者在肯定本书的同时,也对本书提出了一些建议。"局域网组网技术"是高等学校计算机类专业的核心课程,近年来,由于计算机技术和网络信息技术的迅猛发展,"局域网组网技术"课程在教学内容、教学手段、教学定位、考核方式上全面走上持续发展的规范化道路。

2. 本书特点

(1)本书是第二批山东省普通高等教育一流教材、山东省混合式一流本科课程"局域网技术与组网工程"的配套教材。本书教学资源丰富,所有教学录像和操作视频均在课程所在平台,供读者学习和在线收看。本教程采用"互联网+新形态"模式,体现"教、学、做"的完美统一。

(2)该课程被学习强国慕课精品栏目收录。

(3)本书提供丰富的章节知识点微课和项目案例,读者可以扫描书中二维码观看。

3. 本书简介

组网是当今网络工程中迅速发展的重要技术之一,随着互联网技术的蓬勃发展,人类也从信息时代迈向智能社会。无论是政府机关、企事业单位,还是学校、社会团体及个人,对网络搭建的需求都日益增加,要实现局域网组网,网络工程人员必须具备网络组建和设备配置管理的相关知识,特别是路由器和交换机配置以及服务器搭建的相关知识,它们也是局域网组网中最基础、最核心的技术。

本书共12章:第1章介绍路由器基础,包括路由器基本用途、分类、选购,路由器接口、连接和配置以及常用基础命令等;第2章主要介绍直连路由和静态路由的配置;第3章主要介绍路由协议RIP,包括路由回环及其解决办法、有类别和无类别路由协议、浮动静态路由、单播更新与触发更新等；第4章主要介绍路由协议OSPF，包括单区域OSPF、多区域OSPF、虚链路OSPF等；第5章介绍广域网配置，包括广域网协议简介、广域网配置实例、帧中继概述等；第6章介绍ACL应用，主要包括标准ACL、扩展ACL、命名ACL的配置；第7章主要介绍NAT应用，重点介绍了NAT分类与配置；第8章主要介绍虚拟局域网技术，包括VLAN的分类、如何实现不同交换机之间相同VLAN的互通、单臂路由等；第9章介绍高级交换技术，包括交换机中的备份链路、生成树协议概述、STP、PVST、RSTP、MSTP、DHCP中继的配置等；第10章介绍多路由协议的路由重分布，包括路由重分布及其分布原则、问题及解决方法、配置等；第11章介绍各种无线网络的特点、传输方式、传输协议、传输速率，以及搭建方法等；第12章介绍网络工程，主要包括网络工程概述、网络规划与设计、Windows Server 2016下DNS、DHCP、Web、FTP服务器的搭建，以及校园网组建以及其他综合实例等，其中Windows常见服务器的搭建一节以二维码的形式给出。

全书由烟台南山学院肖川、吕海洋、谢玮担任主编，张栩之、王红艳、陈虹洁担任副主编，郑美珠、杨洪军、刘燕燕和南山控股李石师参与部分章节的编写，全书肖川负责统稿，具体分工如下：肖川负责编写第2章、第3章、第4章、第12章；吕海洋负责编写第5章、第11章；谢玮负责编写第1章、附录；张栩之负责编写第6章；王红艳负责编写第7章；陈虹洁负责编写第8章；李石师、郑美珠、杨洪军、刘燕燕合作编写第9章、第10章。本书在编写过程中得到了南山集团技术中心和中创软件多位专家的建议，湖北工程学院卢军教授给出了宝贵的意见，也参考并引用了相关书刊以及网络资源，在此表示衷心的感谢。

由于网络工程的不断发展，加之时间仓促及作者水平有限，书中的待商榷之处在所难免，恳切希望广大读者提出宝贵意见，以使本书不断完善。编者电子邮箱：92kuse@163.com。

编者

2024.1月于烟台南山学院

第 2 版前言

FOREWORD

组网是当今网络工程中迅速发展的重要技术之一。计算机网络技术的快速发展促进了信息技术革命的到来，使得人类社会的发展步入了信息时代。无论是政务机关、企事业单位，还是学校、社会团体及个人，网络搭建的需求都与日俱增，要实现局域网组网，网络工程人员必须具备网络组建和设备配置管理的相关知识，特别是路由器和交换机配置以及服务器搭建，它们是局域网组网中最基础和最核心的技术。

随着计算机应用的广泛普及，人们的生活、工作、学习及思维方式都发生了深刻变化，计算机已经成为人们工作、学习、思维、娱乐和处理日常事务必不可少的工具，为了方便企业管理和实现现代化办公和生产管理，培养网络实用性人才迫在眉睫。培养一个合格的网络人才，尤其是网络工程人才是我们教育工作者的责任，特别是对本专科院校的计算机类和电子商务专业的学生，更需要在具备理论知识的同时注重实际应用，本书正是为了满足广大网络工程人员和初学者学习而编写的一本实用性教材。

局域网组网技术作为一项重要技术，是一切网络的基础。在局域网中能实现几乎所有在 Internet 上实现的功能，而且能更安全地保护相关数据在内部传输。因此，若要学好并运用网络，那么局域网就是基础。编者结合自己多年的教学和工作经验，编写了本书。本书以注重实际操作、注重主流技术、注重网络应用为中心，主要目的是让读者掌握和熟悉局域网组网的方法和相关设备的配置，能够利用互联网络作为本学科的学习与研究工具，适应信息化社会的发展。本书既能保持教学的系统性，又能反映当下网络发展的最新技术。在本书的结构设计与内容选择上，作者力求达到：结构层次清晰，能涵盖初学者需要掌握与了解的网络原理、局域网基础设备配置、网络服务器配置、网络工程与综合布线等；采用理论与应用技能培养相结合的方法，使初学者在掌握局域网组网的基础上，能够比较容易地学习网络应用和设备配置服务器搭建等基本技能，同时对网络工程有系统的认识。

本书共有 13 章；第 1 章介绍 IP 协议、IP 地址、IP 划分、ARP 协议等；第 2 章介绍路由基础知识，包括路由器分类、路由器特点，以及路由器配置方法和常用基础命令等；第 3 章主要介绍直连路由的配置、静态路由器的配置、路由汇总、浮动路由以及度量值；第 4 章主要介绍路由协议 RIP、路由回环、回环解决；第 5 章主要介绍 OSPF 协议基础，包括单区域 OSPF、多区域 OSPF、虚链路 OSPF 等；第 6 章介绍广域网连接配置技术，包括广域网协议简介、配置实例、帧中继概述等内容；第 7 章主要介绍 ACL 的基本情况、标准 ACL、扩展 ACL、命名 ACL 的配置；第 8 章主要介绍地址转换协议，重点介绍了 NAT 的原理与应用、easy NAT、静态 NAT、动态 NAT、NAPT 的配置；第 9 章介绍交换机的基本知识，包括交换机的作用、交换机的特点以及分类、交换机的基础配置方法等；第 10 章主要介绍虚拟局域网技术，包括 VLAN 的划分方法、实现不同交换机之间相同 VLAN 的互通、VTP、单臂路由等；第 11 章介绍高级交换技术，包括交换机中的冗余链路、生成树协议概述、STP、PVST、快速生成树协议、MSTP 多实例生成树协议、DHCP 中继的配置等内容；第 12 章介绍多路由协议的路由重发布，包括路由重分布及其分布原则、问题及解决方法、配置等内容；第 13 章介绍无线局域网的特点、传输方式、传输协议、传输速率，以及无线局域网搭建和家庭无线局域网组建、无线个域网等内容。

  全书由烟台南山学院肖川、谢玮担任主编，由烟台南山学院孙艳波，烟台黄金职业学院陈虹洁，烟台南山学院崔少宁、韩翠红、王红艳担任副主编。南山集团技术中心提供了案例支持，湖北工程学院卢军教授给出了宝贵的意见，也参考并引用了相关书刊以及网络资源，在此表示衷心的感谢。

  由于网络工程的不断发展，加之时间仓促及作者水平有限，书中的不妥之处在所难免，恳切希望广大读者提出宝贵意见，以使本书不断完善。编者电子邮箱：92kuse@163.com。

编者

2019 年 6 月

第1版前言

FOREWORD

　　组网是当今网络工程中迅速发展的重要技术之一，计算机网络技术的快速发展促进了信息技术革命的到来，使得人类社会的发展步入了信息时代。无论是政务机关、企事业单位，还是学校、社会团体及个人，网络搭建的需求都与日俱增，要实现局域网组网，网络工程人员必须具备网络组建和设备配置管理的相关知识，特别是路由器和交换机配置以及服务器搭建，它们是局域网组网中最基础和最核心的技术。

　　随着计算机应用的广泛普及，人们的生活、工作、学习及思维方式都发生了深刻变化，计算机已经成为人们工作、学习、思维、娱乐和处理日常事务必不可少的工具，为了方便企业管理和实现现代化办公和生产管理，培养网络实用性人才迫在眉睫。培养一个合格的网络人才，尤其是网络工程人才是我们教育工作者的责任，特别是对本专科院校的计算机类和电子商务专业的学生，更需要在具备理论知识的同时注重实际应用，本书正是为了满足广大网络工程人员和初学者学习而编写的一本实用性教材。

　　局域网组网技术作为一项重要技术，是一切网络的基础。在局域网中能实现几乎所有在Internet上实现的功能，而且能更安全地保护相关数据在内部传输。因此，若要学好并运用网络，那么局域网就是基础。编者结合自己多年的教学和工作经验，编写了本书。本书以注重实际操作、注重主流技术、注重网络应用为中心，主要目的是让读者掌握和熟悉局域网组网的方法和相关设备的配置，能够利用互联网络作为本学科的学习与研究工具，适应信息化社会的发展。本书既能保持教学的系统性，又能反映当下网络发展的最新技术。在本书的结构设计与内容选择上，作者力求达到：结构层次清晰，能涵盖初学者需要掌握与了解的网络原理、局域网基础设备配置、网络服务器配置、网络工程与综合布线等；采用理论与应用技能培养相结合的方法，使初学者在掌握局域网组网的基础上，能够比较容易地学习网络应用和设备配置服务器搭建等基本技能，同时对网络工程有系统的认识。

　　本书共有13章：第1章介绍网络基础，包括局域网结构、局域网组成、局域网设备等；第2章介绍IP协议、IP地址、IP划分、ARP协议等；第3章介绍路由基础知识，包括路由器分类、路由器特点，以及路由器配置方法和常用基础命令等；第4章主要介绍直连路由的配置、静态路由器的配置、路由汇总、浮动路由以及度量值；第5章主要介绍路由协议RIP、路由回环、回环解决；第6章主要介绍OSPF协议基础，包括单区域OSPF、多区域OSPF、虚链路OSPF等；第7章主要介绍ACL的基本情况，包括标准 ACL、扩展 ACL、命名 ACL 的配置;第 8 章主要介绍地址转换协议,重点介绍了 NAT 的原理与应用,easy NAT、静态 NAT、云态 NAT、NAPT 的配置;第 9 章介绍交换机的基本知识,包括交换机的作用、交换机的特点及分类、交换机的基础配置方法等;第 10 章主要介绍虚拟局域网与高级交换技术,包括 VLAN 的划分方法、实现不同交换机之间相同 VLAN 的互通、VTP、单臂路由、STP 等;11 章介绍无线局域网的特点、传输方式、传输协议、传输速率,以及无线局域网搭建和家庭无线局域网组建等内容;第 12 章介绍网络工程,主要包括网络工程的特点及含义,网络工程的流程,网络工程的分工,Windows 服务器下 DNS、DHCP、Web、FTP 服务器的搭建等;第 13 章介绍校园网组建以及其他综合实例。

　　全书由肖川、田华和姬广永担任主编,由谢玮、李桂青、王佐兵担任副主编。南山集团技术中心提供了案例支持,湖北工程学院卢军教授给出了宝贵的意见,本书也参考并引用了相关书刊以及网络资源,在此表示衷心的感谢。

　　由于网络工程的不断发展,加之时间仓促及作者水平有限,书中的不妥之处在所难免,恳切希望广大读者提出宝贵意见,以使本书不断完善。编者电子邮箱:92kuse@163.com。

编者
2016 年 6 月

目录

CONTENTS

第1章 路由器基础……………………………………………………………… (1)
  1.1 路由器基本用途 ………………………………………………………… (1)
  1.2 路由器的分类 …………………………………………………………… (9)
  1.3 路由器的选购 …………………………………………………………… (11)
  1.4 路由器接口、连接和配置 ……………………………………………… (13)
  1.5 CLI 命令行配置路由器 ………………………………………………… (20)

第2章 直连路由和静态路由 …………………………………………………… (29)
  2.1 IP 路由 …………………………………………………………………… (29)
  2.2 CDP 概述 ………………………………………………………………… (36)
  2.3 直连路由 ………………………………………………………………… (39)
  2.4 路由配置 ………………………………………………………………… (41)

第3章 路由协议之 RIP ………………………………………………………… (54)
  3.1 路由协议概述 …………………………………………………………… (54)
  3.2 路由决策原则 …………………………………………………………… (56)
  3.3 路由回环 ………………………………………………………………… (57)
  3.4 路由信息协议 RIP 配置 ………………………………………………… (61)
  3.5 有类别和无类别路由协议 ……………………………………………… (72)
  3.6 浮动静态路由和 RIP …………………………………………………… (73)
  3.7 被动接口与单播更新 …………………………………………………… (73)
  3.8 RIPv2 认证和触发更新 ………………………………………………… (74)

第4章 路由协议之 OSPF ……………………………………………………… (77)
  4.1 OSPF 的基本概念 ……………………………………………………… (77)
  4.2 OSPF 的工作流程 ……………………………………………………… (81)
  4.3 单区域 OSPF 的基本配置 ……………………………………………… (89)
  4.4 多区域 OSPF 概述 ……………………………………………………… (95)

4.5 远离区域 0 的 OSPF 的虚链路 ………………………………………… (99)
4.6 OSPF 中的特殊区域 ……………………………………………………… (104)
4.7 OSPF 汇总路由 …………………………………………………………… (106)
4.8 OSPF 认证 ………………………………………………………………… (108)

第 5 章 广域网配置 (111)

5.1 广域网协议简介 …………………………………………………………… (111)
5.2 广域网配置实例 …………………………………………………………… (113)
5.3 帧中继概述 ………………………………………………………………… (123)

第 6 章 ACL 应用 (133)

6.1 ACL 概述 …………………………………………………………………… (133)
6.2 ACL 的分类与配置 ………………………………………………………… (136)
6.3 标准 ACL …………………………………………………………………… (139)
6.4 扩展 ACL …………………………………………………………………… (144)
6.5 命名 ACL …………………………………………………………………… (149)
6.6 基于时间的 ACL …………………………………………………………… (150)

第 7 章 NAT 应用 (153)

7.1 NAT 基础 …………………………………………………………………… (153)
7.2 NAT 的分类与配置 ………………………………………………………… (156)

第 8 章 虚拟局域网技术 (172)

8.1 VLAN 概述 ………………………………………………………………… (172)
8.2 VLAN 的分类 ……………………………………………………………… (175)
8.3 VLAN 配置 ………………………………………………………………… (177)
8.4 跨越交换机的 VLAN ……………………………………………………… (180)
8.5 单臂路由 …………………………………………………………………… (186)
8.6 VLAN 中继协议 …………………………………………………………… (189)
8.7 虚拟专用网 ………………………………………………………………… (192)
8.8 三层交换 …………………………………………………………………… (196)

第 9 章 高级交换技术 (206)

9.1 交换机中的备份链路 ……………………………………………………… (206)
9.2 生成树协议概述 …………………………………………………………… (210)
9.3 STP ………………………………………………………………………… (212)
9.4 PVST ……………………………………………………………………… (218)
9.5 RSTP ……………………………………………………………………… (221)
9.6 MSTP ……………………………………………………………………… (222)
9.7 DHCP 中继的配置 ………………………………………………………… (225)

第 10 章　多路由协议的路由重分布 (228)

- 10.1　理解路由重分布 (228)
- 10.2　路由重分布原则 (229)
- 10.3　路由重分布问题及解决方法 (229)
- 10.4　路由重分布的配置 (230)

第 11 章　无线网络 (239)

- 11.1　无线局域网概述 (239)
- 11.2　无线局域网的传输标准 (241)
- 11.3　无线局域网组网元素 (244)
- 11.4　无线局域网组网结构 (247)
- 11.5　对等无线局域网组建 (249)
- 11.6　家庭无线网络搭建 (250)
- 11.7　无线个域网 (252)
- 11.8　无线城域网 (253)
- 11.9　无线广域网 (254)

第 12 章　网络工程 (256)

- 12.1　网络工程概述 (256)
- 12.2　网络规划与设计 (257)
- 12.3　磁盘管理 (265)
- 12.4　校园网的组建 (266)
- 12.5　某省网络设计大赛案例 (272)
- 12.6　企业网组建案例 (274)
- 12.7　Windows 常见服务器的搭建 (277)

参考文献 (280)

附录 (281)

第 1 章 路由器基础

路由器(Router)是网络中进行网间连接的关键设备。作为不同网络之间互相连接的枢纽，路由器系统构成了基于 TCP/IP 的国际互联网(Internet)的主体脉络。在园区网、地区网乃至整个互联网研究领域中，路由器技术始终处于核心地位。

1.1 路由器基本用途

路由器是一种连接多个网络或网段的网络设备，它能将不同网络或网段之间的数据信息进行"翻译"，以使它们能够相互"读"懂对方的数据，从而构成一个更大的网络。路由器是互联网络的枢纽和"交通警察"。

目前，路由器已经广泛应用于各行各业，各种不同档次的产品已经成为实现各种主干网内部连接、主干网间互连和主干网与互联网互连的主力军。

路由器又被称为多协议转换器，是网络层的互联设备，主要用于局域网和广域网的互连。路由器的每个接口分别连接不同的网络，因此每个接口有一个 IP 地址和一个物理地址。路由器中有路由表，记录着远程网络的网络地址和到达远程网络的路径信息，即下一站路由器的 IP 地址。它利用 IP 地址中的网络号部分来识别不同网络，实现网络的互连。路由器不转发广播消息，能分隔广播域，因此它也隔离了不同网络，保持了各个网络的独立性。

路由器在网络的位置如图 1-1 所示，路由器的某个接口与以太网交换机的交叉介质有关接口通过直通网线连接，广域网接口则用专用的光纤电缆与互联网相连。

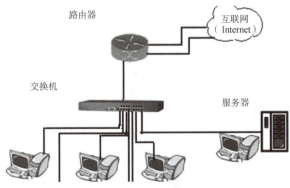

图 1-1 路由器在网络中的位置

1.1.1 路由器功能及特点

路由器是网络中进行网间连接的关键设备，是互联网络的枢纽，路由器系统构成了基于 TCP/IP 的国际互联网的主体骨架。在园区网、地区网乃至整个互联网研究领域中，路由器技术始终处于核心地位，其发展历程和方向，成为整个互联网研究的一个缩影。

路由器之所以在互联网中处于关键地位，是因为它处于网络层，一方面能够跨越不同的物理网络类型（DDN、FDDI、以太网等），另一方面能够在逻辑上将整个互联网分割成逻辑上独立的网络单位，使网络具有一定的逻辑结构。

1. 网络连接

（1）异构网络连接，即连接不同类型或不同结构的网络，如图 1-2 所示。

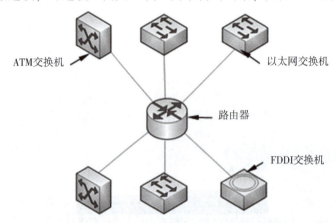

图 1-2　异构网络连接

（2）远程网络连接。路由器的主要工作就是远程网络连接，即为经过路由器的每个数据帧寻找一条最佳传输路径，并将该数据帧有效地传送到目的站点，如图 1-3 所示。

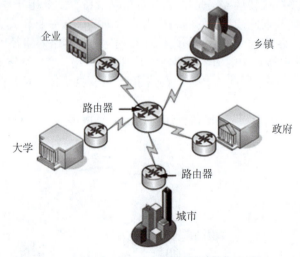

图 1-3　远程网络连接

2. 隔离广播

路由器不转发广播消息，而是把广播消息限制在各自的网络内部。发送到其他网络的数据先被送到路由器，再由路由器转发出去。

IP 路由器只转发 IP 分组，把其余的部分挡在网内(包括广播)，从而保持各个网络具有相对的独立性，这样可以组成具有许多网络(子网)互连的大型网络。由于是在网络层的互连，路由器可方便地连接不同类型的网络，只要网络层上运行的是 IP，通过路由器就可互连起来。

路由器有多个接口，用于连接多个 IP 子网。每个接口的 IP 地址的网络号要求与所连接的 IP 子网的网络号相同。不同的接口使用不同的网络号，对应不同的 IP 子网，这样才能使各子网中的主机通过自己子网的 IP 地址把要求转发的 IP 分组送到路由器上，隔离广播如图 1-4 所示。

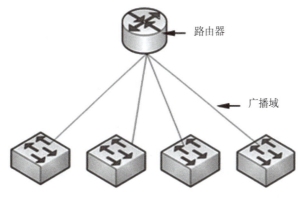

图 1-4　隔离广播

3. 路由选择

当两台连在不同子网上的计算机需要通信时，必须经过路由器转发，由路由器把信息分组通过互联网沿着一条路径从源端传送到目的端。在这条路径上可能需要通过一个或多个中间设备(路由器)，所经过的每台路由器都必须要知道怎么把信息分组从源端传送到目的端，需要经过哪些中间设备。为此，路由器需要确定到达目的端的下一跳路由器的地址，也就是要确定一条通过互联网到达目的端的最佳路径，路由选择如图 1-5 所示。

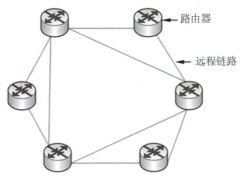

图 1-5　路由选择

4. 网络安全

路由器在工作中还担当着保护内部用户和数据安全的重要责任，主要体现为以下几种方式。

(1) 地址转换。利用地址转换功能可以将内部的计算机 IP 地址隐藏在网络内部，能很好地避免来自外部的恶意攻击，又不影响内部计算机对外网的访问。

（2）访问控制列表。利用访问控制列表可以决定在路由器的接口之间可以通过的数据种类或时间等，限制外网的不良信息进入内网。

对于不同规模的网络，路由器作用的侧重点有所不同：在主干网中，路由器的主要作用是路由选择和网络安全；在地区网中，路由器的主要作用是网络连接和路由选择；在园区网内部，路由器的主要作用是隔离广播。

1.1.2 路由器的组成

1. 路由器的外观

路由器的外观如图 1-6 所示，路由器的前面板除 LED 灯外没有其他东西，LED 灯主要是指示电源是否开启。后面板上有各种各样的接口，其中最关键的是控制台（Console）接口和以太网（Ethernet）接口。路由器的内部是一块印刷电路板，电路板上有许多大规模集成电路，还有一些插槽，用于扩充闪存（Flash Memory）、随机存储器（Random Access Memory，RAM）、接口（Interface）、总线。路由器实际上和计算机一样，有 4 个基本部件：CPU、内存、接口和总线。路由器是一台具有特殊用途的专用计算机，它是专门用来作为路由使用的。路由器和普通计算机的差别也是明显的，路由器没有显示器、软盘驱动器、硬盘、键盘以及多媒体部件，然而它有非易失性随机存储器（Non-Volatile Random Access Memory，NVRAM）和闪存。

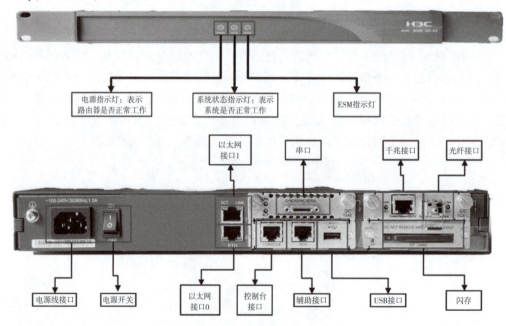

图 1-6　路由器的外观

2. 路由器的主要内部组件

（1）CPU。路由器的中央处理单元，和计算机一样，它是路由器的控制和运算部件。

（2）内存。内存用于存储临时的运算结果，如路由表、ARP 表、快速交换缓存、缓冲数据包、数据队列、当前配置文件，内存包括 RAM 和动态随机存储器（Dynamic Random Access Memory，DRAM），其中的数据在路由器断电后是会丢失的。

(3)闪存。闪存是可擦除、可编程的只读存储器(Read-Only Memory,Rom),用于存放路由器的操作系统(Internetwork Operating System,IOS),闪存的可擦除特性允许更新、升级 IOS 而不用更换路由器内部的芯片。路由器断电后,闪存的内容不会丢失。闪存容量较大时,就可以存放多个 IOS 版本。

(4)NVRAM。NVRAM 用于存放路由器的配置文件,路由器断电后,其中的内容仍然保持。

(5)ROM。ROM 中存储了路由器的开机诊断程序、引导程序和特殊版本的 IOS 软件(用于诊断等有限用途),其中的软件升级需要更换芯片。ROM 中主要包含:

①系统加电自检代码(POST),用于检测路由器中各硬件部分是否完好;

②系统引导区代码(BootStrap),用于启动路由器并载入 IOS;

③备份的 IOS,以便在原有 IOS 被删除或破坏时使用。通常,这个 IOS 比现运行 IOS 的版本低一些,不过足以使路由器启动和工作。

(6)接口。接口用于网络连接,路由器就是通过这些接口和不同的网络进行连接的。

3. 路由器接口类型及应用

路由器作为网络之间的互连设备,因为其连接的网络多种多样,所以其接口类型也很多。路由器支持多种型号的接口,主要包含 E1、V.35、异步接口类型、ISDN、VOIP。

路由器的存储和启动

(1)E1 接口类型及应用。

E1 接口在路由器这一端的表现形式主要是 DB9 接口,在另一端(数据电路终端设备,如光纤转换器、接口转换器、协议转换器、光端机等)的表现形式有两种:G.703 非平衡的 75 Ω、平衡的 120 Ω 接口。路由器 E1 接口模块如图 1-7(a)所示。

路由器上的 E1 接口模块的应用如下。

①将整个 2 Mbps 用作一条链路,如 DDN 2 Mbps。

②将 2 Mbps 用作若干个 64 Kbps 及其组合,如 128 Kbps,256 Kbps 等,如 CE1。

③用作语音交换机的数字中继,这也是 E1 接口模块最本来的用法,一个 E1 接口模块可以传 30 条语音。主群速率接口(Primary Rate Interface,PRI)就是其中的最常用的一种接入方式。

(2)V.35 接口类型及应用。

V.35 接口在路由器一端为 DB50 接口,外接网络端为 34 针接口。V.35 电缆用于同步方式传输数据,在接口上封装 x.25、帧中继、PPP、SLIP、LAPB 等链路层协议,支持 IP、IPX 网络层协议。V.35 电缆传输(同步方式下)的公认最高速率是 2 Mbps,传输距离与传输速率有关,在 V.35 接口上速率与接口的关系:2400 bps-1250 m;4800 bps-625 m;9600 bps-312 m;19200 bps-156 m;38400 bps-78 m;56000 bps-60 m;64000 bps-50 m;2048000 bps-30 m。

V.35 接口的应用既广泛又单一,在所有的低速同步线路(64 KB~128 KB)上都使用它。路由器 V.35 同步接口模块如图 1-7(b)所示。

(3)异步接口类型及应用。

异步接口线路都遵循 EIA 指定的标准,最传统和典型的异步接口是 RS-232。目前,在路由器上应用的异步接口有 RS-232、DB25、DB9、RJ-45 等。路由器异步接口模块如图 1-7(c) 所示。

异步接口模块的应用如下。

①在拨号服务器中作为接入服务器的接口。

②作为异步专线的接入接口,连接到异步专线的调制解调器上。

③路由器的异步接口通过使用 Telnet 的方式,连接哑终端。

④在实验室中,使用反向 Telnet 的应用场合可使用异步接口。

⑤在拨号备份的环境中,可以把异步接口连接异步专线/PSTN/ISDN 线路作为备份接口。

(4) ISDN 接口类型及应用。

ISDN 设备包括交换机和网络终端设备。网络终端设备有 ISDN 小交换机、ISDN 适配器、ISDN 路由器、数字电话机等,一个数字电话机占用一个 B 信道。它安装于用户处,分为 NT1 和 NT2 两种,它使数字信号可以在普通电话线上转送和接收。

我国电话局提供的 ISDN PRI 为 30B+D。ISDN PRI 提供 30 个 B 信道和 1 个 64 Kbps 的 D 信道,总速率可达 2.048 Mbps。B 信道速率为 64 Kbps,用于传输用户数据,D 信道主要传输控制信令。我国综合业务数字网(Integrated Services Digital Network,ISDN)使用拨号方式建立与网络业务提供商(Internet Service Provider,ISP)的连接,它可作为数字数据网(Digital Data Network,DDN)或帧中继线路的备用网络。由于采用与电话网络不同的交换设备,ISDN 用户与电信局间的连接采用数字信号,因而 ISDN 的信道建立时间很短、线路通信质量较好、误码率和重传率低。路由器 ISDN 接口模块如图 1-7(d) 所示。

ISDN 接口模块的应用如下。

①在非对称数字用户线路(Asymmetric Digital Subscriber Line,ADSL)普及之前作为单纯的上网线路。

②作为广域网主线路的备份线路,因为这种线路在不使用的时候产生的费用很少,备份主线路时速度快,稳定性高,所以很容易被用户所接受。

③可作为普通电话使用。ISDN 虽然是一种数字电子线路,但其传输的网络介质同样是公共电话网,所以在用户不上网时,可以把它作为普通电话使用。

(5) VOIP 接口类型及应用。

传统语音从呼叫方到接收方完全通过公用电话交换网(Public Switched Telephone Network,PSTN)相互连接,VOIP 语音与此不同。IP 语音位于公用电话网与提供传输服务的 IP 网络的接口处,用户拨打 VOIP 电话时,经程控电话交换机转接到 IP 语音网关,由 IP 语音网关将用户话路数据转发到 IP 网络,通过 IP 网络到达被呼叫用户电话所属的 IP 网关,再由该网关将数据转到被叫用户电话所在的 PSTN 上,最终到达被叫用户的电话。因此 VOIP 语音可利用 IP 网络共享带宽,充分利用资源的优势。

VOIP 的语音接口共有两种型号:FXO、FXS。FXO 是一种不给它所连接的设备进行供电的接口,因此它多用来连接 ISP 的中继线路。FXS 是可以给它所连接的线路进行信号和供电的接口,因此它可以直接连接到传真机或电话机上。路由器 VOIP 接口模块如图 1-7(e) 所示。本书后续为了介绍方便,将路由器物理级、软件级和逻辑级的连接交换口统称为接口。

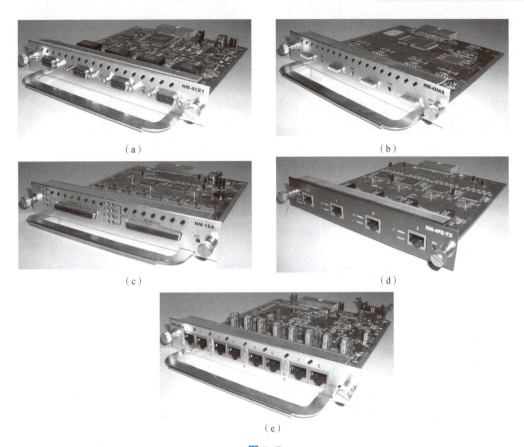

图 1-7

(a)路由器 E1 接口模块；(b)路由器 V.35 同步接口模块；(c)路由器异步接口模块；
(d)路由器 ISDN 接口模块；(e)路由器 VOIP 接口模块

4. 路由器加电启动过程

（1）系统硬件加电自检。运行 ROM 中的硬件检测程序，检测各组件能否正常工作。完成硬件检测后，开始软件初始化工作。

（2）软件初始化过程。运行 ROM 中的 BootStrap 程序，进行初步引导工作。

（3）寻找并载入 IOS 系统文件。IOS 系统文件可以存放在多处，至于到底采用哪一个 IOS，是通过命令设置指定的。

（4）IOS 装载完毕，系统在 NVRAM 中搜索保存的 Startup-Config 文件，进行系统的配置。若 NVRAM 中存在 Startup-Config 文件，则将该文件调入 RAM 中并逐条执行，否则系统进入 Setup 模式，进行路由器初始配置。

路由器的初始配置包括以下几项。

① 设置路由器名。
② 设置进入特权模式的密文。
③ 设置进入特权模式的密码。
④ 设置虚拟终端访问的密码。
⑤ 询问是否要设置路由器支持的各种网络协议。
⑥ 配置 FastEthernet0/0 接口。
⑦ 配置 Serial0 接口。

⑧ 显示结束后，系统会问是否使用这个设置。
⑨ NAT、ACL 与默认路由的配置。

1.1.3　路由器的工作原理

我们知道，路由器是用来连接不同网段或网络的，在一个局域网中，如果不需要与外界网络进行通信，内部网络的各工作站都能识别其他各节点，完全可以通过交换机实现目的性发送，根本用不上路由器来记忆局域网的各节点 MAC 地址。路由器识别不同网络的方法是通过识别不同网络的网络 ID 进行的，因此为了保证路由成功，每个网络都必须有一个唯一的网络 ID。路由器要识别另一个网络，首先要识别的就是对方网络的路由器 IP 地址的网络 ID，看是不是与目的节点地址中的网络 ID 一致。如果二者一致，就向这个网络的路由器发送数据。接收网络的路由器在接收到源网络发来的报文后，根据报文中包括的目的节点 IP 地址中的主机 ID 来识别是发给哪一个节点的，然后直接发送。

为了更清楚地说明路由器的工作原理，下面假设有这样一个简单的网络：其中一个网段网络 ID 为"A"，在同一网段中有 4 台终端设备连接在一起，这个网段的每个设备的 IP 地址分别为 A1、A2、A3 和 A4，连接在这个网段上的一台路由器是用来连接其他网段的，路由器连接于 A 网段的那个接口 IP 地址为 A5，路由器连接的另一网段的网络 ID 为"B"，连接在 B 网段的几台工作站设备的 IP 地址分别为 B1、B2、B3、B4，连接于 B 网段的路由器接口的 IP 地址为 B5。

在这样一个简单的网络中同时存在着两个不同的网段，现如果 A 网段中的 A1 用户想发送一个数据给 B 网段的 B2 用户，就非常简单了。

A1 用户把所发送的数据及发送报文准备好，以数据帧的形式通过集线器或交换机广播发送给同一网段的所有节点(集线器都采取广播方式，而交换机因为不能识别这个地址，也采取广播方式)。路由器在侦听到 A1 发送的数据帧后，分析目的节点的 IP 地址信息(路由器在得到数据包后总是要先进行分析)，得知不是本网段的，就把数据帧接收下来，根据其路由表分析得知，接收节点的网络 ID 与 B5 接口的网络 ID 相同，这时路由器的 A5 接口就直接把数据帧发给路由器 B5 接口。B5 接口根据数据帧中的目的节点 IP 地址信息中的主机 ID 来确定最终目的节点为 B2，然后发送数据到节点 B2。这样一个完整的数据帧的路由转发过程就完成了，数据正确、顺利地到达目的节点。

当然，像以上这样的网络算是非常简单的，路由器的功能还不能从根本上体现出来，一个路由器一般会同时连接其他多个网段或网络，其工作原理如图 1-8 所示，可以看到，A、B、C、D 这 4 个网络通过路由器连接在一起。

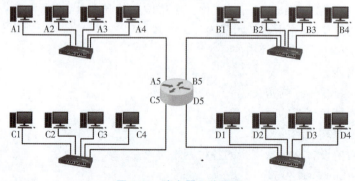

图 1-8　路由器工作原理

现在我们来看一下在图 1-8 所示的网络环境下，路由器又是如何发挥其路由、数据转发作用的。假设网络 A 中一个用户 A1 要向网络 C 中的 C3 用户发送一个请求信号，信号传递的步骤如下。

第 1 步：用户 A1 将目的用户 C3 的地址 C3 连同数据信息，以数据帧的形式通过集线器或交换机通过广播发送给同一网络中的所有节点，当路由器 A5 接口侦听到这个数据帧后，分析得知所发目的节点不是本网段的，需要路由转发，就把数据帧接收下来。

第 2 步：路由器 A5 接口接收到用户 A1 的数据帧后，先从报头中取出目的用户 C3 的 IP 地址，并根据路由表计算出发往用户 C3 的最佳路径。因为从分析得知 C3 的网络 ID 与路由器的 C5 网络 ID 相同，所以由路由器的 A5 接口直接发向路由器的 C5 接口应是信号传递的最佳路径。

第 3 步：路由器的 C5 接口再次取出目的用户 C3 的 IP 地址，找出 C3 的 IP 地址中的主机 ID，若在网络中有交换机则可先发给交换机，由交换机根据 MAC 地址表找出具体的网络节点位置；若没有交换机，则根据其 IP 地址中的主机 ID 直接把数据帧发送给用户 C3，这样一个完整的数据通信转发过程就完成了。

从上面可以看出，不管网络有多复杂，路由器所做的工作就是这么几步，因此整个路由器的工作原理都差不多。当然，实际的网络远比图 1-8 所示的网络要复杂许多，实际的步骤也不会像上述那么简单，但总的原理是这样的。

1.2 路由器的分类

随着市场需求的不断提高，为了满足各种应用需求，出现过各式各样的路由器。路由器可按以下几个方面进行分类。

1. 按处理能力划分

根据路由器的接口数量、类型和包处理能力，路由器可分为高端路由器(用于大型网络的核心，以适应复杂的网络环境)和中低端路由器(用于小型网络的 Internet 接入或企业网远程接入)。背板带宽大于 40 Gbps 的为高端路由器，背板带宽小于 25 Gbps 的为低端路由器，居中的为中端路由器。当然，这只是一种宏观上的划分标准，实际上路由器档次的划分不仅以背板带宽为依据的，是有一个综合指标的。以市场占有率最大的 Cisco 公司为例，12800 系列为高端路由器，7500 以下系列路由器为中低端路由器。图 1-9 所示为 Cisco 公司生产的低、中、高 3 种档次的路由器产品。

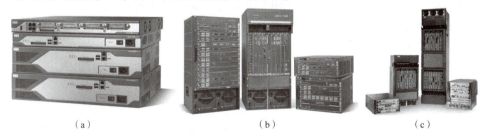

图 1-9　3 种档次的路由器产品
(a)低端路由器；(b)中端路由器；(c)高端路由器

2. 按结构划分

从结构划分，路由器可分为模块化结构路由器与非模块化结构路由器。模块化结构路由器可以灵活地配置，以适应企业不断增加的业务需求，非模块化结构路由器就只能提供固定的接口。通常中高端路由器为模块化结构，低端路由器为非模块化结构。图1-10所示为模块化结构和非模块化结构的路由器产品。

（a）　　　　　　　　　　　　　（b）

图1-10　模块化结构和非模块化结构的路由器产品
（a）Cisco 3800 模块化路由器；（b）Cisco SOHO 90 固定配置路由器

3. 从功能上划分

从功能上划分，可将路由器分为主干级（核心层）路由器、企业级（分发层）路由器和接入级（访问层）路由器。

（1）主干级路由器是实现企业级网络互连的关键设备，它的数据吞吐量较大。对主干级路由器的基本性能要求是高速度和高可靠性。为了获得高可靠性，网络系统普遍采用诸如热备份、双电源、双数据通路等传统冗余技术，从而使主干级路由器的可靠性较高。主干级路由器常将一些访问频率较高的目的接口放到Cache（缓存）中，从而达到提高路由查找效率的目的。

（2）企业级路由器用于连接许多终端系统，其连接对象较多，但系统相对简单，且数据流量较小，对这类路由器的要求是以尽量简单的方法实现尽可能多的端点互连，同时还要求能够支持不同的服务质量（Quality of Service，QoS）。路由器连接的网络系统因为能够将机器分成多个碰撞域，所以可以方便地控制一个网络的大小。此外，路由器还可以支持一定的服务等级，至少允许将网络分成多个优先级别。当然，企业级路由器的每个接口造价要高些，在使用之前要求用户进行大量的配置工作。因此，企业级路由器的成败就在于是否可提供大量接口且每个接口造价是否足够低，是否容易配置，是否支持不同的QoS，以及是否支持广播和组播等多项功能。

（3）接入级路由器主要应用于连接家庭或ISP内的小型企业客户群体。接入级路由器未来将能够支持许多异构和高速接口，并能在各个接口运行多种协议。

4. 按通用性划分

根据通用性划分，路由器可分为通用路由器和专用路由器（功能不一定齐全，但更侧重于某一方面，如网吧专用路由器、ADSL 路由器）。

5. 按所处网络位置划分

按所处的网络位置划分，路由器可以分为边界路由器和中间节点路由器两类。很明显，边界路由器是处于网络边缘的，用于不同网络路由器的连接。中间节点路由器则处于网络的中间，通常用于连接不同网络，起到数据转发的桥梁作用。由于各自所处的网络位置有所不同，其主要性能也就有相应的侧重。例如，中间节点路由器要面对各种各样的网络，如何识别这些网络中的各节点呢？靠的就是中间节点路由器的MAC地址记忆功能。因此，选择中间节点路由器时就需要更加注重MAC地址记忆功能，也就是要求选择缓存更大、MAC 地址记忆能力较强的路由器。边界路由器因为它可能要同时接收来自许多不同网络路由器发来的数据，所以其背板带宽要足够宽，当然也要由边界路由器所处的网络环境而定。虽然这两种路由器在性能上各有侧重，但是其所发挥的作用却是一样的，都是起网络路由、数据转发的作用。

6. 按传输性能划分

按传输性能划分，路由器可分为线速路由器以及非线速路由器。所谓线速路由器，就是完全可以按传输介质带宽进行通畅传输，基本上没有间断和时延的路由器。线速路由器通常是高端路由器，具有非常高的接口带宽和数据转发能力，能以媒体速率转发数据包，中低端路由器是非线速路由器。一些新的宽带接入路由器也有线速转发能力。

7. 按网络类型划分

按网络类型划分，路由器可分为有线路由器和无线路由器，如图 1-11 所示。

图 1-11　有线路由器和无线路由器

1.3　路由器的选购

路由器通常都较昂贵且配置复杂，绝大多数用户对路由器的选购标准一无所知，大多数系统管理员对此也是一知半解。为此，本节就路由器的选购方面做一个简单的说明。路由器的选购主要从以下几个方面来考虑。

1. 路由器的管理方式

路由器最基本的管理方式是利用终端(如 Windows 系统所提供的超级终端)通过专用配置线连接到路由器的 Console 接口(配置接口)直接进行配置。因为新购买的路由器，其配置文件是空的，所以用户购买路由器以后，一般都是先使用此方式对路由器进行基本的配置。但仅通过这种配置方法，还不能对路由器进行全面的配置，也无法实现路由器的管理功能。我们只有在基本的配置完成后再进行有针对性的项目配置(如通信协议、路由协议配置等)，才可以更加全面地实现路由器的网络管理功能。还有一种情况，就是有时我们可能需要改变路由器的许多设置，而自己并不在路由器旁边，无法连接专用配置线，这时就需要路由器提供远程 Telnet 程序进行远程访问配置，或者通过 Modem 拨号来进行远程登录配置，还可以通过 Web 的方式来实现路由器的远程配置。现在，一般的路由器都具有一种或几种远程配置管理方式。

2. 路由器所支持的路由协议

路由器可能连接了不同类型的网络，这些网络所支持的网络通信协议、路由协议有可能不一样，对于在网络之间起到桥梁作用的路由器来说，如果不支持其中一方的协议，就无法实现它在网络之间的路由功能。为此，在选购路由器时，要注意路由器能支持的网络路由协议有哪些，特别是在广域网中使用的路由器。因为广域网路由协议非常多，网络也相当复杂，如目前常见的广域网线路主要有 X.25、帧中继、DDN 等多种。对于用于局域网之间的路由器来说，对其的要求就相对简单些。因此，在选购路由器时要考虑路由器目前及将来的实际使用环境，来决定所选路由器要支持何种协议。

3. 路由器的安全性保障

现在，网络安全已经越来越受到用户的高度重视，而路由器作为个人、事业单位内部网和外部进行连接的设备，能否提供高要求的安全保障就显得极其重要。目前，许多厂家的路由器可以设置访问控制列表，达到控制数据进出路由器的目的，实现防火墙的功能，防止非法用户的入侵。另外，使用路由器的网络地址转换(Network Address Translation，NAT)功能，就能够屏蔽公司内部局域网的网络地址，将其统一转换成广域网的网络地址，这样网络上的外部用户就无法了解到公司内部局域网的网络地址，进一步防止了非法用户的入侵。

4. 丢包率

丢包率是指在一定的数据流量下，路由器不能正确进行数据转发的数据包在总的数据包中所占的比例。丢包率的大小会影响路由器线路的实际工作速度，严重时甚至会使线路中断。一般来说，小型企业网络流量不会很大，出现丢包现象的概率也很小，而大型企业因为网络流量，所以在选择路由器时应考虑这一点。

5. 背板能力

背板能力通常是指路由器背板容量或总线带宽能力，这个性能对于保证整个网络之间的连接速率是非常重要的。如果所连接的两个网络的速率都较快，而有路由器带宽限制，这将直接影响整个网络之间的通信速度。一般来说，如果是连接两个较大的网络，网络流量较大时，应格外注意路由器的背板容量。如果是小型企业网络，一般来说这个参数也是不用特别在意的，因为一般路由器在这方面都能满足小型企业网之间的通信带宽要求。

6. 吞吐量

路由器的吞吐量是指路由器对数据包的转发能力。较高端的路由器可以对较大的数据包进行正确、快速的转发，而较低端的路由器则只能转发小的数据包，较大的数据包需要拆分成许多小的数据包来分开转发，这种路由器的数据包转发能力就比较差。

7. 转发时延

转发时延指需转发的数据包最后一位数据进入路由器接口到该数据包第一位数据出现在接口链路上的时间间隔，这与上面的背板容量、吞吐量参数是紧密相关的。

8. 路由表容量

路由表容量是指路由器运行中可以容纳的路由数量。一般来说，越是高端的路由器，其路由表容量越大，因为它可能要面对非常庞大的网络。这一参数与路由器自身所带的缓存大小有关，一般的路由器也不需太注重这一参数。

9. 可靠性

可靠性是指路由器的可用性、无故障工作时间和故障恢复时间等指标，这一系列指标只能由开发商自己决定，新买的路由器暂时无法验证。我们可以选购信誉较好、技术先进的品牌，以提高产品的可靠性。

1.4 路由器接口、连接和配置

路由器具有非常强大的网络连接和路由功能,它可以与各种各样的网络进行物理连接,这就决定了路由器的接口技术非常复杂,越是高端的路由器,其接口种类也就越多。不同接口之间使用的配置线也不相同,使用合理的配置线才能正确地连接和配置路由器。

1.4.1 路由器的物理接口与逻辑接口

1. 路由器的物理接口

非模块化结构路由器的接口由连接类型和编号来标识。例如,Cisco 2500 系列路由器上第一个 Ethernet 接口标识为 Ethernet0,第二个 Ethernet 接口标识为 Ethernet1。串口也以相同的方式编号,如第一个高速同步串口的编号由 0 开始,标识为 Serial0,简称 S0。专用的异步接口的路由器(如 2509、2511)的 AUX 标识为 async0,其他所有 Cisco 2500 系列路由器上编号为 async1。其他系列的路由器专用的异步接口由 1 开始编号。Console 接口的标识为 con。

模块化结构路由器的各种接口通常由接口类型加上插槽号和单元号进行标识。常用接口类型有通用串行接口(RS-232、V.35 和 X.21 类型的 DTE/DCE 接口)、以太网接口(10 Mbps、10/100 Mbps、1000 Mbps)、SFP 接口、ATM 接口、VOIP 语音接口。

图 1-12 所示为常见的几个物理接口。RJ-45 接口是我们常见的双绞线以太网接口。因为在快速以太网中主要采用双绞线作为传输介质,所以根据接口的通信速率不同,RJ-45 接口又可分为 10Base-T 网 RJ-45 接口和 100Base-TX 网 RJ-45 接口两类。AUI 是用来与粗同轴电缆连接的接口,它是一种 D 型 15 针接口,在令牌环网或总线型网络中是一种比较常见的接口,用于与光纤的连接。光纤接口通常不直接用光纤连接至工作站,而是通过光纤连接到快速以太网或千兆以太网等具有光纤接口的交换机,一般高端路由器才具有这种接口,以 100b FX 标注。

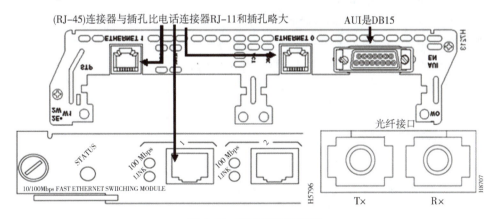

图 1-12 路由器物理接口

2. 路由器的逻辑接口

路由器的逻辑接口并不是实际的硬件接口,它是一种虚拟接口,是用路由器的 IOS 的一系列软件命令创建的。这些虚拟接口可被网络设备当成物理的接口(如串行接口)来使用,以提供路由器与特定类型的网络介质之间的连接。在路由器上可配置不同的逻辑接口,主要有 loopback 接口、null 接口以及子接口等。在高端路由器上,常使用逻辑接口来访问或限制某一部分的数据。

(1) loopback 接口配置。

loopback(回环)接口是完全软件模拟的路由器本地接口,它永远都处于 up 状态。发往 loopback 接口的数据包将会在路由器本地处理,包括路由信息。loopback 接口的 IP 地址可以用来作为开放最短路径优先(Open Shortest Path First,OSPF)路由协议的路由器标识、实施发向 Telnet 或作为远程 Telnet 访问的网络接口等。配置一个 loopback 接口类似于配置一个以太网接口,可以把它看作一虚拟的以太网接口。配置命令如下(nsrjgc 为路由器名称):

```
//设置 loopback 接口
nsrjgc(config)#interface loopback loopback-interface-number
//删除 loopback 接口
nsrjgc(config)#no interface loopback loopback-interface-number
//显示 loopback 接口状态
nsrjgc#show loopback loopback-interface-number
```

(2) null 接口配置。

路由器还提供了 null(空)虚拟接口。该虚拟接口仅相当于一个可用的系统设备。null 接口永远都处于 up 状态,并且永远都不会主动发送或接收网络数据,任何发往 null 接口的数据包都会被丢弃,在 null 接口上任何链路层协议封装的企图都不会成功。配置命令如下:

```
//进入 null 接口配置
nsrjgc(config)#interface null 0
//允许 null 接口发送 ICMP 的 unreachable 消息
nsrjgc(config-if)#ip unreachables
//禁止 null 接口发送 ICMP 的 unreachable 消息
nsrjgc(config-if)no #ip unreachables
```

null 接口更多地用于网络数据流的过滤。如果使用 null 接口,可以将不希望处理的网络数据流路由给 null 接口,而不必使用访问控制列表。配置命令如下:

```
nsrjgc(config)#ip route 127.0.0.0 255.0.0.0 null 0
```

(3) Tunnel 接口配置。

Tunnel(隧道)接口也是系统虚拟的接口。Tunnel 接口并不特别指定传输协议或负载协议,它提供的是一个用来实现标准点对点传输的传输模式。因为 Tunnel 接口实现的是点对点的传输链路,所以每一个单独的链路都必须设置一个 Tunnel 接口。

Tunnel 接口传输适用于以下情况:允许运行非 IP 协议的本地网络之间通过一个单一网络(IP 网络)通信,因为 Tunnel 支持多种不同的负载协议;允许通过单一的网络(IP 网络)连接间断子网;允许在广域网上提供虚拟专用网络(Virtual Private Network,VPN)功能。

(4) dialer 接口配置。

dialer 接口即拨号接口，路由器支持拨号的物理接口有同步串口与异步串口。路由器中通过 dialer 接口实现了 DDR(按需拨号路由)功能。配置命令如下：

```
//进入 dialer 接口配置模式
nsrjgc(config)#interface dialer dialer- number
//删除已创建的 dialer 接口
nsrjgc(config)#no interface dialer dialer- number
```

(5) 子接口配置。

子接口是一种特殊的逻辑接口，它绑定在物理接口上，并作为一个独立的接口来引用。子接口有自己的第 3 属性，如 IP 地址或 IPX 编号。

子接口名由物理接口的类型、编号、英文句点和另一个编号组成。例如，f0/0.1 是 f0/0 的一个子接口。配置命令如下：

```
nsrjgc(config)#int f0/0.1
nsrjgc(config- subif)#
```

1.4.2 设备的连接方式

常见设备的连接一般使用直连线(平行线)和交叉线。同种设备使用交叉线，异种设备使用直连线。

路由器和 PC、交换机和集线器可以看作同种设备。

各设备之间连线情况如图 1-13 所示。

图 1-13 各设备之间连线情况

对于已知设备，可以根据上述来选择连线，对于未知设备又该如何呢？针对这个问题，厂商也提供了判别方法，设备上都有相应的标识。当两台待连接设备上只有一台的接口上标有"×"时，使用直连线，如图 1-14 所示。当两台待连接设备上的接口上均标有或均没有"×"时，使用交叉线，如图 1-15 所示。

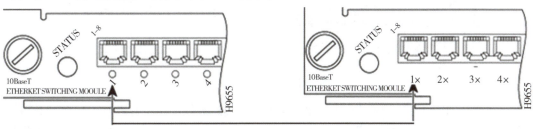

图 1-14 使用直连线

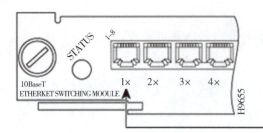 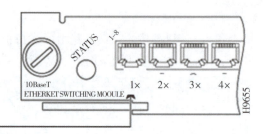

图 1-15 使用交叉线

1.4.3 配置路由器的常用方法

因为路由器没有自己的输入设备,所以在对路由器进行配置时,一般都是通过另一台计算机连接到路由器的各种接口上进行配置。因为路由器所连接网络的情况可能千变万化,所以为了方便对路由器的管理,必须为路由器提供比较灵活的配置方法。一般来说,对路由器的配置可以通过以下几种方法来进行。

1. 通过 Console 接口配置路由器

用 Console 接口对路由器进行配置是我们在工作中对路由器进行配置最基本的方法,在第一次配置路由器时,必须采用 Console 口配置方式。用 Console 接口配置路由器时,需要用图 1-16 所示的专用串口配置线缆连接路由器的 Console 接口和计算机的串口。把路由器和计算机连接好后,就可以使用超级终端这一通信程序对路由器进行配置了。超级终端界面如图 1-17 所示。

DB9-DB9线缆　　RJ45-DB9转换器+反转线缆　　DB9-RJ45线缆

图 1-16 专用串口配置线缆

 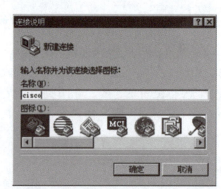

图 1-17 超级终端界面

在计算机上运行 Windows 系统附件中附带的超级终端软件,注意串口的配置参数设置(可使用默认值),单击"确定"按钮,即可正常建立与路由器的通信。如果路由器已经启动,按〈Enter〉键即可进入路由器的普通用户模式。若路由器还没有启动,打开路由器的电源，会看到图1-18所示的路由器启动过程，启动完成后同样进入普通用户模式。

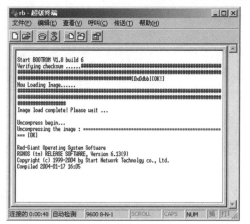 

图1-18 路由器启动过程

路由器启动过程的命令如下：

System Bootstrap,Version 12.1(3r)T2,RELEASE SOFTWARE(fc1)

Copyright(c)2000 by cisco Systems,Inc.

cisco 2620(MPC860)processor(revision 0x200)with 60416K/5120K bytes of memory

Self decompressing the image:

[OK]

     Restricted Rights Legend

Use,duplication,or disclosure by the Government is

subject to restrictions as set forth in subparagraph

(c)of the Commercial Computer Software- Restricted

Rights clause at FAR sec. 52.227- 19and subparagraph

(c)(1)(ii)of the Rights in Technical Data and Computer

Software clause at DFARS sec. 252.227- 7013.

    cisco Systems,Inc.

    170 West Tasman Drive

    San Jose,California 95134- 1706

Cisco Internetwork OperatingSystem Software

IOS(tm)C2600 Software(C2600- I- M),Version 12.2(28),RELEASE SOFTWARE(fc5)

Technical Support:http://www.cisco.com/techsupport

Copyright(c)1986- 2005 by cisco Systems,Inc.

Compiled Wed 27- Apr- 04 19:01 by miwang

cisco 2620(MPC860)processor(revision 0x200)with 60416K/5120K bytes of memory

Processor board ID JAD05190MTZ(4292891495)

M860 processor:part number 0,mask 49

Bridging software.

X.25 software,Version 3.0.0.

1 FastEthernet/IEEE 802.3 interface(s)

32K bytes of non- volatile configuration memory.

16384K bytes of processor board System flash(Read/Write)

如果路由器是出厂后第一次被使用，或者路由器中的 NVRAM 没有配置文件，那么路由器开机后会进入一种被称为 setup 模式的特殊配置模式。该模式提供一种快速、简单的设置路由器的途径。命令如下：

—System Configuration Dialog—
Continue with configuration dialog? [yes/no]:

对于初学者，建议先不要使用该模式，因此上面直接选择 no。

2. Telnet 配置

在本地或远程均可使用 Telnet 登录到路由器上进行配置。操作系统自带 Telnet 程序，如 Windows、UNIX、Linux 等系统都自带这样一个远程访问程序。如果路由器已有一些基本配置，至少要有一个有效的普通接口，就可通过运行远程登录（Telnet）程序的计算机作为路由器的虚拟终端与路由器建立通信，完成路由器的配置。用 Telnet 连接路由器的界面和使用 Console 接口配置的界面完全相同，如图 1-19 所示。

连接方法为用交叉双绞线一端与路由器的 flash 0 接口相连，另一端接计算机网卡。这种连接方法的前提条件是路由器的 flash 0 口配置了 IP 地址并已启用。

图 1-19　Telnet 远程连接路由器

3. AUX 接口配置

AUX 接口接调制解调器，通过电话线与远程的终端或运行终端仿真软件的 PC 相连，如图 1-20 所示。

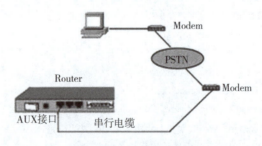

图 1-20　AVX 接口配置

4. 网管工作站方式

路由器除了可以通过以上 3 种方式进行配置外，还可以通过网管工作站方式进行配置。这种方式是通过运行路由器厂家提供的网络管理软件来进行的，如 Cisco 公司的 CiscoWorks，也有一些是第三方的网络管理软件，如 HP 公司的 OpenView 等。当路由器都已经在网络上，想对路由器的配置进行修改时，一般采用这种方式。

5. TFTP 配置

路由器也可通过网络服务器中的 TFTP 服务器来进行配置。TFTP（Trivial File Transfer Protocol）是一个 TCP/IP 简单文件传输协议，可将配置文件从路由器传送到 TFTP 服务器上，也可将配置文件从 TFTP 服务器传送到路由器上。利用 TFTP 服务器配置路由器不需要用户名和口令，方法非常简单，如图 1-21 所示。

图 1-21　利用 TFTP 服务器配置路由器

6. setup 配置

使用 setup 配置可以对路由器进行快速配置。当路由器启动时，如果无法从 NVRAM 中调用 startup-config 或 NVRAM 为空，就可以使用该配置。

项目 1-1：setup 配置。命令如下：

```
—System Configuration Dialog—
Continue with configuration dialog? [yes/no]:yes      //回答 yes 进入该模式
At any point you may enter a question mark '？' for help.
Use ctrl-c to abort configuration dialog at any prompt.
Default settings are in square brackets '[]'.
Basic management setup configures only enough connectivity
for management of the system, extended setup will ask you
to configure each interface on the system
Would you like to enter basic management setup? [yes/no]:yes//回答 yes 表示进入基本管理设置
Configuring global parameters:
    Enter host name [Router]:nsrjgc      //设置路由器名称
    The enable secret is a password used to protect access to
    privileged EXEC and configuration modes. This password, after
    entered, becomes encrypted in the configuration.
    Enter enable secret::123         //设置特权用户密码
    The enable password is used when you do not specify an
        enable secret password, with some older software versions, and
        some boot images.
        Enter enable password:456       //设置非特权用户密码，即一般用户密码
        The virtual terminal password is used to protect
        access to the router over a network interface.
        Enter virtual terminal password:789    //设置远程登录密码
    Current interface summary
    Interface        IP-Address      OK? Method Status         Protocol
    FastEthernet0/0 unassigned yes manual administratively down down
```

```
management network from the above interface summary:FastEthernet0/0    //设置管理用的接口名称
Configuring interface FastEthernet0/0:
Configure IP on this interface? [yes]:yes    //回答 yes 表示继续在该接口设置 IP 地址
    IP address for this interface:192.168.1.1    //设置 IP 地址
    Subnet mask for this interface [255.255.255.0]://设置子网掩码,不设置表示默认
The following configuration command script was created:
!
hostname nsrjgc
enable secret 5 $ 1 $ mERr $ 3HhIgMGBA/9qNmgzccuxv0
enable password 456
line vty 0 4
password 789
!
interface FastEthernet0/0
no shutdown
ip address 192.168.1.1 255.255.255.0
!
end
[0] Go to the IOS command prompt without saving this config.
[1] Return back to the setup without saving this config.
[2] Save this configurationto nvram and exit.
Enter your selection [2]:2    //0 表示不保存直接进入 IOS;1 表示回到开始重新配置;2 表示保持配置到 NVRAM 中并退出到 IOS 界面
Building configuration...
%LINK-5-CHANGED:Interface FastEthernet0/0,changed state to up[OK]
Use the enabled mode 'configure' command to modify this configuration.
nsrjgc#
```

1.5 CLI 命令行配置路由器

路由器初始配置(Setup 配置)可以完成大部分的配置工作,但是某些接口无法用 setup 配置,此时可使用命令行界面(Command-Line Interface,CLI)进行手动配置。CLI 就是路由器 IOS 与用户的接口,它允许用户在路由器的提示符下直接输入 Cisco IOS 操作命令。一般来说,这种配置方式更为灵活、有效。

1.5.1 路由器的工作模式

CLI 采用多种命令模式以保障系统的安全性。操作路由器的命令被称为 EXEC 命令,使用 EXEC 命令之前必须先登录路由器。为保证路由器的安全,EXEC 命令具有二级保护,即普通用户模式(简称用户模式)及特权用户模式(简称特权模式)。在用户模式下只能执行部分命令,在特权模式下可以执行所有命令。

1. 用户(User EXEC)模式

路由器启动后，直接进入用户模式。在此模式下，用户只能查看路由器的部分系统和配置信息，但不能进行配置，只能输入一些有限的命令。这些命令通常对路由器的正常工作是没有什么影响的。用户模式的提示符如下，nsrjgc 是路由器的名称：

> nsrjgc>

2. 特权(Priviledge EXEC)模式

在特权模式下可以配置口令保护，在该模式下我们可以查看路由器的配置信息和调试信息，保存或删除配置文件等。特权模式是进入其他模式的关口，要进入其他模式，必须先进入特权模式。在用户模式下输入 enable 命令，即可进入特权模式，也可以输入 en，IOS 就会自动识别该命令为 enable。命令如下：

> nsrjgc>en
> Password:　　　//输入特权用户密码,如果没有就输入非特权用户密码,都不显示输入的内容
> nsrjgc#

3. 全局配置(Global Configuration)模式

在特权模式下输入 configure terminal 命令，即可进入全局配置模式(简称全局模式)，在该模式下主要完成全局参数的配置，如设置路由器名、修改特权用户密码、配置静态路由、进入一些专项配置状态(如接口配置、动态路由配置)等。命令如下：

> nsrjgc#config terminal
> Enter configuration commands,one per line.　　End with CNTL/Z.
> nsrjgc(config)#

4. 接口配置(Interface Configuration)模式

使用接口配置模式(简称接口模式)可以对路由器的各种接口进行配置，如配置 IP 地址、数据传输率、封装协议等。在全局模式下输入 interface interface-type 命令，即可进入接口模式，其中 interface-type 为具体某个接口的名称，如 fastethernet0/0、serial0/0。命令如下：

> nsrjgc(config)#int fastethernet 0/0
> nsrjgc(config- if)#

在任何模式下，输入 exit 命令可返回上一级模式，按〈Ctrl+Z〉键可返回特权模式。

1.5.2　路由器常用命令

路由器的操作系统是一个功能非常强大的系统，特别是在一些高端路由器中，它具有相当丰富的操作命令，就像 DOS 系统一样。正确掌握这些命令对于配置路由器是非常关键的一步，因为一般来说都是以命令的方式对路由器进行配置的。下面仍以 Cisco 路由器为例，分类介绍路由器的常用操作命令。

1. 帮助命令

在 IOS 操作中，无论任何状态和位置，都可以通过输入？得到系统的帮助，因此？就是路由器的帮助命令，其用法如图 1-22 所示。

```
nsrjgc>?
Exec commands:
  <1-99>        Session number to resume
  connect       Open a terminal connection
  disconnect    Disconnect an existing network connection
  enable        Turn on privileged commands
  exit          Exit from the EXEC
  ipv6          ipv6
  logout        Exit from the EXEC
  ping          Send echo messages
  resume        Resume an active network connection
  show          Show running system information
  ssh           Open a secure shell client connection
  telnet        Open a telnet connection
  terminal      Set terminal line parameters
  traceroute    Trace route to destination
```

图 1-22　帮助命令用法

2. 命令不区分大小写，可以使用简写

命令中的每个单词只需要输入前几个字母，要求输入的字母个数足够与其他命令相区分即可。例如，configure terminal 命令可简写为 conf t。

3. 用〈Tab〉键可简化命令的输入

如果不喜欢简写的命令，可以用〈Tab〉键输入单词的剩余部分。每个单词只需要输入前几个字母，当它足够与其他命令相区分时，用〈Tab〉键可得到完整单词。例如，输入 conf〈Tab〉t〈Tab〉命令可得到 configure terminal。命令如下：

nsrjgc>en	//接着按〈Tab〉键
nsrjgc>enable	//得到完整的命令
nsrjgc#conf t	//接着按〈Tab〉键
nsrjgc#conf terminal	//得到完整的命令

4. 改变设置状态的命令

因为路由器有许多不同权限和选项的设置，所以也就必须有相应的命令来进入相应的设置状态，这些改变路由器设置状态的命令如表 1-1 所示。

表 1-1　改变路由器设置状态的命令

命令	说明
enable	进入特权命令状态
disable	退出特权命令状态
setup	进入设置对话状态
config terminal	进入全局设置状态
end	退出全局设置状态
interfacetype	进入接口设置状态
exit	退出局部设置状态

项目 1-2：路由器的基本命令使用。命令如下：

```
nsrjgc>enable
Password:* * * *            //从用户模式进入特权模式
nsrjgc#config terminal      //从特权模式进入全局模式
Enter configuration commands, one per line.   End with CNTL/Z.
nsrjgc(config)#hostname nsrjgc   //改变路由器的名称为 nsrjgc 后设置立即生效
nsrjgc(config)#int fastethernet 0/0   //进入快速以太网 0/0 这个接口
```

nsrjgc(config-if)#ip add 192.168.1.1 255.255.255.0　//给以太网接口设置IP地址为192.168.1.1，子网掩码为255.255.255.0
nsrjgc(config-if)#no shutdown//开启该接口，因为默认各接口是关闭的
nsrjgc(config-if)#exit　　//退回到上一级
nsrjgc(config)#exit
nsrjgc#copy　running-config startup-config//把当前文件保存成启动配置文件
Destination filename [startup-config]?
Building configuration...
[OK]
nsrjgc#erase startup-config //清楚配置信息
Erasing the nvram filesystem will remove all configuration files! Continue? [confirm]
[OK]
Erase of nvram:complete
%SYS-7-NV_BLOCK_INIT:Initialized the geometry of nvram
nsrjgc#

5. 显示命令

显示命令就是用于显示某些特定需要的命令，以方便用户查看某些特定设置信息。表1-2所示就是常见的路由器显示命令。

表1-2　常见的路由器显示命令

命令	说明
show version	查看版本及引导信息
show running-config	查看运行设置
show startup-config	查看开机设置
show interfaces	显示接口信息
show ip router	显示路由信息

在特权模式下使用show running-config命令验证初始配置正确。命令如下：

nsrjgc#show running- config
Building configuration...
Current configuration:406 bytes
!
version 12.2
no service password- encryption
!
hostname nsrjgc　//配置的路由器的名称
!
enable secret 5 ＄1＄mERr＄3HhIgMGBA/9qNmgzccuxv0　//特权用户密码加密显示
enable password 456　//特权非加密明文显示
!
—More—

通过show interfaces命令来显示路由器接口信息，可以显示接口的基本状态、IP配置、开关情况等。命令如下：

```
Router#show interfaces f0/0
FastEthernet0/0 is up, line protocol is up(connected)
    Hardware is Lance, address is 0060.7021.aa01(bia 0060.7021.aa01)
    Internet address is 192.168.2.1/24
    MTU 1500 bytes, BW 100000 Kbit, DLY 100 usec, rely 255/255, load 1/255
    Encapsulation ARPA, loopback not set
    ARP type:ARPA, ARP Timeout 04:00:00,
    Last input 00:00:08, output 00:00:05, output hang never
    Last clearing of "show interface" counters never
    Queueing strategy:fifo
    Output queue:0/40(size/max)
    5 minute input rate 0 bits/sec, 0 packets/sec
    5 minute output rate 0 bits/sec, 0 packets/sec
      0 packets input, 0 bytes, 0 no buffer
      Received 0 broadcasts, 0 runts, 0 giants, 0 throttles
      0 input errors, 0 CRC, 0 frame, 0 overrun, 0 ignored, 0 abort
      0 input packets with dribble condition detected
      0 packets output, 0 bytes, 0 underruns
      0 output errors, 0 collisions, 1 interface resets
      0 babbles, 0 late collision, 0 deferred
      0 lost carrier, 0 no carrier
      0 output buffer failures, 0 output buffers swapped out
```

项目 1-3：配置 Telnet 登录口令。命令如下：

```
Router>enable                              //进入特权模式
Router#config terminal                     //进入全局模式
Router(config)#hostname nsrjgc             //设置路由器名为 nsrjgc
nsrjgc(config)#enable secret 123           //设置特权加密口令为 123
nsrjgc(config)#enable password 456         //设置特权非加密口令为 456
nsrjgc(config)#line console 0              //进入控制台接口
nsrjgc(config-line)#line vty 0 4           //进入虚拟终端
nsrjgc(config-line)#login                  //要求口令验证
nsrjgc(config-line)#password 789           //设置登录口令为 789
```

验证是否配置成功，命令如下：

```
nsrjgc#show running-config
Building configuration...
Current configuration:406 bytes
version 12.2
no service password-encryption
!
hostname nsrjgc
!
enable secret 5 $1$ mERr $3HhIgMGBA/9qNmgzccuxv0
```

```
enable password 456
ip ssh version 1
interface FastEthernet0/0
ip address 192.168.1.1 255.255.255.0
duplex auto
speed auto
…
line con 0
line vty 0 4
password 789
login
!
——More——
```

从计算机 ping 路由器,测试连通性,如图 1-23 所示。

```
PC>ping 192.168.1.1

Pinging 192.168.1.1 with 32 bytes of data:

Reply from 192.168.1.1: bytes=32 time=62ms TTL=255
Reply from 192.168.1.1: bytes=32 time=0ms TTL=255
Reply from 192.168.1.1: bytes=32 time=0ms TTL=255
Reply from 192.168.1.1: bytes=32 time=32ms TTL=255

Ping statistics for 192.168.1.1:
    Packets: Sent = 4, Received = 4, Lost = 0 (0% loss)
Approximate round trip times in milli-seconds:
    Minimum = 0ms, Maximum = 62ms, Average = 23ms
```

图 1-23 测试连通性

从计算机 telnet 路由器,验证远程登录,如图 1-24 所示。

```
PC>telnet 192.168.1.1
Trying 192.168.1.1 ...Open


User Access Verification

Password:
Router>enable
Password:
Router#
```

图 1-24 验证远程登录

注意:远程登录密码和特权密码并不会显示出来。

6. 路由器口令恢复

如果忘记了特权用户口令,必须对口令进行恢复,可以用以下方法恢复路由器口令。

路由器 2621 的配置文件不允许删除和改名,需要采用设置寄存器开关的方法实现。

方法 1：在路由器加电 60s 内，在超级终端下，按〈Ctrl+Break〉键 3~5s。方法 2：在全局模式下，输入 config-register 0x0 命令，然后关闭电源重新启动。下面以方法 1 为例，命令如下：

```
System Bootstrap, Version 12.1(3r)T2, RELEASE SOFTWARE(fc1)
Copyright(c)2000 by cisco Systems, Inc.
cisco 2621(MPC860)processor(revision 0x200)with 60416K/5120K bytes of memory
Self decompressing the image:
###############
monitor:command "boot" aborted due to user interrupt
rommon 1 > confreg 0x2142
```

改变配置寄存器的值为 0x2142，绕过正常时的 0x2102 寄存器，从而绕过 NVROM 中的 enable 命令，使路由器不读取 startup-config。

利用 reset 命令重新引导，等效于重开机。由于配置寄存器被修改，路由器重启后不读取配置文件而进入 setup 模式，这样就可以重新对路由器初始配置了。

项目 1-4：2500/2600 系列路由器口令恢复。

破解路由器的密码而不改变原来配置的步骤如下。

（1）启动路由器，在 60s 内按〈Ctrl+Break〉键进入 RomMonitor 模式。

（2）按〈O〉键显示寄存器每一位的含义。

（3）把寄存器的值改为 0x2142，使路由器在启动过程中忽略 NVRAM 中的配置文件：>o/r 0x2142 或 confreg 0x2142（2500、2600……系列）。

（4）初始化路由器：>i 或 reload（2500、2600……系列）。

（5）询问是否进入 setup 模式时，选择 no，会进入用户模式，然后输入命令 enable 进入特权模式。

（6）Router#copy startup-config running-config：把 NVRAM 中的配置文件装入 RAM。

（7）Router(config)#config-register 0x2102：把寄存器恢复成正常的默认值。

（8）Router#show running-config：查看路由器的密码。

（9）若路由器的密码是密文形式，则可以用 enable password/enable secret 命令来设置新密码 Router(config)#enable password/enable secret password。

（10）Router#copy running-config startup-config：保存经过修改的配置。

（11）Router#reload：重新启动路由器。

7. 文件管理命令

命令如下：

```
Copy running Start//该命令用于保存配置文件到 NVRAM
Copy Start running//该命令用于将配置文件从 NVRAM 中调入内存
Copy running tftp//保存配置文件到 TFTP 服务器
Copy tftp running//将配置文件从 TFTP 服务器调入内存
Copy Start tftp//保存 NVRAM 的配置文件到 TFTP 服务器
Copy tftp Start//将配置文件从 TFTP 服务器中复制到 NVRAM 中
Copy tftp flash//将配置文件或 IOS 软件从 TFTP 服务器复制到 FLASH 中
Copy flash tftp//将配置文件或 IOS 软件从 FLASH 复制到 TFTP 服务器中
Erase Start//删除当前配置文件
```

项目1-5：TFTP 服务器配置路由器，如图1-25 所示。

图1-25　TFTP 服务器配置路由器

命令如下：

Router#conf t
Router#conf terminal
Enter configuration commands,one per line. End with CNTL/Z.
Router(config)#hos
Router(config)#hostname nsrjgc
nsrjgc#(config)#int f0/0
nsrjgc(config- if)#ip add 192.168.1.1 255.255.255.0   //设置好接口地址
nsrjgc(config- if)#no shut
nsrjgc(config- if)#end
nsrjgc#ping 192.168.1.2   //测试与 TFTP 服务器的连通性
Type escape sequence to abort.
Sending 5,100- byte ICMP Echos to 192.168.1.2,timeout is 2 seconds:
.!!!!   //点表示未通,感叹号表示通
Success rate is 80 percent(4/5),round- trip min/avg/max=31/31/32 ms
nsrjgc#copy running- config tftp:
Address or name of remote host []? 192.168.1.2   //输入 TFTP 服务器的地址
Destination filename [nsrjgc- confg]? nsrjgc   //输入保存到 TFTP 服务器的文件名称
!!
[OK- 327 bytes]
327 bytes copied in 0.062 secs(5000 bytes/sec)   //传送成功

在 TFTP 服务器中存在 nsrjgc 这个文件，如图1-26 所示。

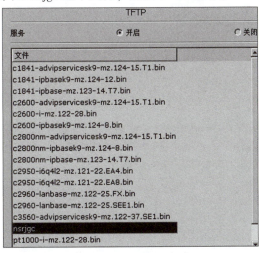

图1-26　在 TFTP 服务器中存在该文件

常见 CLI 错误提示如下：

% Ambiguous command:"show c"//用户没有输入足够的字符,设备无法识别唯一的命令
% Invomplete command. //命令缺少必需的关键字或参数
% Invalid input detected at ' ^ ' marker. //输入的命令错误,符号 ^ 指明了产生错误的单词的位置

很多命令都有 no 选项和 default 选项，no 选项可用来禁止某个功能，或者删除某项配置；default 选项用来将设置恢复为默认值。

由于大多数命令的默认值是禁止此项功能，这时 default 选项的作用和 no 选项是相同的。部分命令的默认值是允许，这时 default 选项的作用和 no 选项的作用是相反的。

no 选项和 default 选项的用法是在命令前加 no 或 default 前缀。命令如下：

路由器的基本配置命令

    no shutdown
    no ip address
    default hostname

相比之下，实际情况中多使用 no 选项来删除有问题的配置信息。

习题1

简答题

1. 简述路由器的工作流程。
2. 路由器的功能是什么？
3. 路由器有哪些分类方式？有哪些性能指标？
4. 路由器有几种常见的配置方式？
5. 简述使用 Console 接口配置路由器的过程。

项目一到项目三

第 2 章

直连路由和静态路由

路由是指对到达目标网络的路径做出选择，有时也指被选出的路径本身。路由器中的路由表就像一张网络地图，记录有到达各个目标网络的路径。路由器接口连接子网的路由或路由器自动添加直接连接网络的路由被称为直连路由。对路由表中"记录"的填写可以采用人工方式，也可以由路由协议自动进行，分别称为静态路由配置和动态路由配置。

2.1 IP 路由

路由器最基本的功能就是路由，对一个具体的路由器来说，路由就是将从一个接口接收到的数据包转发到另一个接口的过程。该过程类似交换机的交换功能，只不过在链路层称为交换，而在 IP 层称为路由。对于一个网络来说，路由就是将包从一个端点(源主机)传输到另外一个端点(目标主机)的过程。

IP 路由是指在 IP 网络中，选择一条或数条从源地址到目标地址的最佳路径的方法或过程，有时也指这条路径本身。IP 路由配置就是在路由器上进行某些操作，使其能够完成选择路径的工作。

2.1.1 路由过程

按将信息从源主机发送到目标主机的递交方式，路由递交可以分为直接递交(Direct Delivery)和间接递交(Indirect Delivery)，如图 2-1 所示。

直接递交是指当目标主机所在的网络与源主机或路由器所在的网络相同时，直接将数据包直接发送给目标主机。数据包的 Header 中目标 IP 地址与目标 MAC 地址指向同一台主机。

间接递交是指当目标主机所在的网络与源主机或路由器所在的网络不同时，间接将数据包发送给相应的路由器。数据包的 Header 中目标 IP 地址与目标 MAC 地址不指向同一台主机。

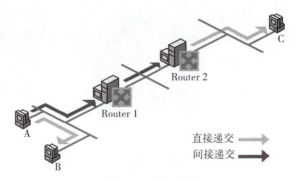

图 2-1 路由递交

路由器要实现路由并且互相学习，必须知道以下信息。

（1）目标地址（Destination Address）。

（2）可以学习到远端网络状态的相邻路由器。

（3）到达远端网络的所有路径。

（4）到达远端网络的最佳路径。

（5）如何保持和验证路由信息。

当 IP 子网中的一台主机发送 IP 包给同一 IP 子网的另一台主机时，它将直接把 IP 包发送到网络上，对方就能收到这就是前面所说的直接递交。要将 IP 包发送给不同 IP 子网上的主机，它要选择一个能到达目的子网上的路由器，把 IP 包发送给该路由器，由它负责把 IP 包发送到目的地，这就是间接递交的过程。如果没有找到这样的路由器，主机就把 IP 包发送给一个被称为默认网关（Default Gateway）的路由器。默认网关是每台主机上的一个配置参数，它是接在同一个网络上的某个路由器接口的 IP 地址。

路由器在转发 IP 包时，只根据 IP 包目的 IP 地址的网络号部分选择合适的接口，把 IP 包发送出去。同主机一样，路由器也要判定接口所接的是否是目的子网，如果是，就直接把包通过接口发送到网络上，否则也要选择下一个路由器来发传送包。路由器也有它的默认网关，用来传送不知道往哪儿发送的 IP 包。这样，通过路由器把知道如何传送的 IP 包正确转发出去，将不知道的如何传送的 IP 包发送给默认网关。这样一级级地传送，IP 包最终将到达目的地，不能到达目的地的 IP 包则被网络丢弃。

2.1.2 路由查询

源主机将目标主机名解析为 IP 地址，再将目标 IP 地址与自己的 IP 地址进行比较，若为本地网络，则直接递交；若为远程网络，则查询本地路由表是否有相应的记录。首先查询相应的主机路由，再查询相应的网络路由，若无相应记录，则递交给默认路由；在路由器上进行相同的查询，若无则递交给下一个路由器，直到生存时间（Time To Live，TTL）为零则返回错误。

设置 TTL 字段的目的是：防止无法投递的数据包无休止地在网络中来回传输。

TTL 字段工作方式如下：TTL 字段包含一个数字值，每经过一台路由器，TTL 的值就会减一，若在到达目的地之前 TTL 字段的值减为零，则路由器将丢弃该数据包并向该 IP 数据包的源地址发送 Internet 控制消息协议（Internet Control Message Protocol，ICMP）错误消息。

2.1.3 路由表

路由器为执行数据转发路径选择所需要的信息被包含在路由器的一个表项中，该表称为路由表。当路由器检查到包的目的 IP 地址时，它就可以根据路由表的内容决定包应该转发到哪个下一跳地址上去，路由表被存放在路由器的 RAM 上。

路由器转发数据包的关键是路由表。每个路由器中都保存着一张路由表，表中的每个路由表项都指明数据包到某子网或某主机应通过路由器的哪个物理接口发送，通过此接口可到达该路径的下一个路由器，或传送到直接相连的网络中的目的主机。

路由表的构成如下。

（1）目标网络地址（Destination）：标识 IP 包的目标地址或目标网络。

（2）网络掩码（Mask）：与目标地址一起标识目主机或路由器所在的网段的地址。

（3）下一跳地址（Gateway）：说明 IP 包所经由的下一个路由器。

（4）发送的物理接口（Interface）：说明 IP 包将从该路由器哪个接口转发。

（5）路由信息的来源（Owner）：每个路由表项的第一个字段。

（6）路由优先级（Pri）：路由表项管理距离。

（7）度量值（Metric）：指明路由的困难程度，由跳数（Hop Count，即数据分组从来源端传送到目的端途中所经过的路由器的数目）、网络时延、网络流量、网络可靠性等因素决定。

路由表是路由器能够进行路由选择的关键，可以用 show ip route 命令来查看路由表信息，命令如下：

```
nsrjgc#show ip route
Codes:C- connected,S- static,I- IGRP,R- RIP,M- mobile,B- BGP
      D- EIGRP,EX- EIGRP external,O- OSPF,IA- OSPF inter area
      N1- OSPF NSSA external type 1,N2- OSPF NSSA external type 2
      E1- OSPF external type 1,E2- OSPF external type 2,E- EGP
      i- IS- IS,L1- IS- IS level- 1,L2- IS- IS level- 2,ia- IS- IS inter area
      * - candidate default,U- per- user static route,o- ODR
      P- periodic downloaded static route
Gateway of last resort is not set
C    192.168.1.0/24 is directly connected,FastEthernet0/0
C    192.168.2.0/24 is directly connected,FastEthernet0/1
```

以上命令中，C 代表直接相连。路由表的路由条目如图 2-2 所示，路由表示例如图 2-3 所示。

图 2-2 路由表的路由条目

图 2-3 路由表示例

1. Windows 系统中 IP 路由表

每一个 Windows 系统中都有一个 IP 路由表，它存储了本地计算机可以到达的目的网络，以及如何到达的相关路由信息。

在 CMD 方式下，用命令 route print 或 netstat -r 都能显示本地计算机上的 IP 路由表，命令如下：

```
C:\>route print

Interface List
0x1 ........................... MS TCP Loopback interface
0x10003 ...001f c6 6a a3 c5 ...... Realtek RTL8139/810x Family Fast Ethernet NIC
```

Active Routes:

	Network Destination	Netmask	Gateway	Interface	Metric
1	0.0.0.0	0.0.0.0	192.168.6.1	192.168.6.6	30
2	127.0.0.0	255.0.0.0	127.0.0.1	127.0.0.1	1
3	192.168.6.0	255.255.255.0	192.168.6.6	192.168.6.6	30
4	192.168.6.240	255.255.255.240	192.168.6.8	192.168.6.6	20
5	192.168.6.240	255.255.255.240	192.168.6.7	192.168.6.6	15
6	192.168.6.6	255.255.255.255	127.0.0.1	127.0.0.1	30
7	192.168.6.255	255.255.255.255	192.168.6.6	192.168.6.6	30
8	224.0.0.0	240.0.0.0	192.168.6.6	192.168.6.6	30
9	255.255.255.255	255.255.255.255	192.168.6.6	192.168.6.6	1

Default Gateway:192.168.6.1

Persistent Routes:
None

以上路由表中有5列，分为以下4个部分。

（1）Network Destination（目标网络）、Netmask（子网掩码）。将目标网络和子网掩码"与"的结果用来定义本地计算机可以到达的目标网络。通常情况下，目标网络有以下4种特例。

①主机地址。某个特定主机的IP地址，其子网掩码为255.255.255.255，如路由表中的第6、7、9行。

②子网地址。某个特定子网的网络地址，如路由表中的第4、5行。

③网络地址。某个特定网络的网络地址，如路由表中的第2、3、8行。

④默认路由。所有未在路由表中指定的网络地址，均发往默认路由所指定的地址，如路由表中的第1行。

（2）Gateway（网关）。在发送IP数据包时，网关定义了针对特定网络的目标地址、数据包发送的下一跳地址。如果是本地计算机直接连接的网络，网关通常是本地计算机对应的网络接口，此时其接口列与网关列保持一致；如果是远程网络或默认路由，网关通常是本地计算机所连接到的网络上的路由器接口地址或服务器网卡IP地址。

（3）Interface（接口）。定义了要到达目标网络所要经过的本地网卡的IP地址。

（4）Metric（度量值）。指出路由的成本，通常情况下代表到达目标地址所需要经过的跳数，一跳代表经过一个路由器。跳数越小，代表路由成本越低；跳数越大，代表路由成本越高。当具有多个到达相同目标网络的路由表项时，TCP/IP会选择具有更小跳数的路由表项。

2. 路由决策

当PC向某个目标IP地址发起TCP/IP通信时，它将选择一条最佳路由，步骤如下。

（1）将目标IP地址和路由表中每一个路由表项中的子网掩码进行相与计算，若相与后的结果匹配对应路由表项中的目标网络地址，则记录下此路由表项。

（2）当计算完路由表中所有的路由表项后，TCP/IP选择记录下的路由表项中的最长匹配的路由（子网掩码中具有最多"1"位的路由表项）来和此目的IP地址进行通信。如果有多条最长匹配路由，那么选择具有最小跳数的路由表项；如果有多个具有最小跳数的最长匹配路由，那么分为以下两种情况。

①如果是发送响应数据包，并且数据包的源IP地址是某个最长匹配路由的接口的IP地址，那么选择此最长匹配路由。

②其他情况下，均根据最长匹配路由所对应的网络接口在网络连接的高级设置中的绑定优先级来决定。

3. 选择网关和接口

在确定使用的路由表项后，网关和接口通过以下方式确定。

（1）如果路由表项中的网关地址为空或网关地址为本地计算机上的某个网络接口，那么通过路由表项中对应的网络接口发送数据包，成包情况如下。

①源IP地址为此网络接口的IP地址，目标IP地址为接收此数据包的目标主机的IP地址。

②源MAC地址为此网络接口的MAC地址，目标MAC地址为接收此数据包的目标主机的MAC地址。

（2）如果路由表项中的网关地址并不属于本地计算机上的任何网络接口地址，那么通过路由表项中对应的网络接口发送数据包，成包情况如下。

①源 IP 地址为路由表项中对应网络接口的 IP 地址，目标 IP 地址为接收此数据包的目标主机的 IP 地址。

②源 MAC 地址路由表项中对应网络接口的 MAC 地址，目标 MAC 地址为网关的 MAC 地址。

4. 通信举例

以上面的路由表为基础，下面举例进行说明。

(1)和单播 IP 地址 192.168.6.8 的通信。在进行相与计算时，1、3 项匹配，但是 3 项为最长匹配路由，因此选择 3 项。3 项的网关地址为本地计算机的网络接口地址 192.168.6.6，因此发送数据包时，目标 IP 地址为 192.168.6.8，目标 MAC 地址为 192.168.6.8 的 MAC 地址(通过 ARP 解析获得)。

(2)和单播 IP 地址 192.168.6.6 的通信。在进行相与计算时，1、3、6 项匹配，但是 6 项为最长匹配路由，因此选择 6 项。6 项的网关地址为本地环回地址 127.0.0.1，因此直接将数据包发送至本地环回地址。

(3)和单播 IP 地址 192.168.6.245 的通信。在进行相与计算时，1、3、4、5 项匹配，但是 4、5 项均为最长匹配路由，所以此时根据跳数进行选择，5 项具有更小的跳数，因此选择 5 项。在发送数据包时，目标 IP 地址为 192.168.6.254，目标 MAC 地址为 192.168.6.7 的 MAC 地址(通过 ARP 解析获得)。

(4)和单播 IP 地址 10.1.1.1 的通信。在进行相与计算时，只有 1 项匹配，因此选择 1 项。在发送数据包时，目标 IP 地址为 10.1.1.1，目标 MAC 地址为 192.168.6.1 的 MAC 地址(通过 ARP 解析获得)。

(5)和子网广播地址 192.168.6.255 的通信。在进行相与计算时，1、3、4、5、7 项匹配，但是 7 项为最长匹配路由，因此选择 7 项。7 项的网关地址为本地计算机的网络接口地址，因此在发送数据包时，目标 IP 地址为 192.168.6.255，目标 MAC 地址为以太网广播地址 FF：FF：FF：FF：FF：FF。

2.1.4　路由器的 IP 地址配置

路由器是网络层的设备，它的每个接口都连接着网络，其接口通常也要用网络地址来标识，一般在 IP 网络中都用 IP 地址来标识。

路由器的某接口连接到某网络上，其 IP 地址的网络号和所连接网络的网络号应该相同。详细说来，要遵循如下规则：路由器的物理网络接口一般情况下要有一个 IP 地址；同一路由器的不同接口的 IP 地址通常在不同的子网上；相邻路由器的相邻接口地址必须在同一子网上；除了相邻路由器的相邻接口外，相邻路由器的非相邻接口的地址都不允许在同一个子网上；无论是什么网络，IP 地址的配置方式都是相同的。

路由器中最基础的配置就是对接口配置 IP 地址。常见的为某个接口配置 IP 地址，首先要进入接口模式，命令如下：

Router(config)#interface 接口标识

(1)为接口 fastethernet0/0 配置 IP 地址。命令如下：

Router(config)#interface fastethernet0/0

Router(config- if)# ip address {ip address} {mask}

其中，ip address 为固定格式；{ip address}为具体的某个 IP 地址；{mask}为子网掩码，用来标示 IP 地址中网络地址的位数。

(2)给某一个接口配置子接口。为 f0/0 接口配置子接口 0.1 和 0.2 的命令如下，图 2-4 中显示出配置的子接口信息：

> nsrjgc(config)#int f0/0
> nsrjgc(config- if)#no shut
> nsrjgc(config- if)#int f0/0.1
> %LINK- 5- CHANGED:Interface fastethernet0/0.1,changed state to upnsrjgc(config- subif)#
> nsrjgc(config- subif)#encapsulation dot1Q 2
> nsrjgc(config- subif)#ip add 192.168.1.1 255.255.255.0
> nsrjgc(config- subif)#exit
> nsrjgc(config)#int f0/0.2
> nsrjgc(config- subif)#no shut
> %LINK- 5- CHANGED:Interface fastethernet0/0.2,changed state to upnsrjgc(config- subif)#
> nsrjgc(config- subif)#encapsulation dot1Q 3
> nsrjgc(config- subif)#ip add 192.168.2.2 255.255.255.0
> nsrjgc(config- subif)#no shut

端口	链路	VLAN	IP地址	MAC 地址
FastEthernet0/0	Up	--	<没有设置>	00D0.D396.6A01
FastEthernet0/0.1	Up	--	192.168.1.1/24	00D0.D396.6A01
FastEthernet0/0.2	Up	--	192.168.2.2/24	00D0.D396.6A01

图 2-4 配置的子接口

除了配置子接口，还可以通过配置计算机的 secondary IP 实现在一个物理网络上两个具有不同网段 IP 计算机的互通。命令如下：

> nsrjgc(config)#int f0/0
> nsrjgc(config- if)#ip address 10.65.1.2 255.255.0.0
> nsrjgc(config- if)#ip address 10.66.1.2 255.255.0.0 secondary

其中，secondary 参数使每一个接口可以支持多个 IP 地址。可以重复使用该命令指定多个 secondary IP 地址，secondary IP 地址可以用在多种情况下。例如，在同一接口上配置两个以上的子网的 IP，可以用路由器的一个接口来实现连接在同一个局域网上的不同子网之间的通信。不过因为 Cisco 路由器默认情况下 IP 数据包的重定向功能是禁用的，所以这个功能一般不予使用；除非是启用 IP 重定向功能。

(3)需要配置时钟频率的接口。

路由器提供广域网接口(Serial 高速同步串口)，用于连接 DDN、FR、X.25、PSTN 等广域网。路由器的串口直接对接的时候，必须有一个路由器充当 DCE(数据通信设备，如调制解调器)，另一个路由器充当 DTE(数据终端设备，如计算机)。实验环境中没有专门的线路控制设备，因此由其中的一台路由器的高速同步串口来提供时钟频率。DCE 一端的确定是由路由器之间的调制解调器的线序来决定的，因此 back to back 的调制解调器都标明 DCE 和 DTE。只有标明 DCE 一端的才需要设置时钟频率(Clock Rate)。DTE 是针头(俗称公头)，DCE 是孔头(俗称母头)，这样两种接口才能接在一起。配置时钟频率的命令如下：

```
nsrjgc(config)#int s0/0/1
nsrjgc(config- if)#ip add 1. 1. 1. 1 255. 255. 255. 0
nsrjgc(config- if)#clock rate 64000      //配置时钟频率为 64000(serial 接口才需要设置)
nsrjgc(config- if)#no shut
```

2.2 CDP 概述

Cisco 发现协议(Cisco Discovery Protocol, CDP)是由 Cisco 公司设计的专用协议,能够帮助管理员收集关于本地连接和远程连接设备的相关信息。通过使用 CDP,可以收集相邻设备的硬件和协议信息,此信息对于故障诊断和网络文件归档非常有用。

1. 获取 CDP 定时器和保持时间信息

输入 show cdp 命令可以显示 CDP 定时器和保持时间这两个全局参数的信息,这两个参数可以在 Cisco 公司生产的设备上进行配置。

(1) CDP 定时器的意思是指多长时间 CDP 会将分组传输到所有活动接口。

(2) CDP 保持时间是指该信息将在已经接收到该信息的设备上存留多少时间。

输入 show cdp 命令,路由器上显示如下:

```
R1#show cdp
Global CDP information:
Sending CDP packets every 60 seconds    //每 60 秒发送一次 CDP 更新信息包
Sending a holdtime value of 180 seconds   //此信息保持时间为 180 秒
```

2. 修改 CDP 定时器与保持时间信息

在全局模式下使用命令 cdp timer 和 cdp holdtime 在路由器上配置 CDP 定时器和保持时间。命令如下:

```
SW1(config)#cdp?
advertise- v2    CDP sends version- 2 advertisements
holdtime      Specify the holdtime(in sec)to be sent in packets
timer        Specify the rate at which CDP packets are sent(in sec)
run
SW1(config)#cdp timer 90
SW1(config)#cdp holdtime 240
SW1#show
00:15:39:% SYS- 5- CONFIG_I:Configured from console by console
SW1#show cdp
Global CDP information:
Sending CDP packets every 90 seconds
Sending a holdtime value of 240 seconds
Sending CDPv2 advertisements is enabled
```

3. 启动与关闭 CDP

在路由器的全局模式下可以使用 no cdp run 命令来关闭 CDP。若要在路由器接口上关闭或打开 CDP,可以使用 no cdp enable 或 cdp enable 命令。

4. 收集邻居信息

使用 show cdp neighbor 命令可以显示有关直连设备的信息。CDP 分组不经过 Cisco 交换机，只能看到与它直接相连的设备。在连接到交换机的路由器上，不会看到连接到交换机上的其他所有设备。CDP 分组如图 2-5 所示。

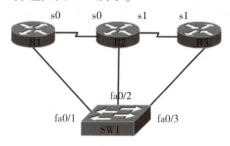

图 2-5　CDP 分组

上图中的 R1 分别与 R2 和 SW1 直连，此时在 R1 上使用 show cdp neighbor 命令，输出结果如下：

```
R1#show cdp nei
    Capability Codes:R- Router,T- Trans Bridge,B- Source Route Bridge
                    S- Switch,H- Host,I- IGMP,r- Repeater
Device ID   Local interface   Holdtime   Capability   Platform      Port ID
SW1         Eth0              154        T S          WS- C2912- X  Fas0/1
R2          Ser0              161        R            2500          Ser0
```

由此可知，路由器 R1 只显示出与它直连的路由器 R2 和交换机 SW1 的路由信息，而不会显示与交换机 SW1 直接相连的 R3 的路由信息。

下面列出 show cdp neighbor 命令为每个设备显示的信息。

（1）Device ID：直连设备的主机名。

（2）Local interface：要接收 CDP 分组的接口或接口（直接控制的本地设备）。

（3）Holdtime：如果没有接收到其他 CDP 分组，路由器在丢弃接收到的信息之前将要保存的时间量。

（4）Capability：邻居设备的类型，如路由器、交换机或中继器。

（5）Platform：Cisco 设备类型。在上面的输出中，Cisco 2500 和 Catalyst 2912 是直连在路由器 R1 上的设备。

（6）Port ID：与路由器 R1 直接相连的设备在发送更新时所用的接口。

5. 收集接口信息

使用 show cdp interface 命令可以显示每个接口的 CDP 信息，包括每个接口的线路封装类型、定时器和保持时间。

使用 show cdp interface 命令所显示的信息如下：

```
R1#show cdp interface
    ethernet0 is up,line protocol is up,encapsulation is ARPA
    Sending CDP packets every 60 seconds
    Holdtime is 180 seconds
    serial0 is up,line protocol is up,encapsulation is HDLC
```

```
        Sending CDP packets every 60 seconds
        Holdtime is 180 seconds
        serial1 is administratively down,line protocol is down,encapsulation is HDLC
        Sending CDP packets every 60 seconds
        Holdtime is 180 seconds
```

可以看到，e0(ethernet0)接口与s0(serial0)接口状态为up，而s1(serial1)接口的状态为administratively down，但是此时CDP仍然在所有接口运行。

6. 保持时间是如何计时与清除超时信息的

我们知道，CDP过了保持时间以后会自动被清除，那么保持时间是如何被清除的呢？下面通过实例来说明。

在交换机SW1上关闭交换机与路由器R1的直连接口fastethernet0/1。命令如下：

```
SW1#conf t
    Enter configuration commands,one per line. End with CNTL/Z.
    SW1(config)#int fa0/1
    SW1(config- if)#no cdp enable
    SW1(config- if)#exi
```

到路由器R1上查看保持时间。命令如下：

```
R1#show cdp nei
Capability Codes:R- Router,T- Trans Bridge,B- Source Route Bridge
    S- Switch,H- Host,I- IGMP,r- Repeater
Device ID    Local interface    Holdtime    Capability    Platform      Port ID
SW1          Eth0               6           T S           WS- C2912- X  Fas0/1
R2           Ser0               136         R             2500          Ser0
R1#show cdp nei
Capability Codes:R- Router,T- Trans Bridge,B- Source Route Bridge
    S- Switch,H- Host,I- IGMP,r- Repeater
Device ID    Local interface    Holdtime    Capability    Platform      Port ID
SW1          Eth0               0           T S           WS- C2912- X  Fas0/1
R2           Ser0               130         R             2500          Ser0
R1#show cdp nei
Capability Codes:R- Router,T- Trans Bridge,B- Source Route Bridge
    S- Switch,H- Host,I- IGMP,r- Repeater
Device ID    Local interface    Holdtime    Capability    Platform    Port ID
R2           Ser0               126         R             2500        Ser0
```

可以看到，SW1保持时间的变化规律，连续使用3个show cdp neighbor命令，保持时间是逐步递减的，一直减到0，然后SW1从列表中消失。

7. 查看单台直连设备的CDP信息

我们可以通过如下两条命令来查看邻接设备的相应信息。如R1直连R2，在R1上输入命令show cdp entry R2 pro与show cdp entry R2 ver，分别可以查看设备R2的协议与IOS版本信息。命令如下：

```
R1#show cdp entry R2 pro
    Protocol information for R2:
    IP address:10. 10. 10. 2
R1#show cdp entry R2 ver
    Version information for R2:
    Cisco Internetwork Operating System Software
    IOS(tm)3000 Software(IGS- I- L), Version 11. 0(3), RELEASE SOFTWARE(fc1)
    Copyright(c)1986- 1995 by cisco Systems, Inc.
    Compiled Tue 07- Nov- 95 15:04 by deannaw
```

8. CDP 事件调试

当启动了 CDP 事件调试命令的时候，CDP 会对发生的事件做出反应。启动 CDP 事件调试的命令如下：

```
R1#debug cdp events
CDP events debugging is on
```

当邻接设备启动 CDP 时，启动 CDP 事件调试的一端会出现 R1# CDP-EV：Bad version number in header 的提示信息，而在记时器到达更新时也会发出 R1# CDP-EV：Bad version number in header 的提示信息。

2.3 直连路由

路由器中的路由有两种：直连路由和非直连路由。由一个路由器各网络接口所直连的网络之间使用直连路由进行通信，由两个或多个路由器互连的网络之间的通信使用非直连路由。

非直连路由是指人工配置的静态路由或通过运行路由协议而获得的动态路由，其中静态路由比动态路由具有更高的可操作性和安全性。IP 网络已经逐渐成为现代网络的标准，用路由协议组建网络时，必须使用路由设备将各个 IP 子网互连起来，并且在 IP 子网间使用路由机制，通过 IP 网关互连形成层次性的网际网。

直连路由是在配置完路由器网络接口的 IP 地址后自动生成的，如果不对这些接口进行特殊限制，这些接口所直连的网络之间就可以直接通信。

当接口配置了网络协议地址并状态正常（即物理连接正常），并且可以正常检测到数据链路层协议的 keepalive 信息时，接口上配置的网段地址自动出现在路由表中并与接口关联，其产生方式（Owner）为直连（Direct），路由优先级为 0，拥有最高路由优先级。其 Metric 值为 0，表示拥有最小 Metric 值。

直连路由会随接口的状态变化在路由表中自动变化，当接口的物理层与数据链路层状态正常时，此直连路由会自动出现在路由表中，当路由器检测到此接口为 down 状态后，此条路由会自动在路由表中消失。

路由器到直连网络的路由（称为直连路由）条目由路由器自动生成，不需要用户参与，其物理连接及参数配置如图 2-6 所示。

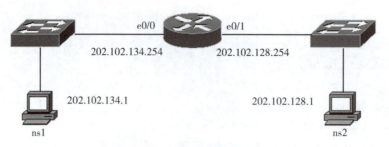

图 2-6 物理连接及参数配置

命令如下：

```
nsrjgc#sh ip route
Codes:C- connected,S- static,I- IGRP,R- RIP,M- mobile,B- BGP
...
Gateway of last resort is not set
C     202.102.128.0/24 is directly connected,Ethernet0/1
C     202.102.134.0/24 is directly connected,Ethernet0/0
```

其中，C 表示直连路由。目标地址属于对应子网的 IP 包将被分别转发至对应的接口，命令如下：

```
202.102.128.0/24        //ethernet0/1 口
202.102.134.0/24        //ethernet0/0 口
```

项目 2-1：实现直连路由，如图 2-7 所示。

说明：ns1   IP：192.168.1.2/24   GW：192.168.1.1
　　　ns2   IP：192.168.2.2/24   GW：192.168.2.1
　　　路由器 f0/0：192.168.1.1   f0/1：192.168.2.1

直连路由

图 2-7 直连路由

```
Router>en
Router#conf t
Enter configuration commands,one per line.   End with CNTL/Z.
Router(config)#hostname nsrjgc
nsrjgc(config)#int f0/0
nsrjgc(config- if)#ip add 192.168.1.1 255.255.255.0
nsrjgc(config- if)#no shut
nsrjgc(config)#int f0/1
nsrjgc(config- if)#ip add 192.168.2.1 255.255.255.0
nsrjgc(config- if)#no shut
nsrjgc(config)#ip routing   //开启路由功能,3 层交换机支持该命令
```

直连路由是由链路层协议发现的，一般指去往路由器的接口地址所在网段的路径。该

路径信息不需要网络管理员维护，也不需要路由器通过某种算法进行计算获得，只要该接口处于活动状态，路由器就会通把通往该网段的路由信息填写到路由表中。直连路由无法使路由器获取与其不直连的路由信息。

直连路由经常用在3层交换机连接几个虚拟局域网（Virtual Local Area Network，VLAN）时，通过设置直连路由，VLAN间就能够直接通信而不需要设置其他路由方式。例如，一个3层交换机连接两个VLAN，即VLAN 2和VLAN 3，因为VLAN 2和VLAN 3都是与3层交换机直连，所以它们之间可以直接通信，而不需要设置其他路由协议。

2.4 路由配置

路由的完成离不开两个基本步骤：第一步为路径选择，路由器根据到达数据包的目标地址和路由表的内容，进行路径选择；第二步为包转发，路由器根据选择的路径，将数据包从某个接口转发出去。配置路由一般有3种方式，分别为静态路由（Static Routing）、默认路由（Default Routing）、动态路由（Dynamic Routing）。

2.4.1 静态路由

1. 静态路由用途

静态路由是指由网络管理员手动配置的路由信息。当网络的拓扑结构或链路的状态发生变化时，网络管理员需要手动修改路由表中相关的静态路由信息。静态路由信息在默认情况下是私有的，不会传递给其他的路由器。当然，管理员也可以通过对路由器进行设置使之成为可共享的。静态路由一般适用于比较简单的网络环境，在这样的环境中，便于网络管理员清楚地了解网络的拓扑结构，以及设置正确的路由信息。

通过配置静态路由，网络管理员可以人为地指定对某一网络进行访问时所要经过的路径。在通常情况下，不需要为网络中所有的路由器配置静态路由。在一些特殊的情况下静态路由是非常有效的，例如网络规模很小而且变化很少、公司网络没有冗余链路、公司网络有很多小的分支机构并且只有一条路径到达网络的其他部分、用户想要将数据包发送到互联网的主机上而不是公司网络的主机上。

静态路由有如下优点。

（1）没有额外的路由器的CPU负担和RAM。

（2）节约带宽。

（3）不需交换路由信息，不会暴露网络拓扑，安全性好。

（4）静态路由适用于网络拓扑结构比较简单和网络流量可以预测的情况。

静态路由的缺点如下。

（1）网络管理员必须了解网络的整个拓扑结构。

（2）静态路由一经配置便不自动改动，除非由网络管理员来改变。

（3）静态路由灵活性低，无法根据网络情况的变化来改变路由情况，不适合在规模较大、较复杂或易变化的网络环境中使用。

（4）不能容错。如果路由器或链接宕机，静态路由器不能感知故障并将故障通知到其他路由器。这事关大型的公司网际网络，而小型办公室网络（在LAN链接基础上的两个路由器和3个网络）不会经常宕机，也不用因此而配置多路径拓扑和路由协议。

(5)管理开销较大。若对网际网络添加或删除一个网络,则必须手动添加或删除与该网络连通的路由。若添加新路由器,则必须针对网际网络的路由对其进行正确配置。维护较为麻烦。

2. 静态路由配置

静态路由的配置命令如下:

    ip route[network] [mask] {address | interface}[distance] [permanent]

以上各参数的作用如下。

(1) ip route:创建静态路由。

(2) network:目标网络号。

(3) mask:目标子网掩码。

(4) address:下一跳的地址或相邻路由器相邻接口地址。

(5) interface:本地物理接口号,可以替换 address,但是它用于点对点(point-to-point)连接,如广域网(Wide Area Network,WAN)连接,这个命令不会工作在局域网(Local Area Network,LAN)上。

静态路由配置

(6) distance:默认情况下,静态路由的管理距离是1,如果用 interface 代替 address,那么管理距离是0。

(7) permanent:如果接口被关闭了,或者路由器不能和下一跳路由器通信,这条路由线路将自动从路由表中被删除。使用这个参数保证即使出现上述情况,这条路由线路仍然保持在路由表中。例如以下命令:

    ip route 192.168.10.0 255.255.255.0 serial0
    ip route 192.168.10.0 255.255.255.0 10.1.2.32

以上两条命令都可以配置一条到达 192.168.10.0/24 的路由。要删除一个路由,只要在 ip route 命令前加 no 即可:

    no ip route 192.168.10.0 255.255.255.0 serial0

静态路由实例如图 2-8 所示。

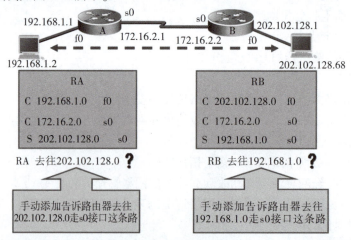

图 2-8 静态路由实例

项目 2-2:常规静态路由配置,如图 2-9 所示。

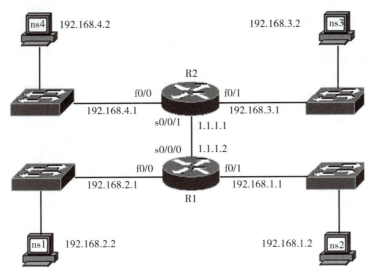

图 2-9 常规静态路由配置

R1 路由器的配置命令如下：

```
Router(config)#hostname R1
R1(config)#int f0/0
R1(config-if)#ip add 192.168.2.1 255.255.255.0
R1(config-if)#no shut
R1(config)#int f0/1
R1(config-if)#ip add 192.168.1.1 255.255.255.0
R1(config-if)#no shut
R1(config)#int s0/0/0
R1(config-if)#ip add 1.1.1.2 255.255.255.0
R1(config-if)#clock rate 64000
R1(config-if)#no shut
R1(config)#ip route 192.168.3.0 255.255.255.0 1.1.1.1
R1(config)#ip route 192.168.4.0 255.255.255.0 1.1.1.1
```

因为此时 R1 充当 DCE，所以在 R1 方配置时钟频率，在 R1 上配置了两条静态路由，分别到达 ns3 和 ns4 主机。

R2 路由器的配置命令如下：

```
Router(config)#hostname R2
R2(config)#int f0/0
R2(config-if)#ip add 192.168.4.1 255.255.255.0
R2(config-if)#no shut
R2(config)#int f0/1
R2(config-if)#ip add 192.168.3.1 255.255.255.0
R2(config-if)#no shut
R2(config)#int s0/0/1
```

```
R2(config-if)#ip add 1.1.1.1 255.255.255.0
R2(config-if)#no shut
R2(config)#ip route 192.168.1.0 255.255.255.0 1.1.1.2
R2(config)#ip route 192.168.2.0 255.255.255.0 1.1.1.2
```

在 R2 上配置了一条到达 ns1 和 ns2 的静态路由，因为静态路由是单向的，所以必须两边全部配置好才能实现完全互通。

在上述项目中，可以用 show ip route 命令来查看路由表。该命令是一条非常重要的命令，网络不能正常通信时，常常用它来查看路由表。命令如下：

多设备的静态路由的主机互通

多设备的静态路由

```
R1#show ip route
Codes:C- connected,S- static,I- IGRP,R- RIP,M- mobile,B- BGP
D- EIGRP,EX- EIGRP external,O- OSPF,IA- OSPF inter area
    N1- OSPF NSSA external type 1,N2- OSPF NSSA external type 2
    E1- OSPF external type 1,E2- OSPF external type 2,E- EGP
    i- IS- IS,L1- IS- IS level- 1,L2- IS- IS level- 2,ia- IS- IS inter area
    * - candidate default,U- per- user static route,o- ODR
    P- periodic downloaded static route
Gateway of last resort is not set
1.0.0.0/24 is subnetted,1 subnets
C    1.1.1.0 is directly connected,serial0/0/0
C    192.168.1.0/24 is directly connected,fastethernet0/1
C    192.168.2.0/24 is directly connected,fastethernet0/0
S    192.168.3.0/24 [1/0] via 1.1.1.1
S    192.168.4.0/24 [1/0] via1.1.1.1
```

在输出中，首先显示各种类型路由条目的简写。例如，C 为直连路由，S 为静态路由。在项目中只有直连路由和静态路由。

利用 show interfaces 命令可以查看接口信息，如查看配置时钟频率的串口信息的命令如下：

```
R1#show interfaces serial0/0/0
Serial0/0/0 is up,line protocol is up(connected)
    Hardware is HD64570
    Internet address is 1.1.1.2/24
    MTU 1500 bytes,BW 1544 Kbit,DLY 20000 usec,rely 255/255,load 1/255
    Encapsulation HDLC,loopback not set,keepalive set(10 sec)
    Last input never,output never,output hang never
    Last clearing of "show interface" counters never
    Input queue:0/75/0(size/max/drops);Total output drops:0
    Queueing strategy:weighted fair
    Output queue:0/1000/64/0(size/max total/threshold/drops)
        Conversations    0/0/256(active/max active/max total)
        Reserved Conversations 0/0(allocated/max allocated)
    5 minute input rate 0 bits/sec,0 packets/sec
```

```
        5 minute output rate 0 bits/sec,0 packets/sec
            18 packets input,720 bytes,0 no buffer
            Received 0 broadcasts,0 runts,0 giants,0 throttles
            0 input errors,0 CRC,0 frame,0 overrun,0 ignored,0 abort
            20 packets output,800 bytes,0 underruns
            0 output errors,0 collisions,1 interface resets
            0 output buffer failures,0 output buffers swapped out
            0 carrier transitions
            DCD=up   DSR=up   DTR=up   RTS=up   CTS=up
```

静态路由的一般配置步骤如下。
(1)为路由器每个接口配置 IP 地址。
(2)确定本路由器有哪些直连网段的路由信息。
(3)确定网络中有哪些属于本路由器的非直连网段。
(4)添加本路由器的非直连网段相关的路由信息。

2.4.2 默认路由

默认路由也称缺省路由,若路由器不知如何到达接收站,则使用默认路由指定的路径。不是所有的路由器都有一张完整的全网路由表,为了使每台路由器能够处理所有包的路由转发,通常的做法是使功能强大的网络核心路由器具有完整的路由表,其余的路由器将默认路由指向核心路由器。默认路由可以通过动态路由协议进行传播,也可以在每台路由器上进行手动配置。Internet 上大约 99.99%的路由器上都存在一条默认路由。

默认路由的产生有两种方法:手动配置默认静态路由(具体配置参见 2.4.1 小节"静态路由配置");手动配置默认网络。

当路由器在路由表中找不到目标网络时,将会默认递交给下一个路由器,如图 2-10 所示。

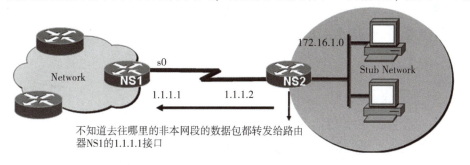

图 2-10　默认路由递交

默认静态路由命令如下:

Router(config)#ip route 0.0.0.0 0.0.0.0[转发路由器的 IP 地址/本地接口]

为图 2-10 写一条默认路由,命令如下:

NS2(config)#ip route 0.0.0.0 0.0.0.0 1.1.1.1

查看配置好的默认路由的命令如下:

NS2#sh ip route
S*　0.0.0.0/0 [1/0] via1.1.1.1　　//S* 代表默认路由

0.0.0.0/0 可以匹配所有的 IP 地址，属于不精确的匹配。默认路由可以看作是静态路由的一种特殊情况，当所有已知路由信息都查不到数据包如何转发时，按默认路由的信息进行转发。

默认路由的使用如图 2-11 所示。

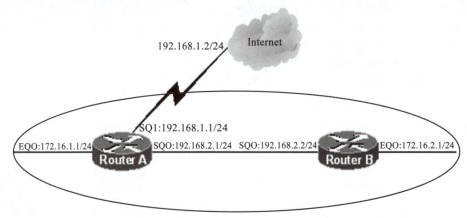

图 2-11　默认路由的使用

根据图 2-11 可知，它的静态路由写法应该是 ip route 0.0.0.0 0.0.0.0 serial0/1 或 ip route 0.0.0.0 0.0.0.0 192.168.1.2。

通过 default-network 产生默认路由只要满足以下条件即可：该默认网络不是直连接口网络，但在路由表中可到达。同样条件下，RIP 也可以传播默认路由。RIP 传播默认路由还有另外的办法，那就是配置默认静态路由，或者通过其他路由协议获得了 0.0.0.0/0 的路由。

当路由器有默认路由（不管是动态路由协议学习的还是手动配置产生的）时，使用 show ip route 命令，路由表中的 Gateway of last resort 会显示最后网关的信息。一个路由表可能会有多条网络路由为候选默认路由，但只有最好的默认路由才能成为 Gateway of last resort。最后网关和默认路由如图 2-12 所示。

多设备的默认静态路由的全网互通

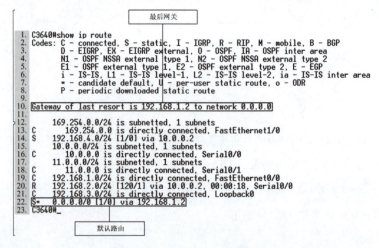

图 2-12　最后网关和默认路由

简单地讲，默认路由是在没有找到匹配的路由表入口项时所使用的路由。也就是说，路由器将所有目标网络号在路由表中不存在的报文全部根据默认路由，发送到某个网络或路由器中去。在路由表中，默认路由是以到网络 0.0.0.0 的形式出现的。默认路由在实际的路由器的配置中是非常有用的，对于项目 2-2 中的静态路由，要实现全网互通，总计需要 4 条静态路由，而采用两条默认路由就能实现全网互通。这种设置方法简化了对路由器的设置，是非常有效的。因此相对于静态路由，默认路由更容易实现，但它们都无法自动创建路由表、定时更新。

项目 2-3：默认静态路由的配置，以图 2-9 所示为例，R1 和 R2 路由器的配置过程和项目 2-2 中是一样的，命令如下：

```
Router>enable
Router#configure terminal
Enter configuration commands,one per line.    End with CNTL/Z.
Router(config)#hostname R1
R1(config)#int f0/0
R1(config-if)#ip add 192.168.2.1 255.255.255.0
R1(config)# no shut
    ...(参照项目 2-2)
R1(config)#ip route 0.0.0.0 255.255.255.0 1.1.1.1    //配置默认静态路由,默认静态路由也是单向的

Router>enable
Router#configure terminal
Enter configuration commands,one per line.    End with CNTL/Z.
Router(config)#ho
Router(config)#hostname R2
R2(config)#int f0/0
R2(config-if)#ip add 192.168.4.1 255.255.255.0
R2(config-if)#no shut
    ...(参照项目 2-2)
R2(config-if)#exit
R2(config)#ip route 0.0.0.0 255.255.255.0 1.1.1.2        //配置默认静态路由
```

2.4.3 管理距离

管理距离代表一个路由协议的可信度。如果一个路由器同时启用了多个路由协议，而这多个路由协议都发现了到达同一个目标的路径，那么只有管理距离大的路由协议发现的路由才会被加入路由表中。管理距离值为 0~255 的一个数，它表示一条路由选择信息源的可信性值。该值越小，可信性级别越高，0 为最信任，255 为最不信任，即这条线路将没有任何流量通过。假如一个路由器收到远端的两条路由更新，路由器将检查管理距离，管理距离值小的将被选为新路线存放于路由表中。假如它们拥有相同的管理距离，将比较它们的度量值(Metric)，度量值小的将作为新线路。假如它们的管理距离和度量值都一样，那么将在两条线路做均衡负载。常用路由协议默认的管理距离如表 2-1 所示。

表 2-1　常用路由协议默认的管理距离

路由协议	管理距离
直连路由	0
静态路由	1(可以修改)
EIGRP	90
IGRP	100
OSPF	110
RIP	120

2.4.4　浮动静态路由

浮动静态路由是一种定义管理距离的静态路由。当两台路由器之间有两条冗余链路时，为使某一链路作为备份链路，采用浮动静态路由的方法。

因为静态路由相对于动态路由更能够在路由选择行为上进行控制，可以人为地控制数据的传输路线，所以在冗余链路进行可控选择时，必须使用静态路由。

浮动静态路由　　浮动静态路由配置

因为默认静态路由的管理距离最小，所以在定义静态路由时，必须给一个管理距离的值。

通过配置一个比主路由的管理距离更大的静态路由，可以保证当网络中主路由失效时提供一条备份路由。在主路由存在的情况下，此备份路由不会出现在路由表中。不同于其他的静态路由，浮动静态路由不会永久地保留在路由表中，它仅在一条首选路由发生故障(连接失败)时才会出现在路由表中。

(1)浮动路由用于备份链路中，在正常的情况下使用主链路，当主链路出现故障时，自动启用备份链路。

(2)按照图 2-13 所示的拓扑结构图，如果使用静态路由，要想实现浮动路由，可以更改静态路由的管理距离。

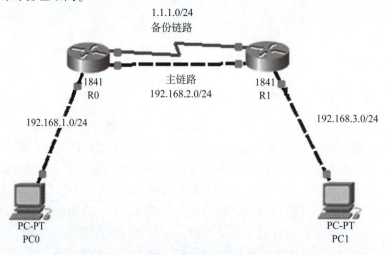

图 2-13　拓扑结构

(3)静态路由默认的管理距离是 1，通过增加备份链路上管理距离的值，可以使路由器在正常的情况下选择主链路,在主链路出现故障的时候自动启用备份链路。

配置 R0 路由器的命令如下:

> Router(config)#ip route 192.168.3.0 255.255.255.0 192.168.2.2//配置到 PC1 的静态路由,其管理距离为默认管理距离 1,作为主链路
>
> Router(config)#ip route 192.168.3.0 255.255.255.0 1.1.1.2 120//配置到 PC1 的静态路由,其管理距离为修改后的 120,作为备份链路

配置 R1 的路由器的命令如下:

> Router(config)#ip route 192.168.1.0 255.255.255.0 192.168.2.1//配置到 PC0 的静态路由,其管理距离为默认管理距离 1,作为主链路
>
> Router(config)#ip route 192.168.1.0 255.255.255.0 1.1.1.1 120//配置到 PC0 的静态路由,其管理距离为修改后的 120,作为备份链路

查看 R0 的路由表,如图 2-14 所示。可以发现,虽然配置了两条静态路由,但是生效的只有主链路的路由表条目,备份链路没有启用。

```
Router#show ip route
Codes: C - connected, S - static, I - IGRP, R - RIP, M - mobile, B - BGP
       D - EIGRP, EX - EIGRP external, O - OSPF, IA - OSPF inter area
       N1 - OSPF NSSA external type 1, N2 - OSPF NSSA external type 2
       E1 - OSPF external type 1, E2 - OSPF external type 2, E - EGP
       i - IS-IS, L1 - IS-IS level-1, L2 - IS-IS level-2, ia - IS-IS inter area
       * - candidate default, U - per-user static route, o - ODR
       P - periodic downloaded static route

Gateway of last resort is not set

     1.0.0.0/24 is subnetted, 1 subnets
C       1.1.1.0 is directly connected, Serial0/1/0
C    192.168.1.0/24 is directly connected, FastEthernet0/0
C    192.168.2.0/24 is directly connected, FastEthernet0/1
S    192.168.3.0/24 [1/0] via 192.168.2.2
```

图 2-14　R0 的路由表

现在做个小的变动,如果主链路因为某些原因突然断开了,如图 2-15 所示。我们验证一下网络的连通性,看看 PC0 和 PC1 还能否 ping 通,结果如图 2-16 所示,发现网络仍然畅通。

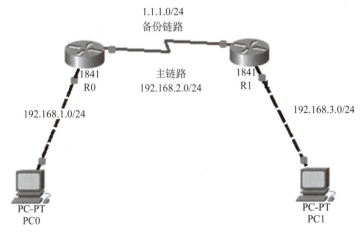

图 2-15　主链路断开

```
PC>ping 192.168.3.2

Pinging 192.168.3.2 with 32 bytes of data:

Reply from 192.168.3.2: bytes=32 time=31ms TTL=126
Reply from 192.168.3.2: bytes=32 time=31ms TTL=126
Reply from 192.168.3.2: bytes=32 time=31ms TTL=126
Reply from 192.168.3.2: bytes=32 time=31ms TTL=126

Ping statistics for 192.168.3.2:
    Packets: Sent = 4, Received = 4, Lost = 0 (0% loss),
Approximate round trip times in milli-seconds:
    Minimum = 31ms, Maximum = 31ms, Average = 31ms
```

图 2-16　与 PC1 的连通性测试

再次查看 R0 的路由表，如图 2-17 所示。可以发现，新的路由表发生了变化，备份路由被启用了。

```
Router#show ip route
Codes: C - connected, S - static, I - IGRP, R - RIP, M - mobile, B -
       D - EIGRP, EX - EIGRP external, O - OSPF, IA - OSPF inter are
       N1 - OSPF NSSA external type 1, N2 - OSPF NSSA external type
       E1 - OSPF external type 1, E2 - OSPF external type 2, E - EG
       i - IS-IS, L1 - IS-IS level-1, L2 - IS-IS level-2, ia - IS-IS
       * - candidate default, U - per-user static route, o - ODR
       P - periodic downloaded static route

Gateway of last resort is not set

     1.0.0.0/24 is subnetted, 1 subnets
C       1.1.1.0 is directly connected, Serial0/1/0
C    192.168.1.0/24 is directly connected, FastEthernet0/0
S    192.168.3.0/24 [120/0] via 1.1.1.2
```

图 2-17　新的 R0 路由表

浮动静态路由是浮动路由应用的一个重要方面，在以后学习动态路由时依然可以使用。

2.4.5　静态路由汇总

如果可以通过汇总的方式把多个目的网络汇总成一个大的网络，就可以使用静态路由汇总的方法来减小路由表的大小。

汇总静态路由

汇总静态路由

例如，目标网络如下：

192.168.0.0/24
192.168.1.0/24
192.168.2.0/24
192.168.3.0/24

要将目标网络汇总成 192.168.0.0/22，原本要添加 4 条路由条目，现在只要一条就可以完成了，命令如下：

```
ip route 192.168.0.0 255.255.252.0 next_hop
```

静态路由汇总一方面可以减小路由表的大小，另一方面还可以起到备份的作用。

2.4.6 路由黑洞问题

如果在浮动静态路由的路由器之间加入两台交换机，如图2-18所示，然后按照浮动静态路由的思想继续配置，会发现什么问题呢？这就是本小节要研究的浮动路由的路由黑洞问题。本小节将深入剖析浮动静态路由黑洞问题产生的原因以及如何解决该问题。命令如下：

路由黑洞问题　　路由黑洞问题

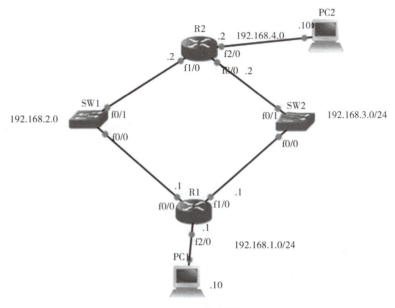

图 2-18　路由黑洞

```
R1(config)#ip route 192.168.4.0 255.255.255.0 192.168.2.2    //默认情况下 PC1 去往 PC2 走 R1-
sw1-R2
R1(config)#ip route 192.168.4.0 255.255.255.0 192.168.3.2 100    //期待当主链路失效后路由走
R1-sw2-R3,事实真会如此吗
R2(config)#ip route 0.0.0.0 0.0.0.0 f1/0
```

正常情况下，即主链路可用时，测试命令如下：

```
R1#traceroute 192.168.4.10 source 192.168.1.1
Type escape sequence toabort.
Tracing the route to 192.168.4.10
  1 192.168.2.2 68 msec 52 msec 12 msec
  2 192.168.4.10 28 msec 68 msec 32 msec    //与预期相同
```

现在在 R2 上关闭接口 f1/0，命令如下：

```
R2(config-if)#int f1/0
R2(config-if)#shutdown
```

查看路由器 R1 的路由表，命令如下：

S   192.168.4.0/24 [1/0] via 192.168.2.2   //路由器并未启用备份链路

查看网络连通性，命令如下：

```
R1#ping 192.168.4.10
Type escape sequence to abort.
Sending 5,100- byte ICMP Echos to 192.168.4.10,timeout is 2 seconds:
...
Success rate is 0 percent(0/5)    //由此出现了路由黑洞问题
```

查看 R1 接口状态，命令如下：

```
R1#show ip int b
Interface          IP- Address     OK? Method Status      Protocol
FastEthernet0/0    192.168.2.1     YES manual up          up
```

以上命令中为 up/up 状态，尽管链路是 up 的，但是我们没有办法抵达网关（下一跳路由器地址）。分析可知，普通情况下浮动静态路由只适用于接口 up/down、down/down 的状态。在 R1、R2 中间没有 SW1 的情况下，接口状态为 up/down，会正常切换到备份链路。

就本拓扑而言，我们是否能使其切换到备份链路以避免路由黑洞问题呢？

继续进行配置，命令如下：

```
R1(config)#ip sla monitor 10
R1(config- sla- monitor)# $ type echo ipicmpecho protocol ipicmpecho 192.168.2.2 source-
ip 192.168.2.1
    R1(config- sla- monitor- echo)#timeout 1000
    R1(config- sla- monitor- echo)#frequency 3
    R1(config- sla- monitor- echo)#exit
    R1(config)#ip sla monitor schedule 10 life forever start- time now
    R1(config)#track 20 rtr 10 reachability    //以上的配置可以追踪 track 的状态，当有 ping 包返回时 track
结果为 up,否则为 down
    R1#show track
    Track 20
        Response Time Reporter 10 reachability
        Reachability is Down
        4 changes,last change 00:03:43
        Latest operation return code:Timeout
        Tracked by:
           STATIC- IP- ROUTING 0
R1(config)#no ip route 192.168.4.0 255.255.255.0 192.168.2.2//这个命令一定要删除
R1(config)#ip route 192.168.4.0 255.255.255.0 192.168.2.2 track 20
//根据对象 20 的状态决定是否启用备份链路，track 20 表示该静态路由只有 track 状态为 up 的时候才建立;若为 down,则启用第二条备份链路
R1(config)#ip route 192.168.4.0 255.255.255.0 192.168.3.2 100
//关闭 R2 接口 f1/0
R2(config)#int f1/0
R2(config- if)#shutdown
```

检查 R1 路由表，命令如下：

```
S     192.168.4.0/24 [100/0] via 192.168.3.2//注意此处变化
```

检查路由路径，命令如下：

```
R1#traceroute 192.168.4.10
Type escape sequence to abort.
Tracing the route to 192.168.4.10
    1 192.168.3.2 160 msec 12 msec 116 msec
    2 192.168.4.10 12 msec 64 msec 68 msec   //备份链路启用成功
```

由此可见，通过配置 IP SLA，成功启用了备份链路，路由黑洞问题得以解决。

2.4.7 动态路由

动态路由协议能够动态地反映网络的状态，当网络发生变化时，各路由器会更新自己的路由表，因此动态路由要有两个基本功能：维护路由表；以路由更新的形式将路由信息及时发布给其他路由器。动态路由协议是一种机制，也是一系列规则，路由器和相邻路由器通信时，就使用这些规则交换自己的路由表。

一个路由协议主要包括以下几个内容：如何发送路由更新信息（即怎么发送），更新信息包含哪些内容（即发送什么），什么时候发送这些更新（即何时发送），如何确定更新信息的接收者（即发送给谁）。

路由协议如何衡量路由的好坏呢？这就要使用路由的度量值。度量值越小，路径越佳。度量值可以基于路由的某一个特征，也可以把多个特征结合在一起计算。

路由器常用的度量值如下。

(1) 跳数（Hop Count）：分组在到达目的地前所必须经过的路由器的数量。

(2) 带宽（Bandwidth）：固定的时间可传输的数据数量。

(3) 负载（Load）：网络资源（如路由器或链路）上的活动量。

(4) 时延（Delay）：从信号源到目的地所需要的时间。

(5) 可靠性（Reliability）：通常指每个网络链路的出错率。

(6) 代价（Cost）：一个任意的值，通常以带宽、金钱的花销或其他衡量标准为基础。

动态路由协议有很多优点，如灵活等，但它也有一些缺点，如占用了额外的带宽、CPU 负荷高等。

简答题

1. 简述路由表的作用及构成。
2. 什么是直连路由？直连路由是如何配置的？
3. 什么是静态路由？静态路由是如何配置的？
4. 什么是默认静态路由？默认静态路由是如何配置的？
5. 简述动态路由包括的内容以及常用度量值。

第 3 章

路由协议之 RIP

在动态路由中，管理员不再需要如静态配置一样，手动对路由器上的路由表进行维护，而是在每台路由器上运行一个路由表的管理程序。这个路由表的管理程序会根据路由器上接口的配置及所连接的链路状态，生成路由表中的路由表项。在 IP 网络中使用动态路由配置时，路由表的管理程序也就是所说的动态路由协议。采用动态路由协议管理路由表对于大规模网络是十分有效的，它可以极大地减少管理员的工作量。每个路由器上的路由表都是由路由协议通过互相协商自动生成的，管理员不需要再去操心每台路由器上的路由表，只需要简单地在每台路由器上运行动态路由协议，其他工作(如路径的选择)都由路由协议自动完成。

3.1 路由协议概述

3.1.1 路由协议和可路由协议

1. 路由协议

路由器之间运行路由协议，通过动态学习产生全网相应的路由信息，从而实现数据包的转发。路由信息协议(Routing Information Protocol，RIP)和 OSPF 是常见的路由协议。

2. 可路由协议

可路由协议是指能够在网络层地址中提供足够的信息，使一个分组能够基于该寻址方案从一台主机转发到另外一台主机，根据可路由协议里的标识信息，进行数据的转发。互联网分组交换(Internetwork Packet Exchange，IPX)协议和互联网协议(Internet Protocol，IP)为可路由协议。

3. 二者的关系

在 TCP/IP 协议栈中，可路由协议工作在网络层，而路由协议工作在传输层或应用层，它们之间的关系为：路由协议负责学习最佳路径，可路由协议根据最佳路径将来自上层的信息封装在 IP 包里传输。

不同的路由协议采用不同的路由算法来完成路径选择工作。当选择使用哪个路由协议时，一般需要考虑以下因素：网络的规模和复杂性；是否要支持 VLSM(可变长掩码子网);网络流量大小;安全性;可靠性;互联网时延特性;组织的路由策略。

路由协议基本原理如下:要求网络中运行相同的路由协议;所有运行了路由协议的路由器会将本机相关路由信息发送给网络中其他的路由器;所有路由器会根据所学的信息产生相应网段的路由信息;所有路由器会每隔一段时间向邻居通告本机的状态(路由更新)。

3.1.2 路由协议的分类

对动态路由协议的分类可采用以下不同标准。

1. 根据作用范围

组网用到的两种路由协议:内部网关协议(Interior Gateway Protocol,IGP);外部网关协议(Exterior Gateway Protocol,EGP)。

许多路由协议在定义时将路由器称为网关,因此网关经常作为路由协议命名的一部分。然而,路由器通常在第三层互联设备中定义,而协议转换网关通常在第七层设备重定义。必须注意的是,不管路由协议名称是否包括网关的字样,在开放系统互联(Open System Interconnection,OSI)参考模型中,路由协议总是工作在第三层。

一个自治系统(Autonomous System,AS)就是处于一个管理机构控制之下的路由器和网络群组或集合,在这里面的所有路由器共享相同的路由表信息。

IGP应用在同属一个网络管理机构管理的路由网络中,即运行在同一个自治系统中,进行路由信息交换。所有的IGP必须定义其关心的网络,一个路由进程在这些网络中侦听其他路由器发送的路由更新报文,同时往这些网络接口传播本身的路由信息更新报文。常用的IGP有OSPF、RIP、IGRP(内部网关路由协议)、EIGRP(增强型内部网关路由协议)、IS-IS(中间系统到中间系统协议)。

EGP应用在属于不同网络管理机构的网络之间,即在不同的自治系统之间进行路由信息交换。目前用得比较广泛的EGP为边界网关协议(Border Gateway Protocol,BGP)。IGP和EGP如图3-1所示。

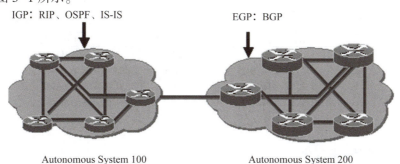

图3-1 IGP和EGP

2. 根据使用算法

根据使用的算法,路由协议可分为距离向量(Distance Vector)路由协议、链路状态(link State)路由协议、混合(Hybrid)路由协议。

(1)距离向量路由协议用于根据距离来判断最佳路径,当一个数据包每经过一个路由器时,称之为经过一跳,经过跳数最少的则作为最佳路径。这类协议的例子有RIP和IGRP,它们将整个路由表传递给与它们直接相连的相邻路由器。

(2)链路状态路由协议有OSPF、IS-IS等。执行该算法的路由器不是简单地从相邻的路由器学习路由，而是把路由器分成区域，收集区域内所有路由器的链路状态信息，根据链路状态信息生成网络拓扑结构，每一个路由器再根据拓扑结构图计算出路由。这类协议中较典型的有 OSPF，也称最短路径优先(Shortest-Path-First)协议。每个路由器创建 3 张单独的表，一张用来跟踪与它直接相连的相邻路由器，一张用来决定网络的整个拓扑结构，另外一张作为路由表。这种协议对网络的了解程度要比距离向量路由协议高。

(3) 混合路由协议综合了前两者的特征，这类协议有 EIGRP。

3. 根据目标地址类型

根据目标地址的类型，路由协议可分成单播路由协议(包括 RIP、OSPF、BGP 和 IS-IS 等)和组播路由协议(包括 PIM-SM、PIM-DM 等)。

一个路由器可以既使用距离向量路由协议，又使用链路状态路由协议吗？

答案是肯定的。在一个路由器中可以配置运行多种路由协议进程，实现与运行不同路由协议的网络连接。例如，一个子网配置 RIP，另一个子网配置 OSPF，两个路由进程之间需要交换路由信息。

不同的路由协议没有实现互操作，每个路由协议都按照自己独特的方式进行路由信息的采集和对网络拓扑变化的响应，如 RIP 路由信息采用跳数量度，而 OSPF 路由信息采用复杂的复合量度。因此在不同路由协议进程交换路由信息时，必须通过配置选项进行适当的控制。

3.2 路由决策原则

路由器根据路由表中的信息选择一条最佳的路径，将数据转发出去。

如何确定最佳路径是路由选择的关键。路由决策原则有以下这些。

1. 按最长匹配原则

当有多条路径到达目标时，以其 IP 地址或网络号最长匹配的作为最佳路由。例如，10.1.1.1/8、10.1.1.1/16、10.1.1.1/24、10.1.1.1/32，将选 10.1.1.1/32 (具体 IP 地址)，如图 3-2 所示。

```
R    10.1.1.1/32  [120/1]  via 192.168.3.1，00:00:16，Serial 1/1
R    10.1.1.0/24  [120/1]  via 192.168.2.1，00:00:21，Serial 1/0
R    10.1.0.0/16  [120/1]  via 192.168.1.1，00:00:13，Serial 0/1
R    10.0.0.0/8   [120/1]  via 192.168.0.1，00:00:03，Serial 0/0
S    0.0.0.0/0    [120/1]  via 172.167.9.2，00:00:03，Serial 2/0
```

图 3-2 最长匹配原则

2. 按最小管理距离优先

在相同匹配长度的情况下，则按最小管理距离优先原则，管理距离越小，路由越优先。例如，S 10.1.1.1/8 为静态路由，R 10.1.1.1/8 为 RIP 产生的动态路由，静态路由的默认管理距离值为 1，而 RIP 默认管理距离值为 120，将选 S 10.1.1.1/8。

常用路由信息源的默认管理距离值如表 3-1 所示。

表 3-1 常用路由信息源的默认管理距离值

路由信息源	默认管理距离值
直连路由	0
静态路由(出口为本地接口)	0

续表

路由信息源	默认管理距离值
静态路由(出口为下一跳)	1
EIGRP 汇总路由	5
外部边界网关协议(EBGP)	20
EIGRP(内部)	90
IGRP	100
OSPF	110
IS-IS	115
RIPv1、RIPv2	120
EIGRP(外部)	170
内部边界网关协议(IBGP)	200
未知	255

3. 按度量值最小优先

当匹配长度、管理距离都相同时，则比较路由的度量值，度量值越小，路由越优先。例如，S 10.1.1.1/8 [1/20]的度量值为 20，S 10.1.1.1/8 [1/40]的度量值为 40，将选 S 10.1.1.1/8 [1/20]。

度量值是度量路由好坏的一个值，有些路由选择协议只使用一个因子来计算度量标准，如 RIP 使用跳数一个因子来决定路由的度量标准，而另一些协议的度量标准则基于跳数、带宽、时延、负载、可靠性、代价等，表 3-2 列出了路由度量标准的说明。

表 3-2 路由度量标准的说明

度量标准	说明
跳数	到达目标网络所经过的路由器个数。首选跳数值最小的路径
带宽	链路的速度。首选带宽值最大的路径
时延	分组在链路上传输的时间。首选时延值最小的路径
负载	链路的有效负荷。取值范围为 1~255，1 表示负载最小。首选负载最小的路径
可靠性	链路的差错率。取值范围为 1~255，255 表示链路的可靠性最高。首选可靠性最高的路径
代价	管理配置时自定义的度量值。首选代价值最小的路径

3.3 路由回环

路由收敛指网络的拓扑结构发生变化后，路由表重新建立到发送再到学习直至稳定，并通告网络中所有相关路由器都得知该变化的过程。收敛时间是指从网络的拓扑结构发生变化到网络上所有的相关路由器都得知这一变化，并且相应地做出改变所需要的时间。

发生改变的网络路由收敛过慢、静态路由配置错误、路由重新分布等原因会造成环路的形成，路由环路是指在网络中数据包在一系列路由器之间不断传输，始终无法到达其预期目的地的一种现象。

因为192.4.0.0这个网络路由收敛过慢,所以造成信息不一致,如图3-3所示。

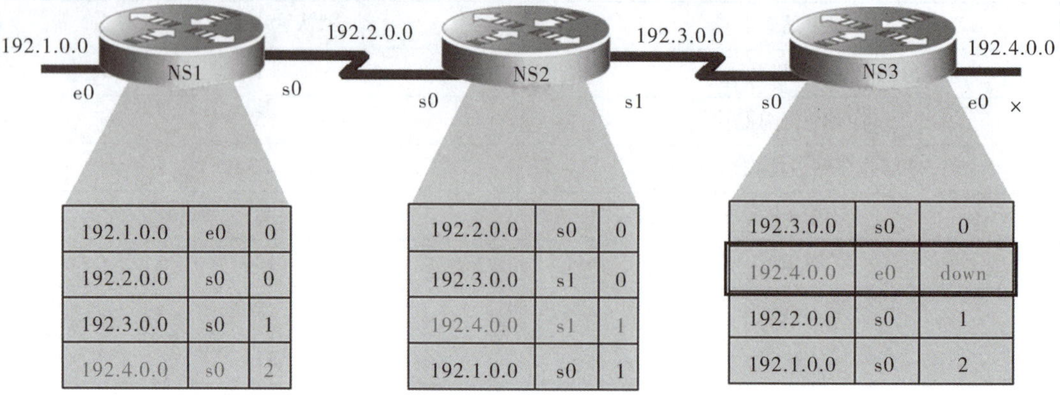

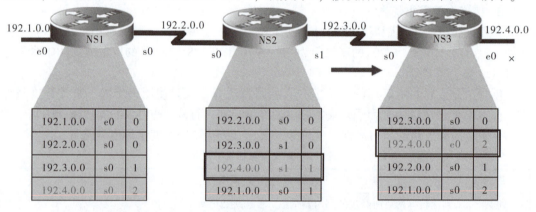

图3-3　路由收敛过慢造成信息不一致

路由器NS3推断到达192.4.0.0网络的最好路径是通过路由器NS2,一段时间后路由器NS2将到192.4.0.0跳数为1的路由信息向外发布,路由器NS3据此将自己的路由表进行更新,通过路由器NS2可到达192.4.0.0,跳数为2,假设后的路由表如图3-4所示。

图3-4　假设后的路由表

再经过一段时间后,路由器NS3反过来又将自己的路由信息发布给其他路由器,影响路由器NS2的路由信息更新,路由器NS1也更新自己的路由表,但是反映的是错误的信息,更新后的路由表如图3-5所示。

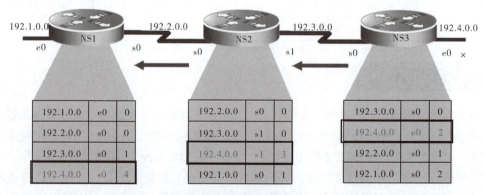

图3-5　更新后的路由表

如此循环往复，互相影响，去网络192.4.0.0的包将在路由器NS1、NS2和NS3之间来回传送，而去网络192.4.0.0的跳数不断增大，直至无穷大。路由信息更新，再次发生回环，如图3-6所示。

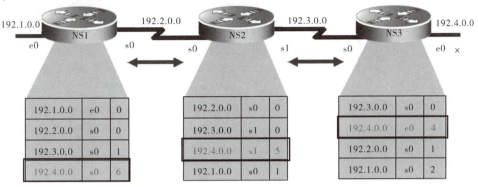

图3-6 再次发生回环

为了防止形成环路路由，RIP采用了以下手段。

1. 定义最大跳数

路由循环的问题也可描述为跳数无限（Counting to Infinity）。其中的一个解决办法就是定义最大跳数（Maximum Hop Count），如图3-7所示。RIP是这样定义最大跳数的：最大跳数为15，第16跳为不可达。但是这样不能根本性地解决路由循环的问题，而且16作为一种不可达的标记，从路由自环产生的后果的角度来考虑，限制了网络的规模。

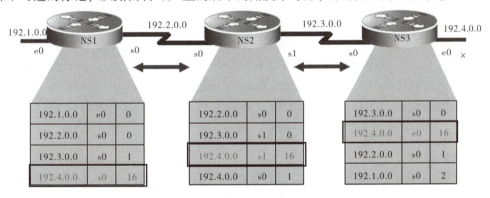

图3-7 定义最大跳数

2. 水平分割

多台路由器连接在IP广播类型网络上，又运行距离向量路由协议时，就有必要采用水平分割的机制以避免路由环路的形成。水平分割可以防止路由器将某些路由信息从学习到这些路由信息的接口广播出去，这种行为优化了多个路由器之间的路由信息交换。水平分割如图3-8所示。

然而，对于非广播多路访问网络（如帧中继、X.25网络），水平分割可能造成部分路由器学习不到全部的路由信息。在这种情况下，可能需要关闭水平分割。如果一个接口配置了此IP地址，也需要注意水平分割的问题。要配置关闭或打开水平分割，可在接口模式中执行以下命令：

Router(config- if)#no ip split- horizon   //关闭水平分割
Router(config- if)#ip split- horizon   //打开水平分割

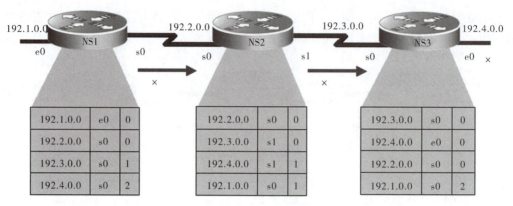

图 3-8 水平分割

3. 毒性反转

当一条路径信息变为无效之后，路由器并不立即将它从路由表中删除，而是用 16（即不可达的跳楼度量值）将它广播出去，这样就可以清除相邻路由器之间的任何环路，并克服水平分割的缺点，增加路由表的大小。毒性反转如图 3-9 所示。

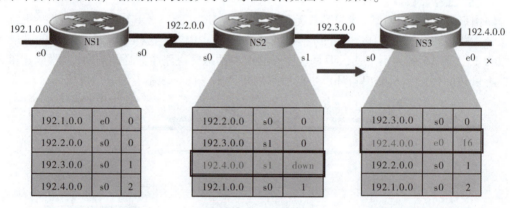

图 3-9 毒性反转

4. 触发更新

在图 3-10 中有 3 个网关连到路由器 NS1，它们是 NS3、NS2 和 NS4。在路由器 NS1 发生故障的情况下，路由器 NS3 可能相信路由器 NS4 仍可以访问路由器 NS1，路由器 NS4 可能相信路由器 NS2 仍可以访问路由器 NS1，而路由器 NS2 可能相信路由器 NS3 仍可以访问路由器 NS1，结果形成了一个无限路由环。

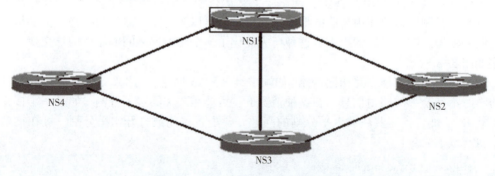

图 3-10 3 个通向 NS1 路由器的网关

水平分割在这种情况下因路由作废前的时延而丧失作用，RIP 使用一种不同的技术来加速收敛过程，这种技术称为触发更新。触发更新是协议中的一个规则，它和一般的更新不一样，当路由表发生变化时，更新报文立即广播给相邻的所有路由器，而不是等待 30s 的更新周期。同样，当一个路由器刚启动 RIP 时，它广播请求报文。收到此广播的相邻路由器立即应答一个更新报文，而不必等到下一个更新周期。这样，网络拓扑的变化会最快地在网络上传播开，大大减少了收敛的时间，减小了路由循环产生的可能性。触发更新如图 3-11 所示。

触发更新重新设定计时器的几个情况如下。

（1）计时器超时。

（2）收到一个拥有更好的度量值的更新。

（3）需要刷新时间（Flush Time）。

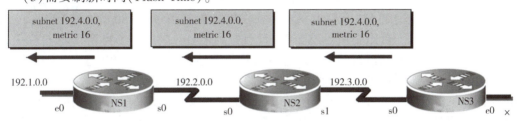

图 3-11　触发更新

触发更新通过把时延减到最小，克服了路由协议的脆弱性。

5. 抑制计时

一条路由信息无效之后，一段时间内这条路由都处于抑制状态，即在一定时间内不再接收关于同一目标地址的路由更新。路由器在 Hold-Down 时间内将该条记录标记为 possibly down 以使其他路由器能够重新计算网络结构的变化。图 3-12 中的路由器 NS2 不再接收关于同一目标网络的更远路由更新，也就是说，如果路由器从一个网络得知一条路径失效，然后立即在另一个网段上得知这个路由有效，这条有效的信息往往是不正确的，是没有及时更新的结果。

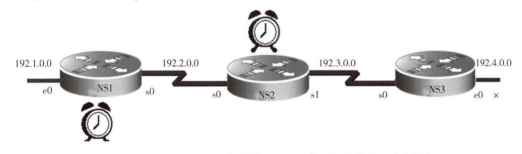

图 3-12　路由器 NS2 不再接收关于同一目标、网络的更远路由更新

3.4　路由信息协议 RIP 配置

距离向量路由算法将完整的路由表传给相邻路由器，路由器能够核查所有已知路由，然后把收到路由表加上自己的路由表以完成整个路由表。解决路由问题的距离向量法有时被称为传闻路由（Routing by Rumor），因为这个路由器是从相邻路由器接收更新，而非自己去发现网络的变化。

距离向量协议运行的特征是周期性发送全部的路由更新,更新中只包括子网和各自的距离,即度量值。除了相邻路由器之外,路由器不了解网络拓扑的细节;像所有的路由协议一样,如果到达相同的子网有多条路由时,路由器选择具有最小度量值的路由。距离向量算法的优点是简单,只需要占用很小的带宽。

RIP 配置介绍

RIP 是一种相对古老,在小型以及同介质网络中得到了广泛应用的路由协议。RIP 采用距离向量算法,是一种距离向量协议。RIP 在 RFC 1058 文档中定义它使用跳数来决定最佳路径,假如到达一个网络有两条跳数相同的链路,那么负载将均衡分配在这两条链路上。

RIP 是通过广播 UDP 报文来交换信息的协议,使用 RIP 的每个主机在 UDP(用户数据报协议)的 520 接口上发送和接收数据报。RIP 每隔 30 s 向外发送一次更新报文,若路由器经过 180 s 没有收到来自对端的路由更新报文,则将所有来自此路由器的路由信息标志为不可达;若在 240 s 内仍

RIP 的配置

未收到更新报文,则将这些路由从路由表中删除。RIP 提供跳数作为尺度来衡量到达目的地的距离,跳数是一个包到达目标必须经过的路由器的数目。如果相同目标有两个不等速或不同带宽的路由器,但跳数相同,RIP 认为两个路由是等距离的。RIP 最多支持 15 跳,在 RIP 中,路由器到与它直接相连网络的跳数为 0;通过一个路由器可达的网络的跳数为 1,其余以此类推;不可达网络的跳数为 16。

配置路由协议是路由器配置中重要的项目之一。通过启用某种路由协议,完成相应的配置项目,路由器就能自动生成和维护路由表。

3.4.1 RIP 配置步骤和常用命令

1. RIP 配置步骤

(1)启动 RIP。命令如下:

Router(config)# router rip

(2)设置本路由器参加动态路由的网络。命令如下:

network <与本路由器直连的网络号>

> 注意:该命令中的直连网络号不能包含子网号,而应是主网络号。例如,命令 router (config-router)#nework 172.16.16.0 就不正确,IOS 会自动改成主网络号 172.16.0.0。

2. RIP 常用命令

neighbor <相邻路由器相邻接口的 IP 地址>   //允许在非广播网络中机型 RIP 路由广播(可选)
auto- summary   //路由汇总
Router1(config- router)# no auto- summary   //关闭自动汇总,RIP 默认打开自动汇总,且在 RIPv1 中无法关闭
Router#show ip protocols   //验证 RIP 的配置
Router#clear ip route   //清除 IP 路由表的信息
show ip protocols   //查看 IP 路由协议统计信息
Router(config)#no route rip   //去除 RIP
Router(config- router)#no network 网段   //在网络上去除路由器所直接连接的网段 Router1(config-router)# no timers basic   //恢复各定时器

> Router (config- if)# no ip split- horizon   //抑制水平分割
> Router (config- router) # passive- interface serial 1/2   //定义路由器的s1/2口为被动接口。被动接口将抑制动态更新，禁止路由器的路由选择更新信息通过s1/2发送到另一个路由器
> Router (config- router) # neighbor network- number//配置向邻居路由器用单播发送路由更新信息，即此路由为单播路由

注意：单播路由不受被动接口的影响，也不受水平分割的影响。

RIP 相关的信息如图 3-13 所示。

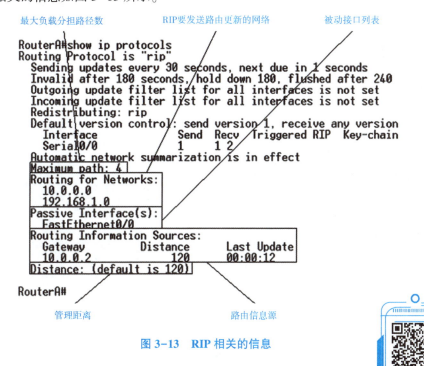

图 3-13 RIP 相关的信息

3.4.2 RIP 实例

项目 3-1：RIPv1 配置。RIPv1 配置网络图如图 3-14 所示。

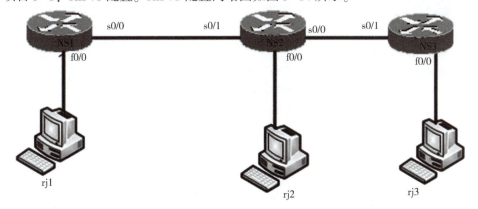

图 3-14 RIPv1 配置网络

基本参数如下。

主机 rj1：IP 地址 192.168.1.2/24，网关 192.168.1.1；

主机 rj2：IP 地址 192.168.2.2/24，网关 192.168.2.1；
主机 rj3：IP 地址 192.168.3.2/24，网关 192.168.3.1；
路由器 NS1：f0/0 192.168.1.1/24；
s0/0：1.1.1.1/24；
路由器 NS2：f0/0 192.168.2.1/24；
s0/1：1.1.1.2/24；
s0/0：2.2.2.1/24；
路由器 NS3：f0/0 192.168.3.1/24；
s0/1：2.2.2.2/24。

NS1 路由器具体配置如下：

```
NS1(config)#int f0/0
NS1(config-if)#ip add192.168.1.1 255.255.255.0
NS1(config-if)#no shut
NS1(config-if)#exit
NS1(config)#int s0/0
NS1(config-if)#ip add 1.1.1.1 255.255.255.0
NS1(config-if)#clock rate 64000
NS1(config-if)#no shut
NS1(config-if)#exit
NS1(config)#route rip
NS1(config-router)#network 192.168.1.0
NS1(config-router)#network 1.0.0.0
```

NS2 路由器具体配置如下：

```
NS2(config)#int f0/0
NS2(config-if)#ip add 192.168.2.1 255.255.255.0
NS2(config-if)#no shut
NS2(config-if)#exit
NS2(config)#int s0/1
NS2(config-if)#ip add 1.1.1.2 255.255.255.0
NS2(config-if)#no shut
NS2(config-if)#exit
NS2(config)#int s0/0
NS2(config-if)#ip add 2.2.2.1 255.255.255.0
NS2(config-if)#clock rate 64000
NS2(config-if)#no shut
NS2(config-if)#exit
NS2(config)#route rip
NS2(config-router)#network 192.168.2.0
NS2(config-router)#network1.0.0.0
NS2(config-router)#network 2.0.0.0
```

NS3 路由器具体配置如下：

```
NS3(config)#int f0/0
NS3(config-if)#ip add 192.168.3.1 255.255.255.0
NS3(config-if)#no shut
NS3(config-if)#exit
NS3(config)#int s0/1
NS3(config-if)#ip add 2.2.2.2 255.255.255.0
NS3(config-if)#no shut
NS3(config-if)#exit
NS3(config)#route rip
NS3(config-router)#network 192.168.3.0
NS3(config-router)#network 2.0.0.0
```

使用 network 命令时，配置的网络号是直接相连的网络，而通告非直接相连的网络任务就交给 RIP 来做。RIPv1 是有类别路由选择协议(classful routing)，假如使用 B 类网络 172.16.0.0/24，子网 172.16.10.0、172.16.20.0 和 172.16.30.0，在配置 RIP 的时候，只能把网络号配置成 network 172.16.0.0。一个路由器有多少个直连的网络，其最多就有多少条 RIP。

使用 show ip protocols 命令可以查看 RIP 的一些信息：

```
NS1#show ip protocols
Routing Protocol is "rip"
Sending updates every 30 seconds, next due in 3 seconds
Invalid after 180 seconds, hold down 180, flushed after 240
Outgoing update filter list for all interfaces is not set
Incoming update filter list for all interfaces is not set
Redistributing:rip
Default version control:send version 1, receive any version
  Interface         Send Recv Triggered RIP Key-chain
  Serial0/0          1      2 1
Automatic network summarization is in effect
Maximum path:4
Routing for Networks:
1.0.0.0
192.168.1.0
Passive Interface(s):
Routing Information Sources:
Gateway           Distance         Last Update
1.1.1.2           120              00:00:20
Distance:(default is 120)
```

使用 show ip route 命令可以查看路由器的路由：

```
NS2#show ip route
Codes:C-connected,S-static,I-IGRP,R-RIP,M-mobile,B-BGP
D-EIGRP,EX-EIGRP external,O-OSPF,IA-OSPF inter area
```

```
            N1- OSPF NSSA external type 1,N2- OSPF NSSA external type 2
            E1- OSPF external type 1,E2- OSPF external type 2,E- EGP
            i- IS- IS,L1- IS- IS level- 1,L2- IS- IS level- 2,ia- IS- IS inter area
            * - candidate default,U- per- user static route,o- ODR
            P- periodic downloaded static route
Gateway of last resort is not set
       1. 0. 0. 0/24 is subnetted,1 subnets
C      1. 1. 1. 0 is directly connected,serial0/1
       2. 0. 0. 0/24 is subnetted,1 subnets
C      2. 2. 2. 0 is directly connected,serial0/0
R      192. 168. 1. 0/24 [120/1] via 1. 1. 1. 1,00:00:18,serial0/1
C      192. 168. 2. 0/24 is directly connected,fastethernet0/0
R      192. 168. 3. 0/24 [120/1] via 2. 2. 2. 2,00:00:17,serial0/0
```

以下为一个路由表表达路由可信度的条目：

```
R      192. 168. 3. 0/24 [120/1] via 2. 2. 2. 2,00:00:17,serial0/0
R                  //路由信息的来源(RIP)
192. 168. 3. 0     //目标网络(或子网)
[120               //管理距离(路由的可信度)
/1]                //度量值(路由的可到达性)
via 2. 2. 2. 2     //下一跳地址(下个路由器)
00:00:17           //路由的存活时间(时分秒)(收到此路由信息后经过的时间)
Serial0/0          //出站接口(输出接口)
```

RIP 目前有两个版本：第一版 RIPv1 和第二版 RIPv2。RIPv1 不支持无类域间路由选择(Classless Inter-Domain Routing,CIDR)地址解析,而 RIPv2 支持。RIPv1 使用广播发送路由信息,RIPv2 使用多播技术。

RIPv1 是有类别的距离向量路由选择协议,当它收到一个路由更新分组时,可以按下面两种方式中的一种判定地址的网络前缀。

(1)如果收到的网络信息与接收接口属于同一网络时,选用配置在接收接口上的子网掩码。

(2)如果收到的网络信息与接收接口不属于同一网络时,选用类别子网掩码,如 A 类 255. 0. 0. 0、B 类 255. 255. 0. 0、C 类 255. 255. 255. 0。

RIPv1、RIPv2 共有以下一些特性。

(1)RIP 以到达目的网络的最小跳数作为路由选择度量标准,而不是以链路带宽和时延进行选择。

(2)RIP 最大跳数为 15 跳,这限制了网络的规模。

(3)RIP 默认路由更新周期为 30s,并使用 UDP 的 520 接口。

(4)RIP 的管理距离为 120。

(5)支持等价路径(在等价路径上负载均衡),默认为 4 条,最大为 6 条。

RIPv1 与 RIPv2 的区别如表 3-3 所示。

表3-3 RIPv1 与 RIPv2 的区别

RIPv1	RIPv2
在路由更新中不包含子网掩码信息，是一个有类别路由协议	在路由更新中包含了子网掩码信息，是一个无类别路由协议，支持不连续子网设计
不支持 VLSM 和 CIDR	支持 VLSM 和 CIDR
采用广播地址 255.255.255.255 发送路由更新	采用组播地址 224.0.0.9 发送路由更新
不提供认证	提供明文和 MD5 认证
在路由选择更新信息中包含下一网关信息	在路由选择更新信息中包含下一跳路由器的 IP 地址
默认自动汇总，且不能关闭自动汇总。子网掩码按接收接口所定义的子网掩码或大类子网掩码	默认自动汇总，且能用命令关闭自动汇总，从而得到路由表中的子网掩码信息，区分不同长度掩码的子网络
—	具有 RIPv1 的所有功能

RIP 的缺点如下。

(1) 以跳数作为度量值，会选出非最优路由。

(2) 度量值最大为 16，限制了网络的规模。

(3) 可靠性差，它接收来自任何设备的更新。

(4) 收敛速度慢，通常要 5 min 左右。

(5) 因为发送全部路由表中的信息，所以会占用太多带宽。

3.4.3 RIP 操作过程及限制

1. RIP 的操作过程

RIP 从每个启动 RIP 的接口广播出带有请求的数据包，其操作过程如下。

(1) 进入监听状态(请求/应答)。

(2) 收到消息后，检查并更新路由表。

(3) 如果是新条目，写入路由表。

(4) 如果条目存在，比较跳数。

(5) 如果收到的跳数大于存在的跳数，那么进入抑制时间段 180 s=(30×6)，时间过后如果仍然收到同样信息，就使用跳数大的。此时可能产生了回就。

2. RIP 限制

虽然 RIP 有很长的历史，但是它还是有自身的一些限制，具体如下。

(1) 不能支持长于 15 跳的路径。

RIP 设计用于相对小的自治系统，它强制规定了一个严格的跳数，即限制为 15 跳。当报文由路由设备转发时，它们的跳数计数器会加上其要被转发的链路的耗费。如果跳数计值到 15 之后，报文仍没到达它寻址的目的地，那个目的地就被认为是不可达的，并且报文被丢弃。如果要建造的网络具有很多特性但又不是非常小，那么 RIP 可能不是正确的选择。

(2) 依赖固定的度量来计算路由。

因为花费度量是由管理员配置的，所以它们本质上是静态的。RIP 不能实时地更新它们以适应网络中遇到的变化，除非手动更新。由此可知，RIP 不适用于高度动态的网络，在这种环境中，路由必须实时计算以反映网络条件的变化。

（3）对路由更新反应强烈。

RIP 节点会每隔 30 s 广播其路由表。在具有许多节点的大型网络中，这会消耗掉相当数量的带宽，而且很多都是重复的信息，同时给网络的安全也带来一定的问题。

（4）相对慢的收敛。

180 s 后才通告无效，240 s 后才删除条目，6~8 次交换路由信息后，才能完成全网拓扑收敛。RIP 路由器收敛速度慢会创造许多机会，使无效路由仍被错误地作为有效路由进行广播。显然，这样会降低网络性能，容易形成回环。

（5）不支持不连续的子网。

因为 RIP 是有类别路由协议，在通告路由的时候不包含子网掩码，所以对于不连续的子网，RIP 不能很好地支持。

（6）RIP 是以广播的形式发送路由更新。

有些网络是非广播多路访问（Non-Broadcast MultiAccess，NBMA）的，即网络上不允许广播传送数据。对于这种网络，RIP 就不能依赖广播传递路由表了。解决方法有很多，最简单的是指定邻居，即指定将路由表发送给某一台特定的路由器。

RIP 易于配置、灵活和容易使用的特点使其成为非常成功的路由协议。从 RIP 开发以来，它在计算、组网和互联技术等方面已有了长足进步，这些进步的积累效应使 RIP 成为流行协议。实际上，今天使用中的许多路由协议都比 RIP 先进，虽然这些协议取得成功，但 RIP 仍是非常有用的路由协议，前提是理解了其不足的实际含义，并能正确地使用它。

3.4.4 路由汇总概述

路由汇总也被称为路由聚合（Route Aggregation）或超网（Supernetting），可以减少路由器必须维护的路由数，它是一种用单个汇总地址代表一系列网络号的方法。路由汇总的最终结果和最明显的好处是减小网络上的路由表的大小，这样将减少与每一个路由器有关的时延，因为减少了路由登录项数量，查询路由表的平均时间将加快。由于路由登录项广播的数量减少，路由协议的开销也将显著减少。随着整个网络（以及子网的数量）的扩大，路由汇总将变得更加重要，它减小了路由表的大小，同时保持了网络中到目标地址的所有路由。因此，路由汇总可以提高路由选择的效率，节省路由器的内存，同时还可以缩短收敛时间，原因是路由器在汇总路由后无须通告各个子网的状态变化。拥有汇总路由的路由器，无须在各个子网发生时都重新收敛。

除了减小路由表的大小，路由汇总还能通过在网络连接断开之后限制路由通信的传播来提高网络的稳定性。如果一个路由器仅向下游的路由器发送汇总的路由，那么它就不会广播与汇聚的范围内包含的具体子网有关的变化。例如，如果一个路由器仅向其邻近的路由器广播汇总路由地址 172.16.0.0/16，那么如果它检测到 172.16.10.0/24 局域网网段中的一个故障，它将不更新邻近的路由器。

这在网络拓扑结构发生变化之后能够显著减少任何不必要的路由更新。实际上，这将加快汇聚，使网络更加稳定。为了执行能够强制设置的路由汇总，需要一个无类别路由协议。不过，无类别路由协议本身还不够，制定 IP 地址管理计划也是必不可少的，这样就可以在网络的战略点实施没有冲突的路由汇总。

1. 路由汇总计算示例

路由表中存储了如下网络。

172.16.12.0/24

172.16.13.0/24

172.16.14.0/24

172.16.15.0/24

要计算路由器的汇总路由，需判断这些地址最左边有多少位相同。计算汇总路由的步骤如下。

第一步：将地址转换为二进制格式，并将它们对齐。

第二步：找到所有地址中都相同的最后一位，在它后面划一条竖线。

第三步：计算有多少位是相同的，汇总路由为第 1 个 IP 地址加上斜线。

172.16.12.0/24 = 172.16.000011 00.00000000

172.16.13.0/24 = 172.16.000011 01.00000000

172.16.14.0/24 = 172.16.000011 10.00000000

172.16.15.0/24 = 172.16.000011 11.00000000

172.16.15.255/24 = 172.16.000011 11.11111111

可以看到，IP 地址 172.16.12.0 与 172.16.15.255 的前 22 位相同，因此最佳的汇总路由为 172.16.12.0/22。

2. 路由汇总的实现

使用路由汇总可以减少接受汇总路由的路由器中的路由选择条目，从而降低占用的路由器内存和路由选择协议生成的网络流量。为支持路由汇总，必须满足下述要求。

(1) 多个 IP 地址的最左边几位必须相同。

(2) 路由选择协议必须根据 32 位的 IP 地址和最大为 32 位的前缀长度来做出路由选择决策。

(3) 路由选择更新中必须包含 32 位的 IP 地址和前缀长度(子网掩码)。

3.4.5 配置 RIPv2 路由汇总

如果路由表里有 10.1.1.0/24、10.1.2.0/24、10.1.3.0/24 这 3 条路由，可以通过配置把它们聚合成一条路由 10.1.1.0/16 向外发送，这样相邻路由器只接收到一条路由 10.1.1.0/16，从而减小了路由表的大小，也减少了网络上的传输流量。

RIPV2

在大型网络中，通过配置路由汇总，可以提高网络的可扩展性以及路由器的处理速度。RIPv2 将多条路由汇总成一条路由时，汇总路由的度量值将取所有路由度量值的最小值。在 RIPv2 中，有两种路由汇总方式：自动路由汇总；手动配置发布一条汇总路由。

1. 配置 RIPv2 自动路由汇总功能

自动汇总是指 RIPv2 将同一自然网段内的不同子网的路由汇总成一条自然掩码的路由向外发送。例如，假设路由表里有 10.1.1.0/24、10.1.2.0/24、10.1.3.0/24 这 3 条路由，使能 RIPv2 自动路由汇总功能后，这 3 条路由汇总成一条自然掩码的路由 10.0.0.0/8 向外发送。

2. 关闭 RIPv2 自动路由汇总功能

默认情况下，RIPv2 的路由将按照自然掩码自动汇总，若路由表里的路由子网不连续，则需要关闭自动路由汇总功能，使 RIPv2 能够向外发布子网路由和主机路由。

3. 配置发布一条汇总路由

用户可在指定接口配置 RIPv2 发布一条汇总路由。

汇总路由的目标地址和掩码进行与运算，得到一个网络地址，RIPv2 将对落入该网段内的路由进行汇总，接口只发布汇总后的路由。

例如，假设路由表里有 10.1.1.0/24、10.1.2.0/24、10.1.3.0/24 这 3 条子网连续的路由，在接口 ethernet1/0 配置发布一条汇总路由 10.1.0.0/16 后，这 3 条路由汇总成一条路由 10.1.0.0/16 向外发送。

项目 3-2：RIPv2 配置。关闭自动路由汇总，如图 3-15 所示，这里使用的是 RIP。我们知道，RIPv1 不支持不连续子网，而且协议中自动路由汇总，如果使用 RIPv1 来关闭自动路由汇总，可能会出现网络不稳定的情况。这里使用 RIPv2，实验过程如下。

RIP 配置 V2

实验设备：3 台 PC、3 台路由设备。

基本参数如下。

PC0：10.1.1.2/24；

PC1：10.2.2.2/24；

PC2：10.3.3.2/24。

R1 参数如下。

fa0/0 10.1.1.1/24；

ser0/1/0 1.1.1.1/24。

R2 参数如下。

fa0/0 10.2.2.1/24；

ser0/1/1 1.1.1.2/24；

ser0/1/0 2.2.2.1/24。

R3 参数如下。

fa0/0 10.3.3.1/24；

ser0/1/0 2.2.2.2/24。

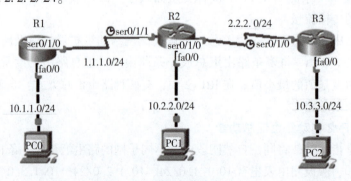

图 3-15 关闭自动路由汇总

R1 的配置如下：

```
Router>en
Router#conf t
Router(config)#hostname R1
R1(config)#int fa0/0
R1(config-if)#ip add 10.1.1.1 255.255.255.0
R1(config-if)#no shut
R1(config-if)#int ser0/1/0
R1(config-if)#ip add 1.1.1.1 255.255.255.0
R1(config-if)#no shut
R1(config-if)#exit
R1(config)#router rip
R1(config-router)#ver 2
R1(config-router)#no auto
R1(config-router)#network 10.0.0.0
R1(config-router)#network 1.0.0.0
```

R2 的配置如下：

```
Router>en
Router#conf t
Router(config)#host R2
R2(config)#int fa0/0
R2(config-if)#ip add 10.2.2.1 255.255.255.0
R2(config-if)#no shut
R2(config-if)#int ser0/1/1
R2(config-if)#ip add 1.1.1.2 255.255.255.0
R2(config-if)#clock rate 64000
R2(config-if)#no shut
R2(config-if)#int ser 0/1/0
R2(config-if)#ip add 2.2.2.1 255.255.255.0
R2(config-if)#no shut
R2(config-if)#exit
R2(config)#router rip
R2(config-router)#ver 2
R2(config-router)#no auto
R2(config-router)#network 1.0.0.0
R2(config-router)#network 10.0.0.0
R2(config-router)#network 2.0.0.0
R2(config-router)#
```

R3 的配置如下：

```
Router>en
Router#conf t
Router(config)#host R3
R3(config)#int fa 0/0
```

```
R3(config-if)#ip add 10.3.3.1 255.255.255.0
R3(config-if)#no shut
R3(config-if)#int ser 0/1/0
R3(config-if)#ip add 2.2.2.2 255.255.255.0
R3(config-if)#clock rate 64000
R3(config-if)#no shut
R3(config)#router rip
R3(config-router)#ver 2
R3(config-router)#no auto
R3(config-router)#network 2.0.0.0
R3(config-router)#network 10.0.0.0
```

3.5 有类别和无类别路由协议

前面已经对路由协议进行了介绍，那么针对路由协议，我们可以把它分为有类别和无类别两种分类来进行学习。

1. 有类别路由协议

不随各网络地址发送子网掩码信息的路由协议被称为有类别路由协议（包括 RIPv1、IGRP）。有类别路由协议在进行路由信息传递时，不包含路由的掩码信息，路由器按照标准 A、B、C 类进行汇总处理。当与外部网络交换路由信息时，接收方路由器将不会知道子网，因为子网掩码信息没有被包括在路由更新数据包中。

有类别路由协议在同一个主类网络里能够区分子网，是因为以下两点。

（1）如果路由更新信息是关于在接收接口上所配置的同一主类网络的，那么路由器将采用配置在本地接口上的子网掩码。

（2）如果路由更新信息是关于在接收接口上所配置的不同主类网络的，那么路由器将根据其所属地址类别采用默认的子网掩码。

有类查询查找目标 IP 所在的主网络，如果路由表中有该主网络的任何一个子网路由，就必须精确匹配其中的子网路由，如果没有找到精确匹配的子网路由，它不会选择最后的默认路由，而是丢弃报文。若路由表中不存在该主网络的任何一个子网路由，则最终选择默认路由。简单概括，就是先查找主类，再查明细，如果不匹配就删除。

2. 无类别路由协议

无类别路由协议包括 OSPF、EIGRP、RIPv2、IS-IS 和边界网关协议版本 4（BGP4），在同一主类网络中使用不同的掩码长度被称为可变长度的子网掩码（VLSM）。

无类别路由协议支持 VLSM，因此可以更为有效地设置子网掩码，以满足不同子网对不同主机数目的需求，可以更充分地利用主机地址，多数距离向量型路由协议产生的定期的、例行的路由更新只传输到直接相连的路由设备，在纯距离向量型路由环境中，路由更新包括一个完整的路由表，通过接收相邻设备的全路由表，路由能够核查所有已知路由，然后根据所接收到的更新信息修改本地路由表。无类路由查询过程简单说，就是直接查找最佳匹配（支持 CIDR）。

3.6 浮动静态路由和 RIP

浮动静态路由是一种定义管理距离的静态路由。当两台路由器之间有两条冗余链路时，为使某一链路作为备份链路，采用浮动静态路由的方法。

浮动静态路由是一种特殊的静态路由。因为浮动静态路由的优先级很低，它在路由表中属于候补人员，仅在首选路由失败时才发生作用，所以浮动静态路由主要考虑链路的冗余性能。

浮动静态路由通过配置一个比主路由的管理距离更大的静态路由，保证网络中主路由失效的情况下提供备份路由。在主路由存在的情况下，它不会出现在路由表中。浮动静态路由主要用于拨号备份。

浮动静态路由的配置方法与静态路由相同，preference-value 为该路由的优先级别，即管理距离，可以根据实际情况指定，范围为 0~255。

管理距离是指一种路由协议的路由可信度。每一种路由协议按可靠性从高到低依次分配一个信任等级，这个信任等级就叫管理距离。对于两种不同的路由协议到一个目的地的路由信息，路由器首先根据管理距离决定相信哪一个协议。

管理距离一般是一个 0~255 的数字，值越大，则优先级越小。一般优先级顺序：直连路由>静态路由>动态路由协议，不同协议的管理距离不一样，同一协议生成的路由管理距离也可能不一样。例如，OSPF 生成的几种路由其管理距离就不同，区域内路由>区域间路由>区域外路由。应注意的是，在 RIP 中也可以使用浮动静态路由。

3.7 被动接口与单播更新

如果希望内部子网信息不传播出去，又能接收外网的路由更新信息，则可以指定被动接口。

被动接口只接收路由更新，不发送路由更新，在不同的路由协议中，被动接口的工作方式也不相同：在 RIP 中只接收路由更新不发送路由更新；在 EIGRP 和 OSPF 中不发送 Hello 分组，不能建立邻居关系。

虽然被动接口能接收外面的路由更新，不能以广播或组播的方式发送路由更新，但是它可以以单播的方式发送路由更新。此时可以单独过滤一个路由条目，而将此路由更新发送到某个路由，这就是单播更新。

配置单播更新的命令如下：

R1(config- router)#neighbor A. B. C. D

单播更新的应用如下。

（1）当某企业的广域网络是一个 NBMA 网(非广播多路访问网络，如帧中继)，且网络上配置的路由协议是 RIP 时，由于 RIP 一般采用广播或组播方式发送路由更新信息，但在非广播网和 NBMA 网上，默认是不能发送广播或组播包的，因此网络管理员只能采用单播方式向跨地区企业内部的其他子网通告 RIP 路由更新信息。在被动接口的前提下，可以配置单播更新实现 NBMA 网络中点对点的路由更新信息。

（2）由于以太网是一个广播型的网络，为使一台路由器把自己的路由信息发送到某台路由器上，而不是将路由更新发送给以太网上的每一个设备，必须先将此路由器的接口配置成被动接口，再采用单播更新将自己的路由信息发送到以太网上某一台路由器上。配置单播更新如图 3-16 所示，路由器 R1 只想把路由更新发送到路由器 R3 上，为了防止路由更新发送给以太网上的其他设备（如 R2），应先把路由器 R1 的 g0/0 口配置成被动接口，并采用单播更新，把路由更新发送给 R3，这样 R2 将不会收到 R1 的路由更新信息。

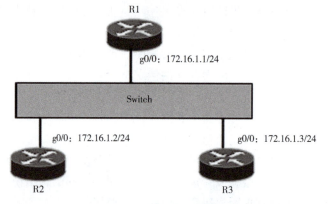

图 3-16　配置单播更新

路由器 R1 具体的配置如下：

R1(config)#router rip
R1(config- router)#passive- interface GigabitEthernet0/0
R1(config- router)#neighbor 172. 16. 1. 3

3.8　RIPv2 认证和触发更新

随着网络应用的日益广泛和深入，企业对网络安全越来越关心和重视，路由器设备的安全是网络安全的一个重要组成部分，为了防止攻击者利用路由更新对路由器进行攻击和破坏，可以配置 RIPv2 路由邻居认证，以加强网络的安全性。

有关认证，有以下说明。

（1）在配置密钥的接收/发送时间前，应该先校正路由器的时钟。

（2）RIPv1 不支持路由认证。

（3）RIPv2 支持两种认证方式：明文认证和 MD5 认证。默认不进行认证。

（4）在认证的过程中可以配置多个密钥，在不同的时间应用不同的密钥。

（5）如果定义多个 Key ID，明文认证和 MD5 认证的匹配原则是不一样的。

① 明文认证的匹配原则如下。

A. 发送方发送最小 Key ID 的密钥。

B. 不携带 Key ID 号码。

C. 接收方会和所有 Key Chain（钥匙链）中的密钥匹配，若匹配成功，则通过认证。

例如，路由器 R1 有一个 Key ID：key1＝cisco；路由器 R2 有两个 Key ID：key1＝ccie 和 key2＝cisco。根据上面的原则，R1 认证失败，R2 认证成功，因此在 RIP 中出现单边路由并不稀奇。

② MD5 认证的匹配原则如下。

A. 发送方发送最小 Key ID 的密钥。

B. 携带 Key ID 号码。

C. 接收方首先会查找是否有相同的 Key ID，如果有，只匹配一次，决定认证是否成功。如果没有该 Key ID，只向下查找下一跳，匹配则认证成功，不匹配则认证失败。

例如，路由器 R1 有 3 个 Key ID：key1=cisco，key3=ccie，key5=cisco；路由器 R2 有一个 Key ID：key2=cisco。根据上面的原则，R1 认证失败，R2 认证成功。

有关触发更新，有以下说明。

(1) 在以太网接口下，不支持触发更新。

(2) 触发更新需要协商，链路的两端都需要配置。

RIPv2 的配置认证和触发更新命令如下：

```
RA(config)#key chain test       //配置钥匙链
RA(config- keychain)#key 1      //配置 Key ID
RA(config- keychain- key)#key- string cisco   //配置 Key ID 密钥
RA(config- keychain- key)#int s2/1
RA(config- if)#ip rip authentication mode text   //在接口上启用明文认证
RA(config- if)#ip rip authentication key- chain test   //在接口上调用钥匙链
RA(config- if)#ip rip triggered    //在接口上启用触发更新
RA(config- if)#end
RA#clear ip route *
RA#sh ip route    //可见没有学到任何路由,只有直连
```

当路由器 RB 做以上配置，并在 s1/2 接口上启用验证后，重新学到路由。

习题3

一、选择题

1. 禁止 RIP 的路由汇总功能的命令是(　　)。

A. no route rip　　　　　　　　B. auto-summary

C. no auto-summary　　　　　　D. no network 10.0.0.0

2. 关于 RIPv1 和 RIPv2，下列说法中哪些不正确？(　　)

A. RIPv1 报文支持子网掩码

B. RIPv2 报文支持子网掩码

C. RIPv2 默认使用路由汇总功能

D. RIPv1 只支持报文的简单口令认证，而 RIPv2 支持 MD5 认证

3. RIP 在收到某一相邻网关发布的路由信息后，下列对度量值的处理方法中不正确的是(　　)。

A. 对本路由表中没有的路由项，只在度量值少于不可达时增加该路由项

B. 对本路由表中已有的路由项，当发送报文的网关相同时，只在度量值减少时更新该路由项的度量值

C. 对本路由表中已有的路由项，当发送报文的网关不同时，只在度量值减少时更新该路由项的度量值

D. 对本路由表中已有的路由项,当发送报文的网关相同时,只要度量值有改变,一定会更新该路由项的度量值

4. RIPv1 和 RIPv2 不具备的共同点是(　　)。

A. 定期通告整个路由表　　　　B. 以跳数来计算路由权

C. 最大跳数为 15　　　　　　　D. 支持协议报文的验证

5. 当使用 RIP 到达某个目标地址有两条跳数相等但带宽不等的链路时,默认情况下在路由表中(　　)。

A. 只出现带宽大的那条链路的路由

B. 只出现带宽小的那条链路的路由

C. 同时出现两条路由,两条链路负载分担

D. 带宽大的链路作为主要链路,带宽小的链路作为备份链路出现

6. 以下关于 RIP 的说法中正确的是(　　)。

A. RIP 通过 UDP 数据报交换路由信息　　B. RIP 适用于小型网络中

C. RIPv1 使用广播方式发送报文　　　　D. 以上说法都正确

7. RIP 采用了(　　)作为路由协议。

A. 距离向量　　　B. 链路状态　　　C. 分散通信量　　　D. 固定查表

8. 190.188.192.100 属于哪类 IP 地址?(　　)

A. A 类　　　　　B. B 类　　　　　C. C 类　　　　　D. D 类

9. 如果子网掩码是 255.255.255.192,主机地址为 195.16.15.1,那么在该子网掩码下最多可以容纳多少台主机?(　　)

A. 254　　　　　B. 126　　　　　C. 62　　　　　D. 30

二、简答题

1. 什么是路由协议?什么是可路由协议?二者的区别是什么?

2. 常见的路由协议有哪些?它们的管理距离分别是多少?

3. 路由回环是什么?形成路由回环的原因是什么?解决方法有哪些?

4. 简述 RIP 的特点。

第 4 章

路由协议之 OSPF

前面已介绍过距离向量路由协议和链路状态路由协议的区别,本章将进一步讨论链路状态路由协议的工作原理。链路状态路由协议包括开放最短路径优先(Open Shortest Path First,OSPF)协议和中间系统到中间系统(Intermediate System to Intermediate System,IS-IS)协议。

IS-IS 是基于 ISO 参考模型开发出来的路由协议,它支持不同协议的网络,如 IP、IPX。对于 IS-IS 我们只做了解,本章的重点是 OSPF。

4.1 OSPF 的基本概念

OSPF 是一种典型的链路状态路由协议,启用 OSPF 协议的路由器彼此交换并保存整个网络的链路信息,从而掌握全网的拓扑结构,再通过 SPF 算法计算出到达每一个网络的最佳路由。

OSPF 作为一种 IGP,其网关和路由器都在同一个自治系统内部,用于在同一个自治系统中的路由器之间发布路由信息。运行 OSPF 协议的路由器中维护着一个描述自治系统拓扑结构的统一的数据库,该数据库由每一个路由器的链路状态信息(该路由器可用的接口信息、邻居信息等)、路由器相连的网络状态信息(该网络所连接的路由器)、外部状态信息(该自治系统的外部路由信息)等组成。所有的路由器并行运行着同样的算法(最短路径优先算法 SPF),根据该路由器的拓扑数据库,构造出以它自己为根节点的最短路径树,该最短路径树的叶子节点是自治系统内部的其他路由器。当到达同一目的路由器存在多条相同代价的路由时,OSPF 能够在多条路径上分配流量,实现负载均衡。

OSPF 协议是国际互联网工程任务组(Internet Engineering Task Force,IETF)开发的路由协议。正如它的命名那样,它使用 Dijkstra 的最短路径优先(Shortest Path First,SPF)算法,是一种开放协议,它不属于任何一个厂商私有。OSPF 目前有 3 个版本,其中版本 1 从来没有离开过实验室,版本 2 就是目前我们使用的 IPv4 版本。

OSPF 不同于距离向量协议(RIP),它有如下特性。

(1)支持大型网络、路由收敛快、占用网络资源少。

(2)无路由环路。

（3）支持 VLSM 和 CIDR。

（4）支持等价路由。

（5）支持区域划分、构成结构化的网络、提供路由分级管理。

注意：路由收敛速度跟路由协议的实现有关，跟设计原理没有关系，如 Cisco 公司私有的 EIGRP 是一种距离向量路由协议，它的收敛速度是 IGP 中最快的。

想象一下，如果你只有一张地图和指南针，却不知道东南西北、地图的某些标记，这样的冒险多么具有挑战性！下面介绍 OSPF 的关键术语。

1. RouterID

RouterID 在 OSPF 区域内唯一标识一台路由器，因此它在一个区域中不能跟其他 RouterID 重复。在同一台路由器的不同进程中，也不能使用同一个 RouterID。路由器可以通过如下方法（顺序不可变，满足一条即可）得到它们的 RouterID。

（1）通过 router-id 命令指定的路由器 ID 最为优先。命令如下：

Router(config- router)# router- id 1.1.1.1

（2）如果没有手动配置路由器，就选取它的 loopback 接口上数值最高的 IP 地址，选择具有最高 IP 地址的环回接口。命令如下：

Router(config)# int loopback 0
Router(config)# ip addr 10.1.1.1 255.255.255.255

（3）如果路由器没有配置 loopback 接口的 IP 地址，那么路由器将选取它所有的物理接口上数值最高的 IP 地址。若没有物理接口 IP 地址，则不能开启 OSPF 进程。

用作 RouterID 的接口不一定非要运行 OSPF 协议。

2. 邻居

邻居至少是两台路由器，它们共用同一个物理传输介质，如两台路由器通过点对点连接在一起，或者几台路由器连接在一个以太网中；并且它们互相协商成功其他路由器指定的 Hello 包参数，这时可以说它们是邻居。

3. 邻接

邻接关系是由一些邻居路由器构成的。OSPF 协议定义了一些网络类型，不同的网络类型成为邻接关系的实现方法不同，这将在后面的部分进行讨论，OSPF 协议只与建立了邻接关系的邻居共享路由信息。

4. 3 张表

（1）链路状态数据库（Link State Database）：包含有从某个地区接收到的链路状态通告数据包中的所有信息。路由器使用这些信息，作为 SPF 算法的输入，并算出最短路径。

（2）邻居表（Neighbor Table）：一个 OSPF 协议路由器的列表，这些路由器发送的 Hello 包可以被互相看见，每台路由器上的邻居表都包含邻居路由器的详细信息。

（3）路由表（Router Table）：用来存放到达其他网络所用的下一跳地址，路由器可以结合路由表通过递归的方式找到最佳路径。

5. 5 种包

每台开启了 OSPF 协议进程的路由器都监听 224.0.0.5 这个组播地址，并且把含有本地路由器信息的 Hello 包发送到这个组播地址中，这样其他运行着 OSPF 协议进程的路由器就可以收到 Hello 包，并且建立邻居关系。除 Hello 包外，还有以下 4 种包。

（1）数据库描述（Database Description，DBD）中包含了始发路由器链路状态数据库中的每一个 LSA 的一个简要描述，类似于一本书的目录，路由器通过交互 DBD 发现缺少哪些 LSA。

（2）链路状态请求（Link State Request，LSR）：如果本地路由器发现它的邻居路由器有一条 LSA 不在自己的链路状态数据库中，将发送一个链路状态请求数据包去请求这条 LSA。

（3）链路状态更新（Link State Update，LSU）：当路由器收到 LSU 时，将发送这些被请求的 LSA 信息。

（4）链路状态确认（Link State Acknowledgement，LSA）：收到邻居路由器发送的 LSU，本端必须做一个确认，否则邻居路由器隔一段时间会再次发送这条 LSA 信息。

6. 7 种状态

（1）Down：代表 OSPF 没有发现任何 OSPF 邻居。

（2）Init：路由器收到了来自邻居路由器的 Hello 包，但 Hello 包中邻居字段中没有自己的 RouterID，就把邻居的 RouterID 填充在下一个发送的 Hello 包中。

（3）2-Way：从邻居收到的 Hello 包中有自己的 RouterID，如果在 Init 状态下收到邻居路由器发送的 DBD 包，也可以将邻居状态直接转换到 2-Way。

（4）Exstart：在这一状态下，本地路由器和它的邻居路由器将建立主从关系，并确定 DBD 的序列号，RouterID 值最高的路由器是主路由器。

（5）Exchange：邻居路由器间交互 DBD 包，同时也会发送 LSR 给邻居路由器。

（6）Loading：路由器将在这个状态下继续发送 LSR 给其他邻居路由器，以便学到整网的 LSA 信息，虽然在 Exchange 状态下已经发送过 LSR，但是路由器没有收到相应的 LSA 通告。

（7）Full：在这种状态下，邻居路由器将完全邻接。

7. 链路开销

OSPF 路由协议通过计算链路的带宽来计算最佳路径的选择。每条链路根据带宽不同具有不同的度量值，这个度量值在 OSPF 路由协议中称作开销（Cost）。通常，10 Mbps 的以太网的链路开销是 10，16 Mbps 令牌环网的链路开销是 6，FDDI 或快速以太网的链路开销是 1，2 Mbps 的串行链路开销是 48。

两台路由器之间链路开销之和最小的路径为最佳路径。

8. 指定路由器（Designative Router，DR）

在接口所连接的各毗邻路由器之间，具有最高优先级的路由器作为 DR。接口的优先级值从 0~255，在优先级相同的情况下，选具有最高路由器 ID 的路由器作为 DR。

因此，DR 具有接口最高优先级和最高路由器 ID。

9. 备份指定路由器（Backup Designative Router，BDR）

在各毗邻路由器之间，由次高优先级和次高路由器 ID 的路由器作为 BDR。

10. OSPF 网络类型

根据路由器所连接的物理网络不同，OSPF 将网络划分为 4 种类型：广播多路访问型、非广播多路访问型、点对点型、点对多点型。

（1）广播多路访问型网络，如以太网 Ethernet、令牌环网 Token Ring、FDDI，这种网络会选举 DR 和 BDR。

（2）非广播多路访问型网络，如帧中继 Frame Relay、X.25、SMDS，这种网络会选举 DR 和 BDR。

（3）点对点型网络，如 PPP、HDLC。

(4)点对多点型网络适用于一个路由器与多个其他路由器直接相连的情况。在点对多点网络中,一个路由器可以与多个目的地路由器进行通信,而这些目的地路由器之间不需要直接连接,如全连接 ATM 网络。

11. 区域

OSPF 引入分层路由的概念,将网络分割成一个主干连接的一组相互独立的部分,这些相互独立的部分被称为区域(Area),主干的部分被称为主干区域。每个区域就如同一个独立的网络,该区域的 OSPF 路由器只保存该区域的链路状态,同一区域的链路状态数据库保持同步,使每个路由器的链路状态数据库都可以保持合理的大小,路由计算的时间、报文数量都不会过大。

多区域的 OSPF 必须存在一个主干区域(区域 0),主干区域负责收集非主干区域发出的汇总路由信息,并将这些信息返还给各区域。

OSPF 区域不能随意划分,应该合理地选择区域边界,使不同区域之间的通信量最小。在实际应用中,区域的划分往往不是根据通信模式而是根据地理或政治因素来完成的。划分区域的好处如下。

(1)减少路由更新。
(2)加速收敛。
(3)限制不稳定到一个区域。
(4)提高网络性能。

12. 路由器的类型

根据路由器在区域中的位置不同,可分为以下 4 种类型,如图 4-1 所示。

(1)内部路由器(Internal Router,IR):所有接口都在同一区域的路由器,它们都维护着一个相同的链路状态数据库。

(2)主干路由器:至少有一个连接主干区域接口的路由器。

(3)区域边界路由器(Area Border Router,ABR):具有连接多区域接口的路由器,一般作为一个区域的出口。区域边界路由器为每一个所连接的区域单独建立链路状态数据库,负责将所连接区域的路由摘要信息发送到主干区域,而主干区域上的区域边界路由器则负责将这些信息发送到所连接的所有其他区域。

(4)自治系统边界路由器(Autonomous System Boundary Router,ASBR):至少拥有一个连接外部自治区域网络(如非 OSPF 的网络)接口的路由器,负责将非 OSPF 网络信息传入 OSPF 网络。

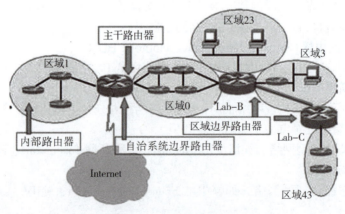

图 4-1 路由器的类型

13. LSA 类型

(1) 类型 1 LSA(路由器链路状态广告)：用于描述一个路由器的连接和相邻关系。每个 OSPF 路由器都会产生一个类型 1 LSA，并将其分发到本地区域内的其他路由器。类型 1 LSA 包含路由器的邻居列表、连接状态和链路开销等信息，这些信息被用来构建网络拓扑图以及计算最短路径。

(2) 类型 2 LSA(网络链路状态广告)：用于描述多个路由器连接到同一个多点网络(例如以太网)的情况。在这种情况下，一个类型 2 LSA 会被选举为多点网络的主机路由器，其他路由器产生类型 1 LSA，指向这个主机路由器，这样可以减少 LSA 的数量，优化拓扑信息的分发。

(3) 类型 3 LSA(网络汇总链路状态广告)：用于描述一个网络的汇总情况，它由区域边界路由器产生并分发到不同的区域。区域边界路由器会根据每个区域的汇总需求，生成类型 3 LSA，以便在不同区域之间进行路由信息的汇总和传递。

(4) 类型 4 LSA(ASBR 汇总链路状态广告)：用于描述来自外部自治系统的外部路由汇总情况。当一个自治系统边界路由器接收到来自其他自治系统的路由信息时，它会生成类型 4 LSA 并分发到本地区域，这样其他路由器可以了解到外部路由的存在。

(5) 类型 5 LSA(外部链路状态广告)：用于描述外部自治系统的路由信息。当一个自治系统边界路由器学习到来自其他自治系统的路由时，它会生成类型 5 LSA 并分发到本地区域，这样区域内的其他路由器可以了解到通往外部自治系统的路径。

(6) 类型 7 LSA(NSSA 外部链路状态广告)：用于在不完全支持 OSPF 的区域内传递外部路由信息，这种区域典型的如不完全末节区域(Not-So-Stubby Area，NSSA)。NSSA 是一种特殊的区域，允许传递外部路由信息，但又不同于标准的区域。类型 7 LSA 用于在 NSSA 中传递外部路由信息，并由 NSSA 区域的边界路由器产生。

4.2 OSPF 的工作流程

4.2.1 路由器启动的状态与 LSA 的运作原理

运行 OSPF 协议的路由器通过发送 Hello 数据包建立邻接关系，并彼此交换链路状态信息，链路状态信息被加载在 LSA 中，以 LSU 的形式在网络中进行泛洪(Flooding)。OSPF 把这些链路状态信息存放在本地链路状态数据库中，在掌握了整个网络区域的所有链路状态后，每一个 OSPF 路由器以自己为根节点，用 Dijkstra 算法构造到其他节点的最短路径树(SPF)，从而构造路由表，具体步骤如下。

第一步，建立路由器的邻接关系。

第二步，进行必要的 DR/BDR 选举。

第三步，链路状态数据库的同步。

第四步，产生路由表。

第五步，维护路由信息。

下面结合图 4-2 所示的工作流程示例，把 R1 与 R2 建立邻接关系的过程分解一下，加强我们对 OSPF 的理解。

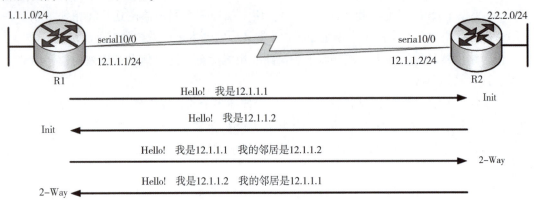

图 4-2　OSPF 工作流程示例

还记得 RouterID 的建立过程吗？R1、R2 是同一区域中的路由器，如果没为它们手动指定 RouterID，它们将以 loopback 接口的 IP 地址最大值作为 RouterID，假设图中两台路由器都没有配置 loopback 接口，此时它们将使用物理接口最大地址作为 RouterID。

当路由器已经确定自己的 RouterID 后，就开始从运行了 OSPF 的接口发送 Hello 包。R1 与 R2 是同时往外发送 Hello 包的，当 R1 收到了 R2 发出的 Hello 包，它就进入了 Init 状态，我们把它称为初始状态，然后它把 R2 的 RouterID 记录下来，表示 R2 就是自己的邻居了，这种用来记录邻居的数据结构就是邻居表，同样 R2 也是这样操作的。下一过程 R1 把邻居 R2 的 RouterID 填写进自己即将发送的 Hello 包的邻居字段中去。当 R2 收到这个包含有自己 RouterID 的 Hello 包，它将进入下一种状态 2-Way。在这种点对点的链路中，2-Way 这种状态消失得很快，这个过程发生在图中第二个指向 R2 路由器的箭头。可以通过 debug ip ospf adj 命令来查看它们之间的状态转换过程。

当两台路由器进入 2-Way 状态之后，会主动发送 DBD 包，它的作用是协商出主、从路由器。当邻居路由器收到第一个 DBD 包时，就会将状态转换到 Exstart，如图 4-3 所示。拥有较高 RouterID 的路由器就是主路由器。本例中 R2 拥有较高的 RouterID，因此它是主路由器。

图 4-3　Exstart 状态

当邻居路由器认可 R2 是主路由器之后，R2 将首先发送自己这边带有链路状态信息摘要的 DBD 包。我们可以回想一下，RIP 传输路由是把整张路由表广播出去，相当于传输一册地图出去，Exchange 状态传输 DBD 类似把一册地图的目录传输出去，如图 4-4 所示。这个状态将一直延续到 R2 发完所有的 DBD 信息。需要强调的是，第一个 DBD 包用来协商出路由器的主从关系，主路由器将首先完成 DBD 的发送。

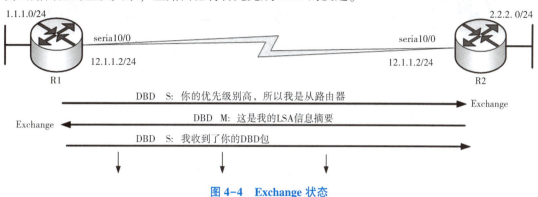

图 4-4 Exchange 状态

交互过 DBD 之后，同步 LSA 是在 Loading 状态下进行的，如图 4-5 所示。路由器发送 LSR 链路状态请求数据包，请求自己缺少的 LSA。

R1 通过对比收到的 DBD 知道自己缺少 R2 端哪条链路信息，图 4-5 中第一个箭头指向 R2 发送一条 LSR。R2 收到一条 LSR 之后回复一条 LSU，R1 收到这条更新之后把信息存放起来。用来存放链路状态信息的数据结构被称为链路状态数据库。可以使用命令 show ip ospf database 来查看数据库信息。

图 4-5 Loading 状态

R1 和 R2 使用 SPF 算法，以自身为根节点算出到达每一个网段的最优路径，并且把这条最优路径存放在路由表中，这个过程类似于我们要出远门之前先查看地图，并且计算出唯一一条最短路径。可以使用命令 show ip route 来查看 OSPF 路由表。

4.2.2 链路状态更新包的工作过程

每个 LSA 条目都有老化定时器(Aging Timer)，它存储在链路状态年龄字段中。在默认情况下，30 min 后，最初发送该条目的路由器发送一个链路状态更新(LSU)，其中包含序列号更高的 LSA，以核实链路还处于活动状态。因为一条 LSU 可以包含一个或多个 LSA，与距离向量路由协议频繁定期发送整个路由表相比，这种 LSA 占用带宽更少。

图 4-6 中 R1 发送了一个 LSU 给 R2，R1 开始计时，30 min 之后，R1 会发送一个 LSU 给 R2，并且这个 LSU 的序列号大于刚才的序列号。图 4-6 省略了很多过程，通过图 4-7 可以详细观察 LSU 的工作过程。

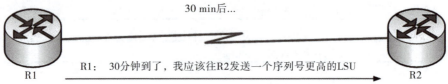

图 4-6　OSPF 每 30 min 更新一次

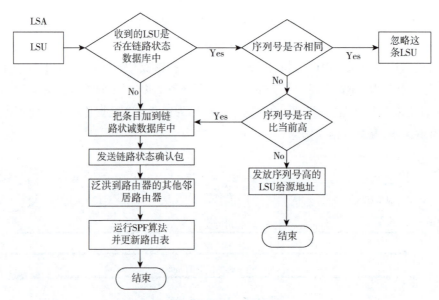

图 4-7　LSU 的详细工作过程

路由器收到一个 LSU 包时会对包做出判断：

(1) 收到的 LSU 是否已经存放在链路状态数据库中，若没有则把这条 LSU 加入链路状态数据库中，发送 LSAck 确认包，并将这条 LSU 泛洪到其他路由器，运行 SPF 算法，并且更新路由表。

(2) 收到的 LSU 已经存放在链路状态数据库中，若序列号大于当前序列号，则把这条 LSU 加入链路状态数据库中，发送 LSAck 确认包，并将这条 LSU 泛洪到其他路由器，运行 SPF 算法，并更新路由表。

(3) 收到的 LSU 已经存放在链路状态数据库中，若序列号小于当前序列号，则发送一条序列号比源序列号更高的 LSU。

(4) 收到的 LSU 已经存放在链路状态数据库中，并且序列号相同，则忽略这条 LSU。

4.2.3　选举 DR 和 BDR

我们已经知道运行着 OSPF 的路由器将向 224.0.0.5 发送 Hello 包，并监听这个组播地址。这样做确实节省了链路带宽。在图 4-8 所示的多播网络中，如果路由器发送 DBD 并且每台路由器都进行确认，那么这样一个网络将有很大一部分带宽被路由协议占用。

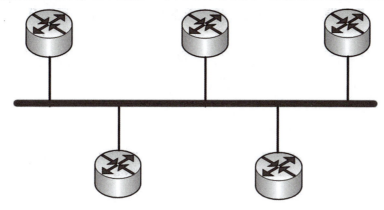

图 4-8　多播网络

在这样的环境中，我们将选出一台路由器代表，其他所有路由器把 LSA 都发送给这个路由器代表，然后由路由器代表泛洪给其他路由器，这样是不是就节约带宽了呢？这台路由器代表就是指定路由器 DR，除选出一台指定路由器之外，还有一台备份指定路由器 BDR。网络中除了 DR 和 BDR 之外，其他路由器被称为 DRother。所有 DRother 路由器均与 DR 和 BDR 建立邻接关系，DRother 之间是 2-Way 状态。

DR 和 BDR 的选举

在初始状态下，一个路由器的活动接口设置 DR 和 BDR 为 0.0.0.0，这意味着没有 DR 和 BDR 被选举出来。同时设置等待计时器（Wait Timer）的值等于路由器无效间隔（Router Dead Interval），其作用是如果在这段时间内还没有收到有关 DR 和 BDR 的宣告，那么它就宣告自己为 DR 或 BDR。经过 Hello 协议交换后，每个路由器获得了希望成为 DR 和 BDR 的那些路由器的信息，按照下列步骤选举 DR 和 BDR。

（1）当路由器与一个或多个路由器建立双向的通信后，检查每个邻居 Hello 包里的优先级、DR 和 BDR 域。列出所有符合 DR 和 BDR 选举的路由器(优先级大于 0，为 0 时不参加选举)。

（2）从这些合格的路由器中建立一个没有宣称自己为 DR 的子集(因为宣称自己为 DR 的路由器不能选举成为 BDR)。

（3）若在这个子集里有一个或多个邻居（包括它自己的接口）在 BDR 域宣称自己为 BDR，则选举具有最高优先级的路由器。若优先级相同，则选择具有最高 RouterID 的那个路由器为 BDR。

（4）若在这个子集里没有路由器宣称自己为 BDR，则在它的邻居里选择具有最高优先级的路由器为 BDR，若优先级相同，则选择具有最大 RouterID 的路由器为 BDR。

（5）在宣称自己为 DR 的路由器列表中，若有一个或多个路由器宣称自己为 DR，则选择具有最高优先级的路由器为 DR，若优先级相同，则选择具有最大 RouterID 的路由器为 DR。

（6）若没有路由器宣称为 DR，则将最新选举的 BDR 作为 DR。

（7）若是第一次选举某个路由器为 DR/BDR 或没有 DR/BDR 被选举，则要重复 2~6 步，然后进行第 8 步。

（8）将选举出来的路由器的接口状态做相应的改变，DR 的接口状态为 DR，BDR 的接口状态为 BDR，否则为 DRother。

DR 选举不具有抢占性，选举完成后将一直保持，直到一台失效为止（或强行关闭 DR 及 BDR，或用 clear ip ospf process 手动配置重新开始运行 OSPF 路由协议），否则即使新加入更高优先级的路由器也不会改变。

在点对多点网络中不选举 DR 和 BDR。将其分解配置为以下类型的网络。

在 NBMA 中，全互联的邻居属于同一个子网号的，采用人工配置选举 DR 和 BDR。

在广播多路访问网络中，属于同一个子网的自动选举 DR 和 BDR。

DR 和 BDR 与该网络内所有其他的路由器建立邻接关系，由 DR（或 BDR）与本区域内所有其他路由器之间交换链路状态信息，进入 Exstart 状态。

在点对点网络中不选举 DR 和 BDR。两台路由器之间建立主从关系，ID 高的一台路由器作为主路由器，另一台作为从路由器，进入 Exstart 状态。

4.2.4　度量值（Cost）

一条路由的 Cost 值是指路由条目传送过来沿途方向入接口的 Cost 值之和，也可以理解为到达这个网络沿途方向出接口 Cost 值之和。

Cost 值计算如图 4-9 所示，R3 学到了 R1 通告的一条以太网路由条目 1.1.1.0/24，那么这条路由条目的 Cost 值是怎么算的呢？路由条目传送过来沿途方向入接口，假设接口的 Cost 值已经计算好了，这些接口分别是 R1-fa0/0、R2-s1/0、R3-s1/1。它们 Cost 值相加得到的结果为 129。Cost 值经常应用在网关多出口的环境中。

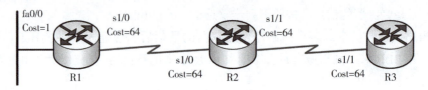

图 4-9　Cost 值计算

RFC 文档中没有指定 Cost 值的标准，在 Cisco 路由器中，Cost 值的计算方法是 $10^8/BW$，其中 10^8 是参考带宽，BW 是接口带宽。

路由器的接口 BW 值可以使用命令 show interfaces 来查看。这个带宽是逻辑上的，一些路由协议利用这个带宽计算度量值，也就是 OSPF 中所谓的 Cost 值。命令如下：

R2#show interfaces ethernet1/0
ethernet1/0 is administratively down,line protocol is down(disabled)
Hardware is Lance,address is 00e0.f7c0.aa73(bia 00e0.f7c0.aa73)
MTU 1500 bytes,BW 10000 Kbps,DLY 1000 usec,

从上面可以看出，ethernet 接口的 BW 是 10 000 Kbps，计算出 Cost 值是 10。路由器的接口类型 BW 和 Cost 值如图 4-10 所示。

接口类型	10^8/bps = Cost
Fast Ethernet and faster	10^8/100,000,000 bps = 1
Ethernet	10^8/10,000,000 bps = 10
E1	10^8/2,048,000 bps = 48
T1	10^8/1,544,000 bps = 64
128 Kbps	10^8/128,000 bps = 781
64 Kbps	10^8/64,000 bps = 1562
56 Kbps	10^8/56,000 bps = 1785

图 4-10　路由器的接口类型 BW 和 Cost 值

LSA 在 16 位的字段中记录 Cost 值，因此一个接口的总计代价范围可以是 1~65 535。可以在接口模式下使用命令 bandwidth 来修改接口带宽：

```
R2(config)#int ethernet 1/0
R2(config-if)#bandwidth 10000000
R2#show interfaces e1/0
ethernet1/0 is administratively down,line protocol is down(disabled)
    Hardware is Lance,address is 00e0. f7c0. aa73(bia 00e0. f7c0. aa73)
    MTU 1500 bytes,BW 10000000 Kbps,DLY 1000 usec,
```

在上面的命令中，我们将一个 ethernet 接口带宽改成了 10 000 Mbps，但是传输数据包时仍然是 10 Mbps。

目前，我们在很多网络中可以发现，如果带宽超过 100 Mbps，那么将不能区分出哪条路径更优。建议在路由器上把计算 Cost 值公式中的 10^8 改大一些，就能分清到底哪条路径更优。更改命令是 auto-cost reference-bandwidth：

```
R1(config)#router ospf 110
R1(config-router)#auto-cost reference-bandwidth?
    <1-4294967>    The reference bandwidth in terms of Mbits per second
R1(config-router)#auto-cost reference-bandwidth 1000
% OSPF:Reference bandwidth is changed.
    Please ensure reference bandwidth is consistent across all routers.
```

上面命令行表示在 OSPF 进程中更改计算的参数，参数范围为 1~4 294 967，单位是 Mbps，因此改成 1 000 后，这个计算公式是 10^9/BW。

上面命令行的效果是将快速以太网接口的 Cost 值由原来的 1 变成 10。

前面提到过，OSPF 最大可以支持 16 条等价路径的负载均衡，负载均衡就是发往目标网络的 Cost 值相同，发包的时候将按照比例分别从多条路径发送，等价路径的负载均衡如图 4-11 所示。

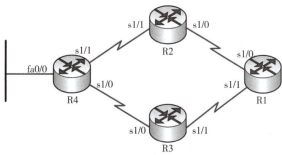

图 4-11　等价路径的负载均衡

地址表如表 4-1 所示。

表 4-1 地址表

设备	RouterID	接口	地址/掩码	所属区域
R1	1.1.1.1	serial1/0	12.1.1.1/24	区域 0
		serial1/1	13.1.1.1/24	
R2	2.2.2.2	serial1/0	12.1.1.2/24	
		serial1/1	24.1.1.2/24	
R3	3.3.3.3	serial1/1	13.1.1.3/24	
		serial1/0	34.1.1.3/24	
R4	4.4.4.4	serial1/1	24.1.1.4/24	
		serial1/0	34.1.1.4/24	
		fa0/0	100.1.1.4/24	

R1 的 OSPF 配置过程如下：

```
R1(config)#router ospf 110
R1(config-router)#router-id 1.1.1.1
R1(config-router)#network 0.0.0.0 255.255.255.255 area 0
```

R1 的配置方法跟以往我们接触到的配置方法不一样，命令中的 255.255.255.255 表示匹配任何 IP 地址。这样配置的效果是，路由器所有配置了 IPv4 地址的接口都将宣告进入 OSPF 进程。这是一种较为粗糙的配置方式，仅适用于域内路由器，其他路由器的配置方法相同，这里不再赘述。等邻居都建立起来之后，观察 R1 的路由表，命令如下：

```
R1#show ip route ospf
    34.0.0.0/24 is subnetted,1 subnets
       34.1.1.0 [110/128] via 13.1.1.3,00:06:54,serial1/1
    100.0.0.0/24 is subnetted,1 subnets
       100.1.1.0 [110/138] via 13.1.1.3,00:06:44,serial1/1
                 [110/138] via 12.1.1.2,00:06:44,serial1/0
    24.0.0.0/24 is subnetted,1 subnets
       24.1.1.0 [110/128] via 12.1.1.2,00:07:09,serial1/0
```

观察 R1 的 OSPF 路由表，到达 100.1.1.0 网络的数据包将通过不同的两个接口被传输出去。这里我们可以通过 traceroute 工具测试发包的情况，并且在 R4 上开启 debug ip udp 观察收包情况。命令如下：

```
R1#traceroute 100.1.1.4
Type escape sequence to abort.
Tracing the route to 100.1.1.4
1 13.1.1.3 56 msec
  12.1.1.2 56 msec
  13.1.1.3 4 msec
2 24.1.1.4 40 msec
  34.1.1.4 24 msec *
```

R4#
*Mar 1 00:26:57.899:UDP:rcvd src=13.1.1.1(49220),dst=100.1.1.4(33437),length=8
*Mar 1 00:26:57.911:UDP:rcvd src=13.1.1.1(49221),dst=100.1.1.4(33438),length=8
*Mar 1 00:26:57.979:UDP:rcvd src=13.1.1.1(49222),dst=100.1.1.4(33439),length=8

我们知道，R1 到 R4 的 100.1.1.0/24 网段一共需要两跳，所以 traceroute 发送两次 UDP 包(注意：Cisco 路由器 traceroute 的实现与 Windows 的 tracert 实现原理不同)，每次 3 个包，检测到达 R4 的路径。R1 第一次发包把第一个包发到 13.1.1.3，第二个包发送到 12.1.1.2，第三个包又发给了 13.1.1.3。第二次发包把第一个包发给 24.1.1.4，第二个包发给 34.1.1.4，第三个包被丢弃。在 R4 上通过 debug 捕获这个 traceroute 的过程，它可以收到 R1 发送的包。

4.3 单区域 OSPF 的基本配置

4.3.1 基本配置步骤

1. 定义路由器 ID

(1)定义网络中各路由器的逻辑环回接口 IP 地址，从而得到相应的路由器 ID。

如果一台路由器在一个接口上是 DR，而在另一个接口上不是 DR，那么不能将此路由器的 ID 定义得太大。确定路由器 ID 的步骤如下。

①通过 router-id 命令指定的为最优先。

②最高的环回接口地址次之，使用环回接口通常是 32 位掩码长度，可用以下命令修改网络类型，并使路由条目的掩码长度和通告保持一致。

R1(config)# int loopback0
R1(config-if)# ip ospf network point-to-point

用路由器 loopback 接口的 IP 地址作为 RouterID。这样做有很多的好处，其中最大的好处就是 loopback 接口是一个虚拟接口，而并非一个物理接口，只要该接口在路由器使用之初处于开启状态，则该路由器的 RouterID 就不会改变(除非有新的 loopback 接口被用户创建并配置以更大的 IP 地址)。它并不像真正的物理接口，物理接口在线缆被拔出的时候处于 down 的状态，此时，整个路由器就要重新计算其 RouterID，比较烦琐，也造成不必要的开销。

③最后是最高的活动物理接口的 IP 地址。

(2)定义路由器的接口优先级别，使其在此接口上成为 DR。

(3)启动路由进程。

(4)发布接口。

2. 对应的命令举例

(1)定义路由器的 ID。命令如下：

Router(config)#   interface loopback 0
Router(config-if)#   ip address 172.16.17.5 255.255.255.255

(2)定义路由器接口优先级。命令如下：

Router(config)#   interface   s1/2
Router(config-if)# ip ospf priority 200

(3)启动路由进程,process-id 为进程号,在锐捷设备中不需要此项,而是自动产生。它只有本地含义,每台路由器有自己独立的进程,各路由器之间互不影响。命令如下:

Router(config)#router ospf <process- id>

进程 ID 由管理员选择,其编号范围为 1~65535。进程 ID 只在本地使用,不必与其他 OSPF 路由器的 ID 相匹配。命令如下:

Router(config)# router　ospf　1

(4)用 network 命令确定 OSPF 运行的接口,并将网络指定到特定的区域。address 为路由器的自连接口 IP 地址,inverse-mask 为反码,area-id 为区域号。区域号可以用十进制数表示,也可用 IP 地址表示,如 0 或 0.0.0.0 为主干区域。命令如下:

Router(config- router)#network <network- address> <inverse- mask> area <area- id>

此 network 命令与其他 IGP 路由协议中的 network 命令功能相同,可确定要启用哪些接口来收发 OSPF 数据包。命令如下:

Router(config)# network　10.2.1.0　0.0.0.255　area 0
Router(config)# network　10.64.0.0　0.0.0.255　area 0

3. OSPF 邻居关系不能建立的常见原因

OSPF 邻居关系如不能建立,通常有以下原因。
(1)hello 间隔和 dead 间隔不同。
(2)区域号码不一致。
(3)特殊区域(如 NSSA 等)类型不匹配。
(4)认证类型或密码不一致。
(5)路由器 ID 相同。
(6)Hello 包被 ACL 拒绝。
(7)链路上的 MTU 不匹配。
(8)接口下 OSPF 网络类型不匹配。

4.3.2　OSPF 的网络类型

OSPF 可以在不同介质的网络上运行,这说明 OSPF 是一种区分网络类型的路由协议。OSPF 协议定义了以下几种网络类型:loopback、点对点网络、广播型网络、非广播多路访问型网络。

(1)loopback 这种网络类型只有环回口才有,它被路由器看作是一个主机节点,拥有 32 位主机路由。

(2)点对点网络。串行线缆连接两台路由器,这样的网络就是点对点网络。在点对点网络中并不需要建立完全的邻接关系,由于根据点对点网络的定义,该链路中只有两台路由器,因此没有必要也不会选择 DR。点对点网络如图 4-12 所示。

点对点下单区域和多区域 OSPF 配置

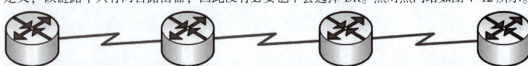

图 4-12　点对点网络

(3)广播型网络。还记得前面我们说的 DR 和 BDR 出现在什么地方吗？像以太网这种广播型网络中就存在 DR 和 BDR。它们之所以选举 DR、BDR，是因为这种网络会泛洪大量的 LSA 与 LSA 的确认包。广播型网络如图 4-13 所示。

图 4-13　广播型网络

(4)非广播多路访问型网络包括帧中继和 ATM 等。在该类网络上，OSPF 有以下两种运行模式。

①模拟广播环境。管理员可将网络类型定义为广播，该网络将选择一个 DR 和一个 BDR 模拟广播网络。

②点对多点环境。该环境下，每个非广播网络都被视为多个点对点链路的集合，不会选择 DR。点对多点环境下的非广播多路访问型网络如图 4-14 所示。

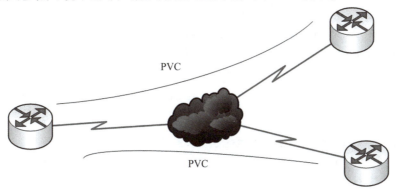

图 4-14　点对多点环境下的非广播多路访问型网络

4.3.3　点对点网络的 OSPF 配置

1. 网络拓扑

单区域点对点 OSPF 如图 4-15 所示。

图 4-15　单区域点对点 OSPF

2. 实验环境

(1)将 3 台 RG-R2632 路由器的串口互连。

(2)3 台路由器同属 Area 0。

3. 实验目的

（1）掌握 RouterID 的取值方法。

（2）熟悉 OSPF 协议的启用方法。

（3）掌握指定各网络接口所属区域号的方法。

（4）掌握查看 OSPF 协议中各路由信息的方法。

4. 实验配置

R1 的配置如下：

```
R2632(config)# hostname R1
R1(config)#R1(config)# int s1/2
R1(config-if)# ip add 192.168.2.1 255.255.255.0
R1(config-if)# no shut
R1(config-if)# exit
R1(config)# int loopback0
R1(config-if)# ip add 192.168.1.1 255.255.255.255
R1(config-if)# ip ospf network point-to-point
R1(config-if)# exit
R1(config)# router ospf    //锐捷设备中自动产生路由进程号
R1(config-router)# net 192.168.1.0 0.0.0.255 area 0
R1(config-router)# net 192.168.2.0 0.0.0.255 area 0
R1(config-router)# exit
```

R2 的配置如下：

```
R2632(config)# hostname R2
R2(config)# int s1/2
R2(config-if)# ip add 192.168.2.2 255.255.255.0
R2(config-if)# no shut
R2(config-if)# exit
R2(config)# int s1/3
R2(config-if)# ip add 192.168.3.2 255.255.255.0
R2(config-if)# no shut
R2(config-if)# exit
R2(config)# router ospf
R2(config-router)# net 192.168.2.0 0.0.0.255 area 0
R2(config-router)# net 192.168.3.0 0.0.0.255 area 0
R2(config-router)# exit
```

R3 的配置如下：

```
R2632(config)# hostname R3
R3(config)# int s1/3
R3(config-if)# ip add 192.168.3.3 255.255.255.0
R3(config-if)# no shut
R3(config-if)# exit
R3(config)# in tloopback0
```

R3(config- if)# ip add 192.168.4.3 255.255.255.0
R3(config- if)# exit
R3(config)# router ospf
R3(config- router)# net 192.168.3.0 0.0.0.255 area 0
R3(config- router)# net 192.168.4.0 0.0.0.255 area 0
R3(config- router)# exit

验证 R1# show ip ospf neighbor，命令如下：

Neighbor ID   Pri State   DeadTime Address   Interface

192.168.3.2   0 Full/-   00:00:32 192.168.2.2   Serial1/2

以上输出表明，R1 有一个邻居是 R2（其 Neighbor ID 是 R2 的路由器 ID），路由器的接口优先级为 0，当前邻居路由器接口的状态为 Full，表明没有 DR/BDR。DeadTime 是清除邻居关系前等待的最长时间，Address 为邻居接口的地址，Interface 是自己与邻居的接口。

4.3.4 广播多路访问链路上的 OSPF 配置

1. 网络拓扑

单区域广播多路访问链路上 OSPF 如图 4-16 所示。

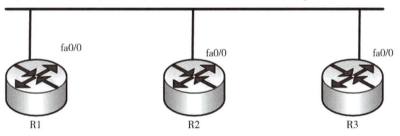

图 4-16 单区域广播多路访问链路上 OSPF

2. 实验环境

（1）将 3 台 RG-R2632 路由器接入为二层交换机，配置各路由器的接口（以太网口和环回口），并把直连接口和环回接口都宣告进 OSPF 里。

（2）配置 3 台路由器同属 Area 0。命令如下：

R1(config)#int fa0/0
R1(config- if)#ip add 123.1.1.1 255.255.255.0
R1(config- if)#no shut
R1(config- if)#router ospf 110
R1(config- router)#router- id 1.1.1.1
R1(config- router)#network 123.1.1.0 0.0.0.255 area 0
R2(config)#int fa0/0
R2(config- if)#ip add 123.1.1.2 255.255.255.0
R2(config- if)#no shut
R2(config- if)#router ospf 110
R2(config- router)#router- id 2.2.2.2

```
R2(config-router)#network 123.1.1.0 0.0.0.255 area 0
R3(config)#int fa0/0
R3(config-if)#ip add 123.1.1.3 255.255.255.0
R3(config-if)#no shut
R3(config-if)#router ospf 110
R3(config-router)#router-id 3.3.3.3
R3(config-router)#network 123.1.1.0 0.0.0.255 area 0
```

上面命令行都配置好之后，3 台路由器就都可以建立邻居关系了。3 台路由器分别代表了 3 个不同的角色，在 R1 上使用 show ip ospf neighbor 命令可以查看邻居表：

```
R1#show ip ospf neighbor
Neighbor ID    Pri    State          Dead Time    Address      Interface
2.2.2.2        1      Full/BDR       00:00:34     123.1.1.2    FastEthernet0/0
3.3.3.3        1      Full/DRother   00:00:34     123.1.1.3    FastEthernet0/0
```

DR 和 BDR 是在整个广播网络中通过 Hello 包进行选举的，选举条件如下。

（1）优先级最高的路由器成为 DR。

（2）优先级次高的路由器成为 BDR。

（3）接口的 OSPF 优先级默认为 1，在优先级相同的情况下，将根据 RouterID 来做出决定：RouterID 最大的路由器成为 DR，次大的路由器成为 BDR。

（4）优先级为 0 的路由器不能成为 DR 或 BDR，不是 DR 和 BDR 的路由器是 DRother。

（5）因为 RouterID 在一个域中是唯一标识，所以一定能选出一个 DR。

若按照上面给出命令行的顺序进行配置，则图 4-16 中 R2 是 DR、R1 是 BDR、R3 是 DRother。R1 与 R2 交换 Hello 包，确定谁是 DR，谁是 BDR。因为 DR 是非抢占机制，所以即使 R3 的 RouterID 高也不抢占 R2 的 DR。

如果想手动指定 DR，可以在 OSPF 邻接关系建立之前，通过更改接口优先级的方法来指定，命令为 ip ospf priority number：

```
R1(config)#int fa 0/0
R1(config-if)#ip ospf priority 2
```

既然 DR、BDR 选出来了，那么 DRother 是怎么互相保持 2-Way 状态的呢？其实 DRother 路由器仍然发送 Hello 包到 224.0.0.5 这个组播地址中，但是 LSA 是往 224.0.0.6 组播地址中发送的，环境中只有 DR 和 BDR 监听这个地址。我们可通过抓包观察这一过程，主要看 R3 的包，因为拓扑中只有 R3 是 DRother。DRother 的 Hello 包和 LSA 包组播地址如图 4-17 所示。

No.	Status	Source Address	Dest Address	Summary
42		[123.1.1.3]	[224.0.0.5]	OSPF: Hello ID=[3.3.3.3]
43		[123.1.1.3]	[224.0.0.6]	OSPF: Link State Update ID=[3.3.3.3]
44		[123.1.1.2]	[224.0.0.5]	OSPF: Link State Update ID=[2.2.2.2]
45		[123.1.1.1]	[224.0.0.5]	OSPF: Link State Acknowledgment ID=[1.1.1.1]
46		[123.1.1.2]	[224.0.0.5]	OSPF: Hello ID=[2.2.2.2]
47		[123.1.1.1]	[224.0.0.5]	OSPF: Hello ID=[1.1.1.1]

图 4-17 DRother 的 Hello 包和 LSA 包组播地址

可以看到，第 42 个包是 DRother 的 Hello 包，这个包的目标地是 224.0.0.5；第 43 个包是 DRother 的 LSU 包，这个包的目标地是 224.0.0.6；第 44 个包是 DR 收到这条 LSA 后泛洪到网络其他路由器的过程；从第 45 个包中，我们看到 BDR 回复了一条 LSAck。

每一个广播子网都需要选取 DR 和 BDR，同一个以太网中不同子网需要选取两个 DR、BDR，如图 4-18 所示。

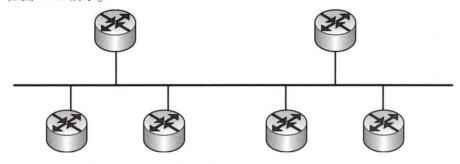

图 4-18　同一个以太网中不同子网需要选取两个 DR、BDR

假设左边 3 台路由器的以太网接口同属一个子网 192.168.1.0/24，右边 3 台路由器属于另一个子网 192.168.2.0/24，那么它们即使在同一个区域内也不能建立邻接关系，更不可能互相学习到路由了。

4.4　多区域 OSPF 概述

1. OSPF 的分区

OSPF 允许在一个自治系统里划分多个区域，如图 4-19 所示。相邻的网络和它们相连的路由器组成一个区域。每一个区域有该区域自己的拓扑数据库，该数据库对于外部区域是不可见的，每个区域内部路由器的链路状态数据库只包含该区域内的链路状态信息，它们也不能详细地知道外部区域的链接情况，在同一个区域内的路由器拥有同样的拓扑数据库，而和多个区域相连的区域边界路由器拥有多个区域的链路状态信息库。划分区域的方法减小了链路状态数据库的大小，并极大地减少了路由器间交换状态信息的数量。

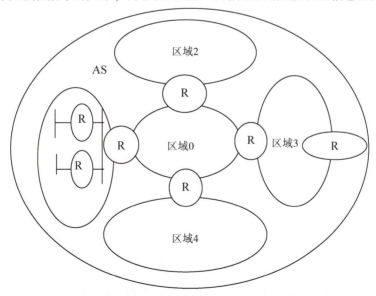

图 4-19　把自治系统分成多个 OSPF 区域

在多区域的自治系统中，OSPF 规定必须有一个主干区域。主干区域是 OSPF 的中枢区域，它与其他区域通过区域边界路由器相连。区域边界路由器通过主干区域进行区域间路由信息的交换。为了使每个区域都与主干区域交换链路状态数据库，要求其他区域必须与主干区域相连，若物理上不相连，则必须建立虚链路，把其他区域与主干区域相连。

2. OSPF 区域类型

4 种路由器（内部路由器、主干路由器、区域边界路由器、自治系统边界路由器）可以构成以下 5 种类型的区域。

(1) 标准区域：用于接收链路更新信息和路由汇总。

(2) 主干区域（传递区域）：可以连接各个区域的中心实体。主干区域始终是区域 0，所有其他的区域都要连接到这个区域上交换路由信息。主干区域拥有标准区域的所有性质。

(3) 存根区域（末节区域）：不接受本自治系统以外的路由信息的区域。如果需要自治系统以外的路由，只能使用默认路由 0.0.0.0。（只出不进）

(4) 完全存根区域（完全末节区域）：不接受外部自治系统的路由以及本自治系统内其他区域的路由汇总。需要发送到区域外的报文则使用默认路由：0.0.0.0，完全末节区域是 Cisco 自己定义的。

(5) 不完全存根区域（不完全末节区域）：类似于末节区域，但是允许接收以 LSA Type 7 发送的外部路由信息，并且要把 LSA Type 7 转换成 LSA Type 5。

区分不同 OSPF 区域类型的关键在于它们对外部路由的处理方式。外部路由被自治系统边界路由器传入自治域内，自治系统边界路由器可以通过 OSPF 或其他的路由协议学习这些路由。

我们知道，当一台运行 OSPF 的路由器链路发生变化时，会向 OSPF 域内的其他路由器泛洪 LSA，其他运行 OSPF 的路由器收到这个 LSA 时，会使用 SPF 算法进行路径的计算。虽然 LSA 不像 RIP 一样周期性更新路由表，但是对于一个稍微大一点的网络来说，这种 LSA 更新会给链路带来一些负担。除此以外，LSA 的增加和数据库的维护还会耗费路由器的内存和 CPU。

使用 OSPF 区域还可以加速路由汇总，减小单一区域的不稳定对整个 OSPF 区域带来的路由波动。

每一个 OSPF 只能有一个主干区域，并且区域号（Area ID）是 0，所有其他区域的通信流量都要经过主干区域。

除区域 0 以外的 OSPF 区域称为非主干区域，每个非主干区域必须都挂接在区域 0 中，非主干区域之间不能直接交换数据包。区域号如图 4-20 所示。

图 4-20　区域号

区域是逻辑上的概念，这种区域的描述是通过 OSPF 包头来识别的。也就是说，每一个 OSPF 包中都包含区域号。

我们可以通过抓包来观察区域号。区域号有两种表示方法：一种是一个十进制的数字，另一种是点分十进制的表示方法。例如，区域 2 和区域 0.0.0.2 表示的效果是相同的，区域 257 和区域 0.0.1.1，等等。

每个区域都是通过自己的链路状态数据库来描述的，而且每台路由器也只需要维护本身所在区域的链路状态数据库。OSPF 区域示意如图 4-21 所示，区域 1 中的 LSA 只在区域 1 中泛洪，不能传播到区域 2 中，因此大量的 LSA 泛洪也就被限制在一个区域里了。区域 0 是主干区域，所以它拥有所有区域的 LSA 信息，这种信息可以是汇总之后的，也可以是未经汇总的。

点对点单区域和多区域的 OSPF 新

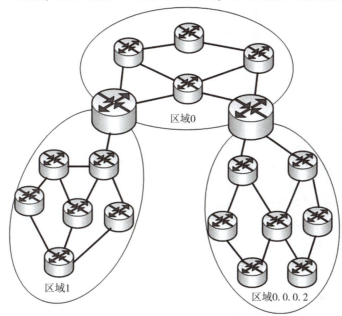

图 4-21　OSPF 区域示意

3. 多区域 OSPF 配置

下面我们通过图 4-22 学习如何配置一个多区域 OSPF。

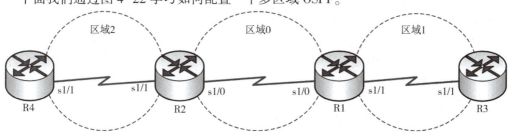

图 4-22　多区域 OSPF 配置

命令如下：

```
R1(config)#int s1/1
R1(config-if)#ip add 13.1.1.1 255.255.255.0
R1(config-if)#no shut
R1(config-if)#int s1/0
R1(config-if)#ip add 12.1.1.1 255.255.255.0
```

R1(config-if)#no shut
R1(config-if)#int loopback0   //开启一个环回口作为测试用
R1(config-if)#ip add 1.1.1.1 255.255.255.0
R1(config-if)#router ospf 110
R1(config-router)#router-id 1.1.1.1
R1(config-router)#network 12.1.1.0 0.0.0.255 area 0   //把这个网段的接口宣告进OSPF进程
R1(config-router)#network 1.1.1.0 0.0.0.255 area 0
R1(config-router)#network 13.1.1.0 0.0.0.255 area 1 //宣告R1的s1/1接口到区域1
R2(config)#int s1/0
R2(config-if)#ip add 12.1.1.2 255.255.255.0
R2(config-if)#no shut
R2(config-if)#int s1/1
R2(config-if)#ip add 24.1.1.2 255.255.255.0
R2(config-if)#int lo0
R2(config-if)#ip add 2.2.2.2 255.255.255.0
R2(config-if)#router ospf 110
R2(config-router)#router-id 2.2.2.2
R2(config-router)#network 2.2.2.0 0.0.0.255 area 0
R2(config-router)#network 12.1.1.0 0.0.0.255 area 0
R2(config-router)#network 24.1.1.0 0.0.0.255 area 2
R3(config-if)#int s1/1
R3(config-if)#ip add 13.1.1.3 255.255.255.0
R3(config-if)#no shut
R3(config-if)#int lo0
R3(config-if)#ip add 3.3.3.3 255.255.255.0
R3(config-if)#router ospf 110
R3(config-router)#router-id 3.3.3.3
R3(config-router)#network 3.3.3.0 0.0.0.255 area 1
R3(config-router)#network 13.1.1.0 0.0.0.255 area 1
R4(config)#int s1/1
R4(config-if)#ip add 24.1.1.4 255.255.255.0
R4(config-if)#no shut
R4(config-if)#int lo0
R4(config-if)#ip add 4.4.4.4 255.255.255.0
R4(config)#router ospf 110
R4(config-router)#router-id 4.4.4.4
R4(config-router)#network 4.4.4.0 0.0.0.255 area 2
R4(config-router)#network 24.1.1.0 0.0.0.255 area 2

执行上面命令行后,看看邻居是否建立起来了。可以在每台路由器上运行show ip ospf neighbor命令,之后再运行show ip route ospf命令查看通过OSPF协议都学到了哪些路由条目,并且这些路由条目各自有什么属性。

命令如下:

```
R1#show ip ospf neighbor
Neighbor ID     Pri    State        Dead Time    Address      Interface
2.2.2.2          0     Full/   -     00:00:36     12.1.1.2     Serial1/0
3.3.3.3          0     Full/   -     00:00:39     13.1.1.3     Serial1/1
```

以上命令中的各列含义如下。

（1）Neighbor ID 这一列是邻居的 RouterID，从上面的输出中可以看到 R1 的邻居有两个。

（2）Pri 这一列是接口的优先级，以太网接口类型的路由器需要选取 DR 和 BDR 就跟这个有关，它的范围是 0~255。

（3）State 是邻居路由器与本路由器之间的状态。可以看出，R1 与两个邻居为 Full 状态。这是建立邻居的最后一个状态，说明邻居之间 LSA 交互已经完成。Full/后面的-表示路由器当前的角色，通常是 DR、BDR。

（4）Dead Time 是 Hello Time 的 4 倍，默认是 40 s，如果 40 s 还没有收到邻居发来的 Hello 包，就把邻居从邻居表中删除。

（5）Address 表示邻居的接口 IP 地址。

（6）Interface 表示本地与邻居连接的接口，应注意的是，这是一个本地接口。

命令如下：

```
R1#show ip route ospf 110
        2.0.0.0/32 is subnetted, 1 subnets
O       2.2.2.2 [110/65] via 12.1.1.2, 00:16:07, serial1/0
        3.0.0.0/32 is subnetted, 1 subnets
O       3.3.3.3 [110/65] via 13.1.1.3, 00:04:49, serial1/1
        4.0.0.0/32 is subnetted, 1 subnets
OIA     4.4.4.4 [110/129] via 12.1.1.2, 00:16:07, serial1/0
        24.0.0.0/24 is subnetted, 1 subnets
OIA     24.1.1.0 [110/128]via 12.1.1.2, 00:16:07, serial1/0
```

可以看到 R1 通过 OSPF 路由协议学习到 4 条路由。这 4 条路由中有两条打上了 O 标记，两条打上了 OIA 标记。打 O 标记表示从与自己相连的区域中学习到的路由条目，R1 与两个区域相连，分别是区域 0、区域 1，所以学习到 R2 和 R3 通告出来的两条路由，我们称它为域内路由。打 OIA 标记表示这条路由条目是从其他区域中传送过来的，我们称它为域间路由。

［110/65］分别代表管理距离与 Cost 值。如果路由条目相同，则管理距离小的路由协议优先被添加到路由表中。例如，RIP 的管理距离是 120，如果使用 RIP 也学习到了一条到 24.1.1.0/24 的路由条目，则比较管理距离，因为 OSPF 的管理距离较小，所以被添加到路由表中。

4.5 远离区域 0 的 OSPF 的虚链路

有时，由于特殊的物理环境或不合理的规划，使 OSPF 非主干区域不能直接与主干区域相连，这样的区域不能跟主干区域进行 LSA 的交互。这类可以通过非主干区域连接到主干区域的链路称为虚链路，如图 4-23 所示。

远离区域 0 的多区域 OSPF 虚电路

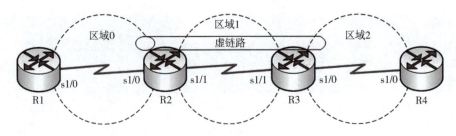

图 4-23 虚链路

结合上面的图 4-23 对虚链路的配置进行演示，地址如表 4-2 所示。

表 4-2 地址

设备	RouterID	接口	地址	所属区域
R1	1.1.1.1	s1/0	12.1.1.1/24	区域 0
R2	2.2.2.2	s1/0	12.1.1.2/24	区域 0
		s1/1	23.1.1.2/24	区域 1
R3	3.3.3.3	s1/0	23.1.1.3/24	区域 1
		s1/1	34.1.1.3/24	区域 2
R4	4.4.4.4	s1/0	34.1.1.4/24	区域 2

虚链路的配置需要在两端的区域边界路由器上进行。指定要穿越的 RouterID 和穿越区域，命令如下：

```
R2(config)#router ospf 110
R2(config-router)#area 1 virtual-link 3.3.3.3    //表示要穿越区域1通过3.3.3.3与区域0建立邻接关系
R3(config)#router ospf 110
R3(config-router)#area 1 virtual-link 2.2.2.2
```

完成以上命令后，会提示通过虚链路将邻居建立起来了。邻居建立起来之后，不在虚链路上进行 Hello 包的交互。使用虚链路会在逻辑上改变网络拓扑，不利于排错和网络的优化，建议不要长期使用。

为了更加详细地说明多区域虚链路的 OSPF 配置，我们进行了详细的网络配置，如图 4-24 所示。

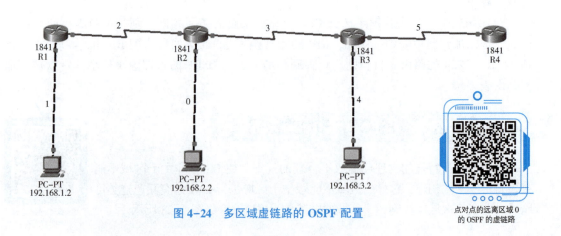

图 4-24 多区域虚链路的 OSPF 配置

点对点的远离区域 0 的 OSPF 的虚链路

基本参数如下。

R1：f0/0   192.168.1.1   255.255.255.0。
s0/0/0   1.1.1.1   255.255.255.0。
R2：f0/0   192.168.2.1   255.255.255.0。
s0/0/0   1.1.1.2   255.255.255.0。
s0/0/1   2.2.2.1   255.255.255.0。
R3：f0/0   192.168.3.1   255.255.255.0。
s0/0/0   2.2.2.2   255.255.255.0。
s0/0/1   3.3.3.1   255.255.255.0。
R4：loopback0   192.168.4.1   255.255.255.0。
s0/0/0   3.3.3.2   255.255.255.0。
PC-1：IP 地址 192.168.1.2，子网掩码 255.255.255.0，网关 192.168.1.1。
PC-2：IP 地址 192.168.2.2，子网掩码 255.255.255.0，网关 192.168.2.1。
PC-3：IP 地址 192.168.3.2，子网掩码 255.255.255.0，网关 192.168.3.1。

路由器 R1 的配置如下：

```
Router(config)#hostname R1
R1(config)#int f0/0
R1(config-if)#ip address 192.168.1.1 255.255.255.0
R1(config-if)#no shutdown
R1(config)#int s0/0/0
R1(config-if)#clock rate 64000
R1(config-if)#no shutdown
R1(config)#router ospf 100
R1(config-router)#router-id 1.1.1.1
R1(config-router)#network 192.168.1.0 0.0.0.255 area 1
R1(config-router)#network 1.1.1.0 0.0.0.255 area 2
```

路由器 R2 的配置如下：

```
Router(config)#hostname R2
R2(config)#no ip domain-lookup    //关闭域名解析
R2(config)#int f0/0
R2(config-if)#ip ad 192.168.2.1 255.255.255.0
R2(config-if)#no shutdown
R2(config)#int s0/0/0
R2(config-if)#ip add 1.1.1.2 255.255.255.0
R2(config-if)#no shutdown
R2(config)#int s0/0/1
R2(config-if)#ip add 2.2.2.1 255.255.255.0
R2(config-if)#clock  rate 64000
R2(config-if)#no shutdown
R2(config)#router ospf 100
R2(config-router)#router-id 2.2.2.2
R2(config-router)#network 192.168.2.0 0.0.0.255 area 0
R2(config-router)#network 1.1.1.0 0.0.0.255 area 2
```

路由器 R3 的配置如下：

```
Router(config)#hostname R3
R3(config)#int f0/0
R3(config-if)#ip add 192.168.3.1 255.255.255.0
R3(config-if)#no shutdown
R3(config)#int s0/0/0
R3(config-if)#ip ad 2.2.2.2 255.255.255.0
R3(config-if)#no sh
R3(config)#int s0/0/1
R3(config-if)#ip add 3.3.3.1 255.255.255.0
R3(config-if)#clock rate 64000
R3(config-if)#no shutdown
R3(config)#router ospf 100
R3(config-router)#router-id 3.3.3.3
R3(config-router)#network 192.168.3.0 0.0.0.255 area 4
R3(config-router)#network 2.2.2.0 0.0.0.255 area 3
R3(config-router)#network 3.3.3.0 0.0.0.255 area 5
```

路由器 R4 的配置如下：

```
Router(config)#int loopback0
Router(config-if)#ip add 192.168.4.1 255.255.255.0
Router(config-if)#no shutdown
Router(config)#int s0/0/0
Router(config-if)#ip ad 3.3.3.2 255.255.255.0
Router(config-if)#no shudown
Router(config)hostname R4
R4(config)#router ospf 100
R4(config-router)#router-id 4.4.4.4
R4(config-router)#network 3.3.3.0 0.0.0.255 area 5
R4(config-router)# network 192.168.4.0 0.0.0.255 area 5
```

这时，路由器基本的配置（包括 OSPF 协议）已经完成了，但是 3 台主机之间还是无法互相 ping 通，原因是远离区域 0 的其他区域未配置虚链路，接下来进行配置，命令如下：

```
R1(config)#router ospf 100
R1(config-router)#area
R1(config-router)#area 2 virtual-link
R1(config-router)#area 2 virtual-link 2.2.2.2
R2(config)#router ospf 100
R2(config-router)#area 2 virtual-link 1.1.1.1
R2(config-router)#area
00:33:26:% OSPF-4-ADJCHG:Process 100,Nbr 1.1.1.1 on OSPF_VL0 from LOADING to FULL,
Loading Done
3 virtual-link 3.3.3.3
R3(config)#router ospf 100
```

R3(config- router)#area 3 virtual- link 2. 2. 2. 2

R3(config- router)#

00:34:21:% OSPF- 4- ADJCHG:Process 100, Nbr 2. 2. 2. 2 on OSPF_VL0 from LOADING to FULL, Loading Done

这时，3台主机都可以互相 ping 通了，如图 4-25 所示。

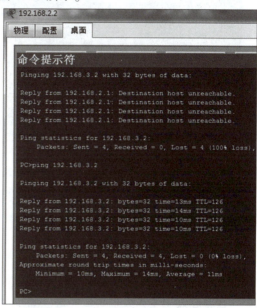

图 4-25　主机互相 ping 通

不过 R4 还是不能 ping 通，原因是跨虚链路需要进行配置，命令如下：

R2(config)#router ospf 100

R2(config- router)#area 3 vir 4. 4. 4. 4

R2(config- router)#

R3(config)#router ospf 100

R3(config- router)#area 5 vir 4. 4. 4. 4

R3(config- router)#

00:52:33:% OSPF- 4- ADJCHG:Process 100, Nbr 4. 4. 4. 4 on OSPF_VL1 from LOADING to FULL, Loading Done

R4#conf t

Enter configuration commands, one per line. End with CNTL/Z.

R4(config)#router ospf 100

R4(config- router)#area 3 vir

R4(config- router)#area 3 virtual- link 2. 2. 2. 2

R4(config- router)#area 5 vir 3. 3. 3. 3

00:06:12:% OSPF- 4- ADJCHG:Process 100, Nbr 3. 3. 3. 3 on OSPF_VL0 from LOADING to FULL, Loading Done

这样就可以全网互通了，如图 4-26 所示。

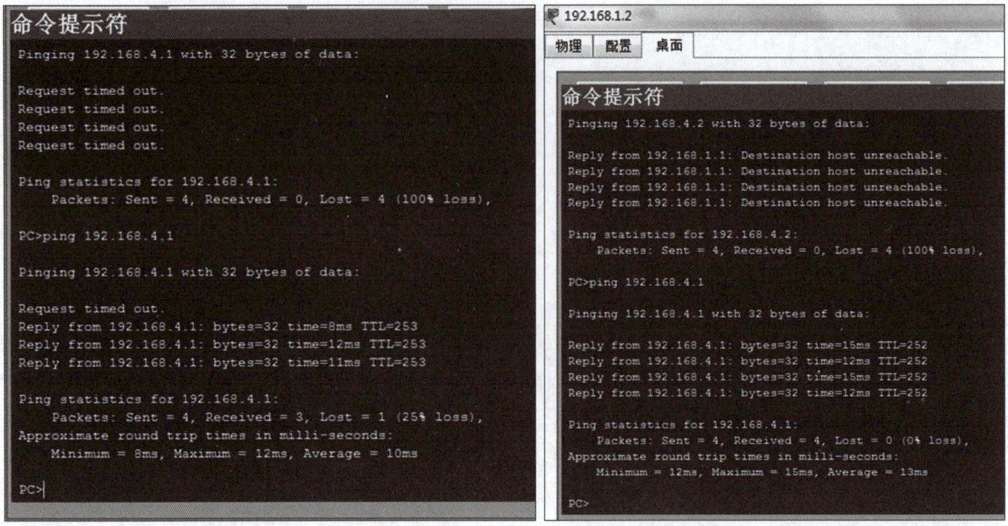

图 4-26 全网互通

4.6 OSPF 中的特殊区域

1. 末节区域

一台自治系统边界路由器通过路由重分布学习到其他自治系统（路由协议）的路由条目，会通过类型 4 和类型 5 LSA 泛洪到整个 OSPF 区域内部。但是其中有一部分路由器不管到达外部哪个目标地，都需要把数据包转发给区域边界路由器，这部分路由器所在的区域就是末节区域。本节区域与不完全末节区域如图 4-27 所示。

末节区域是不允许类型 4 和类型 5 LSA 在其内部进行泛洪的区域，它们将被区域边界路由器拦截，并且区域边界路由器会发送一条默认路由给这个末节区域的路由器。所有 OSPF 区域内部不能到达目的地的数据包都被这条默认路由转发。末节区域可以有效地减少路由器内的 LSA 条目，从而节约内存。

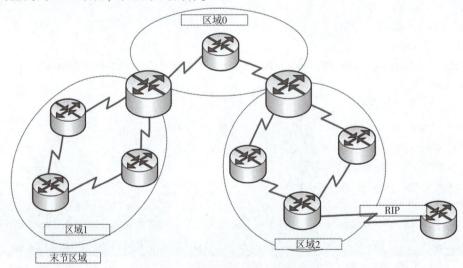

图 4-27 末节区域与不完全末节区域

一台路由器成为末节区域的条件是：非主干区域、区域内部没有自治系统边界路由器、非虚链路区域。

配置末节区域必须在区域内所有路由器上配置。因为配置成末节区域的路由器会在 Hello 包的末节区域字段中置为 0，且 Hello 包中参数不同不能建立起邻居。

执行以下命令：

```
R2(config)#router ospf 110          //进入 OSPF 进程
R2(config-router)#area 2 stub       //指明将要成为末节区域的区域号,这里是区域 2
R4(config)#router ospf 110
R4(config-router)#area 2 stub
```

上述命令行完成之后，R2 和 R4 的邻居将要重新建立一次。内部路由器 R4 的路由表将不再有外部路由条目，并且多出一条下一跳指向区域边界路由器的默认路由。

```
R4#show ip route ospf | include 0.0.0.0
     100.0.0.0/24 is subnetted,1 subnets
O*IA 0.0.0.0/0 [110/65] via 24.1.1.2,00:06:29,serial1/1   //区域边界路由器发给末节区域的默认路由
```

2. 完全末节区域

完全末节区域是 Cisco 私有的，仅需要在区域边界路由器上进行配置，其工作原理与末节区域类似，除了把类型 4 和类型 5 LSA 阻塞在区域边界路由器上，还把类型 3 LSA 阻塞在外面，并下放一条默认路由给区域中的路由器。配置方法如下：

```
R2(config)#router ospf 110
R2(config-router)#area 2 stub no-summary
R4#show ip route ospf    //在 R4 上查看 OSPF 路由表,显示仅有一条下一跳是 R2 的默认路由,并且是域间路由
O*IA 0.0.0.0/0 [110/65] via 24.1.1.2,00:00:32,serial1/1
```

3. 不完全末节区域（NSSA）

不完全末节区域是一种跟末节区域很像的区域，它的产生可以理解为在末节区域的基础上多出了自治系统边界路由器。正如前面所描述，末节区域内不能出现类型 4 和类型 5 LSA，那么自治系统边界路由器是怎么把外部路由传输到 OSPF 网络内部的呢？这个时候自治系统边界路由器就把类型 5 LSA 转换成类型 7 LSA，从而可以扩散到整个 NSSA 中。在 NSSA 的区域边界路由器处，这条类型 7 LSA 又被转换成类型 5 LSA，通告到 OSPF 区域内部。

类型 7 LSA 与类型 5 LSA 格式基本相同，在转发地址上有所区别，若这条 LSA 在 NSSA 内部进行泛洪，则传送的是到达 LSA 所描述网络的下一跳地址，若在区域外进行泛洪，则转发地址记录的是自治系统边界路由器的 RouterID，如图 4-28 所示。

与末节区域相同，在 NSSA 中的所有路由器均配置成 NSSA 路由器，命令如下：

```
R1(config)#router ospf 110
R1(config-router)#area 1 nssa default-information-originate //在 OSPF 进程内,指定 NSSA 进行配置,后面的参数表示向 NSSA 内通告一条默认路由
R3(config)#router ospf 110
R3(config-router)#area 1 nssa
```

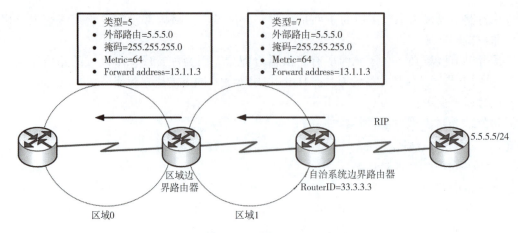

图 4-28 自治系统边界路由器泛洪外部路由

上述命令行完成后，即使其他区域有类型 4 和类型 5 LSA，区域边界路由器也会阻塞住它们往 NSSA 区域中泛洪。正如末节区域一样，Cisco 也有 NSSA 的私有技术，同样也在区域边界路由器上配置，可以阻塞类型 3 LSA 泛洪扩散到 NSSA。配置方法如下：

R1(config)#router ospf 110
R1(config- router)#area 1 nssa no- summary
R3#show ip route ospf
O*IA 0. 0. 0. 0/0 [110/65] via 13. 1. 1. 1, 00:05:40, serial1/1

在 R1 上完成以上命令行之后，在 R3 上查看 OSPF 路由表，可以发现 R1 向 NSSA 内通告了一条域间默认路由。

4.7 OSPF 汇总路由

OSPF 路由协议支持进程内的路由汇总，这一点与 RIP、EIGRP 等接口做汇总的协议不同。

路由汇总的优点如下：减少主干路由器路由条目；如果非主干区域的拓扑发生变化，不会影响其他区域；减少了类型 3 和类型 5 LSA 在主干区域的泛洪。

> 注意：路由汇总虽然有众多优点，但是同一区域中的路由器不能做汇总，因为它们拥有相同的链路状态数据库。

下面通过一个示例演示 OSPF 路由汇总，如图 4-29 所示。

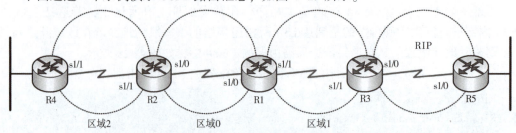

图 4-29 OSPF 路由汇总

地表如表 4-3 所示。

表 4-3 地址

设备	RouterID	接口	地址	所属区域
R1	1.1.1.1	s1/0	12.1.1.1/24	区域 0
		s1/1	13.1.1.1/24	区域 1
R2	2.2.2.2	s1/0	12.1.1.2/24	区域 0
		s1/1	24.1.1.2/24	区域 2
R3	3.3.3.3	s1/0	35.1.1.3/24	—
		s1/1	13.1.1.3/24	区域 1
R4	4.4.4.4	s1/1	24.1.1.4/24	区域 2
		loopback0	172.16.0.1/24	区域 2
		loopback1	172.16.1.1/24	区域 2
		loopback2	172.16.2.1/24	区域 2
		loopback3	172.16.3.1/24	区域 2
R5	5.5.5.5	s1/0	35.1.1.5/24	—
		loopback0	192.168.0.1/24	—
		loopback1	192.168.1.1/24	—
		loopback2	192.168.2.1/24	—
		loopback3	192.168.3.1/24	—

R4 路由器带有 4 个环回口，只为测试，域外路由器 R5 也带有 4 个测试用的环回口。分别通过命令行实现 OSPF 域间汇总和域外汇总。

(1) 域间汇总。R2 可以做域间汇总，R4 不能做，因为 R4 跟 R2 在同一个区域，它们拥有同样的链路状态数据库。命令如下：

    R2(config)#router ospf 110
    R2(config-router)#area 2 range 172.16.0.0 255.255.252.0

完成以上命令行之后，在 R2 上的变化是路由表中多出了一条到达网络 172.16.0.0/22 的下一跳指向空接口的汇总路由，这是为了防止路由黑洞。命令如下：

    R2#show ip route | include 172.16.0.0/22
        172.16.0.0/22 is a summary,00:05:02,Null0

执行以下命令在其他路由器上查看路由表，能看到汇总路由，这条路由的特点是仅当这条汇总路由中最后一条路由消失后，汇总路由才消失：

    R1#show ip route | include 172.16.0.0/22
    172.16.0.0/22 is subnetted,1 subnets
    IA   172.16.0.0 [110/129] via 12.1.1.2,00:06:47,serial1/0

(2) 域外汇总。R3 可以做域外汇总，不过一般在它汇总前，其他协议已经先做了汇总，这里仅作演示。命令如下：

    R3(config)#router ospf 110
    R3(config-router)#summary-address 192.168.0.0 255.255.252.0

以上命令行完成后，在 R3 上的变化是多了一条下一跳指向空接口的汇总路由。命令如下：

```
R3#show ip route | include 192.168.0.0/22
    192.168.0.0/22 is a summary,00:26:42,Null0
```

执行以下命令，在 R1 路由器上观察汇总路由条目的情况：

```
R1#show ip route | include 192.168.0.0
E2 192.168.0.0/22 [110/20] via 13.1.1.3,00:28:49,serial1/1
```

可以得出结论：OSPF 做路由汇总是基于进程的。一旦做了汇总，本地就产生了这条汇总路由，而且下一跳指向空接口。汇总路由在明细路由全部消失后才会消失。

4.8 OSPF 认证

OSPF 路由选择协议可以进行身份认证，它支持明文和 MD5 加密的认证。认证不通过的路由器相互之间不能建立邻接关系，这样保证了网络的安全。下面以图 4-30 所示网络来介绍这两种认证方式。

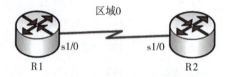

图 4-30 认证示例网络

1. 明文认证

第一种方法是在整个区域中进行认证，命令如下：

```
R1(config)#router ospf 110
R1(config-router)#area 0 authentication    //声明在区域 0 中做认证
R1(config-router)#interface serial1/0
R1(config-if)#ip ospf authentication-key cisco   //设置认证口令
R2(config-if)#router ospf 110
R2(config-router)#area 0 authentication
R2(config)#int s1/0
R2(config-if)#ip ospf authentication-key cisco   //整个区域的认证口令必须相同
```

第二种方法是仅在接口上做认证，命令如下：

```
R1(config)#int s1/0
R1(config-if)#ip ospf authentication    //在接口上声明认证
R1(config-if)#ip ospf authentication-key cisco   //设置认证口令
R2(config-router)#int s1/0
R2(config-if)#ip ospf authentication
R2(config-if)#ip ospf authentication-key cisco
```

明文认证的这两种方法互相之间可以认证。也就是说，R1 用第一种方法，R2 用第二种方法，它们之间可以互相认证，捕获到的明文认证包如图 4-31 所示。这种认证方式配置简单，但是认证口令会暴露给网络监听者，因此有必要使用 MD5 加密认证。

```
⊞ Cisco HDLC
⊞ Internet Protocol Version 4, Src: 12.1.1.2 (12.1.1.2), Dst: 224.0.0.5 (224.0.0.5)
⊟ Open Shortest Path First
   ⊟ OSPF Header
       OSPF Version: 2
       Message Type: Hello Packet (1)
       Packet Length: 48
       Source OSPF Router: 12.1.1.2 (12.1.1.2)
       Area ID: 0.0.0.0 (Backbone)
       Packet Checksum: 0xd294 [correct]
       Auth Type: Simple password
       Auth Data: cisco
   ⊞ OSPF Hello Packet
   ⊞ OSPF LLS Data Block
```

图 4-31　捕获到的明文认证包

2. MD5 加密认证

第一种方法是在整个区域进行认证，命令如下：

R1(config)#router ospf 110
R1(config- router)#area 0 authentication message- digest   //指定认证区域
R1(config)#int s1/0
R1(config- if)#ip ospf message- digest- key 1 md5 cisco   //指定密钥
R2(config)#router ospf 110
R2(config- router)#area 0 authentication message- digest
R2(config)#int s1/0
R2(config- if)#ip ospf message- digest- key 1 md5 cisco

OSPF 密文认证

第二种方法是仅在接口上做认证，命令如下：

R1(config)#int s1/0
R1(config- if)#ip ospf authentication message- digest
R1(config- if)#ip ospf message- digest- key 1 md5 cisco
R2(config)#int s1/0
R2(config- if)#ip ospf authentication mes
R2(config- if)#ip ospf message- digest- key 1 md5 cisco

这种加密的认证不容易被别的监听者破获，被捕获数据包的字段都是密文，如图 4-32 所示。

```
⊞ Cisco HDLC
⊞ Internet Protocol Version 4, Src: 12.1.1.2 (12.1.1.2), Dst: 224.0.0.5 (224.0.0.5)
⊟ Open Shortest Path First
   ⊟ OSPF Header
       OSPF Version: 2
       Message Type: Hello Packet (1)
       Packet Length: 48
       Source OSPF Router: 12.1.1.2 (12.1.1.2)
       Area ID: 0.0.0.0 (Backbone)
       Packet Checksum: 0x0000 (none)
       Auth Type: Cryptographic
       Auth Key ID: 1
       Auth Data Length: 16
       Auth Crypto Sequence Number: 0x3c7ec894
       Auth Data: 661f539e9f90f2a6839a68cef2c82579
   ⊞ OSPF Hello Packet
   ⊞ OSPF LLS Data Block
```

OSPF 密文验证配置

图 4-32　数据包的字段都是密文

习题4

简答题

1. 试对 OSPF 的各个专业术语进行解释。
2. 分别对单区域 OSPF 和多区域 OSPF 进行配置。

第 5 章

广域网配置

路由器常用于构建广域网，广域网链路的封装和以太网上的封装有着非常大的差别。常见的广域网封装有 HDLC、PPP、Frame-relay 等，本章介绍 HDLC 和 PPP。相对而言，PPP 比 HDLC 有较多的功能。

5.1 广域网协议简介

提到 TCP/IP，相信大家都非常熟悉，它是我们进行数据通信的基础，只有安装了 TCP/IP 的计算机之间才能够连上 Internet。如果没有设置正确的广域网协议，即使安装了 TCP/IP，同样无法将数据包发送到 Internet 上的主机。下面先介绍什么是广域网技术，以及常用广域网协议有哪几种，最后介绍在路由器中如何配置各种广域网连接。

广域网（WAN）是按地理范围划分的，与之相对的还有局域网、城域网。一个较小的区域以内的网络是局域网（如一个公司的网络），一个城市范围的网络叫城域网（如一个城市的银行网点构成的网络），超过一个城市以外的、跨越地址范围较大的就是广域网。广域网同时也是连接多个局域网、城域网的网络。因为广域网跨越的地理范围大，所以其传输线路就往往特别长，这个时候在连接链路上就必须采用一些有别于局域网与城域网的特殊技术，以保证较长线路的信号质量与数据通信质量。

5.1.1 HDLC 简介

高级数据链路控制规程（High Level Data Link Control，HDLC）是面向比特的同步协议，也是串行线路的默认封装格式。

HDLC 是点到点串行线路上（同步电路）的帧封装格式，其帧格式和以太网帧格式有很大的差别，HDLC 帧没有源 MAC 地址和目标 MAC 地址。Cisco 公司对 HDLC 进行了专有化，Cisco 的 HDLC 封装和标准的 HDLC 不兼容。如果链路的两端都是 Cisco 设备，使用 HDLC 封装没有问题，但如果 Cisco 设备与非 Cisco 设备进行连接，应使用 PPP。HDLC 不能提供验证，缺少了对链路的安全保护。Cisco 路由器的串口默认是采用 Cisco HDLC 封装的，如果串口的封装不是 HDLC，要把封装改为 HDLC，可以使用命令 encapsulation hdlc。

5.1.2　PPP 概述

点对点协议(Point-to-point Protocol，PPP)是点对点类型线路的数据链路层协议，它解决了串行线路网际协议(Serial Line Internet Protocol，SLIP)中的问题。

PPP 是广域网接入链路中广泛使用的一种协议，它把上层(网络层)数据封装成 PPP 帧，通过点对点链路传送。PPP 是一套协议，称为 PPP 协议集，它有很多可选特性，如网络环境支持多协议、提供可选的身份认证服务、可以以各种方式压缩数据、支持动态地址协商、支持多链路捆绑等。这些丰富的可选特性增加了 PPP 的功能。同时，不论是异步拨号线路还是路由器之间的同步链路均可以使用该协议。因此，PPP 应用得十分广泛。

1. PPP 链路建立过程

PPP 中提供了一整套方案来解决链路建立、维护、拆除、上层协议协商、认证等问题。PPP 包含 3 个部分：链路控制协议(Link Control Protocol，LCP)、网络控制协议(Network Control Protocol，NCP)、认证协议。

一个典型 PPP 链路的建立分为 3 个阶段：首先创建 PPP 链路；然后进行用户验证；最后调用网络层协议。经过 3 个阶段，一条完整的 PPP 链路就建立起来了。

PPP 协议集中的认证协议提供了两种可选的身份认证方法：口令认证协议(Password Authentication Protocol，PAP)和咨询(挑战)握手认证协议(Challenge Handshake Authentication Protocol，CHAP)。如果双方协商达成一致，也可以不使用身份认证。

2. PPP 认证：PAP 和 CHAP

(1) PAP。

PAP 利用两次握手的简单方法进行认证。在 PPP 链路建立后，源节点在链路上反复发送用户名和密码，直到验证通过为止。PAP 的验证中，密码在链路上是以明文传输的，而且因为是源节点控制验证重试频率和次数，因此 PAP 不能防范重放攻击和重复的尝试攻击。

(2) CHAP。

CHAP 利用 3 次握手周期性地验证源节点的身份。CHAP 验证过程在链路建立之后进行，而且在以后的任何时候都可以再次进行。这使链路更为安全。CHAP 不允许连接发起方在没有收到询问消息的情况下进行验证尝试。CHAP 每次使用不同的询问消息，每个消息都是不可预测的唯一的值。CHAP 不直接传送密码，只传送一个不可预测的询问消息，以及该询问消息与密码经过 MD5 加密运算后的加密值。所以 CHAP 可以防止重放攻击，其安全性比 PAP 高。

3. PPP 封装协议的应用环境

PPP 封装协议是目前广域网应用广泛的协议之一，它的优点在于简单、具备用户验证能力、可以解决 IP 分配等。在企业环境中，异地的互连通常要经过第三方网络，如电信、联通、移动等，其与局域网的配置不同。广域网通常需要付费、带宽比较有限、可靠性比局域网低。家庭拨号上网就是通过 PPP 在用户端和运营商的接入服务器之间建立通信链路，目前，宽带接入正在取代拨号上网，在宽带接入技术发展迅速的今天，PPP 也衍生出新的应用。典型的应用是在 ADSL 接入方式当中，PPP 与其他的协议共同派生出了符合宽带接入要求的新协议，如 PPPOE(PPP Over Ethernet)、PPPOA(PPP Over ATM)。

利用以太网资源，在以太网上运行 PPP 来进行用户认证接入的方式称为 PPPOE。PPPOE 既保护了用户方的以太网资源，又满足了 ADSL 接入的要求，是目前 ADSL 接入方式中应用最广泛的技术标准。

在 ATM（异步传输模式）网络上运行 PPP 来管理用户认证的方式称为 PPPOA。它与 PPPOE 的原理、作用相同，不同的是，它是在 ATM 网络上运行，而 PPPOE 是在以太网上运行，因此要分别使用 ATM 标准和以太网标准。

PPP 封装协议的简单、完整性使它得到了广泛的应用，相信在未来它还可以发挥更大的作用。

4. DTE/DCE

串行链路一端连接 DTE，另一端连接 DCE，两台设备之间是服务运营商的传输网络。DTE 可以是路由器、计算机等，DCE 通常是一台调制解调器或 CSU/DSU（信道服务单元/数据服务单元），该设备把来自 DTE 的用户数据转换为广域网链路可以接受的形式，然后传送给对端的 DCE，对端 DCE 接收到信号后，再把其转换成 DTE 识别的比特流。

5.2 广域网配置实例

5.2.1 HDLC 和 PPP 封装

HDLC 和 PPP 封装如图 5-1 所示。

HDLC 的封装

图 5-1 HDLC 和 PPP 封装

（1）在 R1 和 R2 路由器上配置 IP 地址，保证直连链路的连通性，命令如下：

```
R1(config)#int s0/0/0
R1(config-if)#ip address 192.168.12.1 255.255.255.0
R1(config-if)#no shutdown
R2(config)#int s0/0/0
R2(config-if)#clock rate 128000
R2(config-if)#ip address 192.168.12.2 255.255.255.0
R2(config-if)#no shutdown
R1#show interfaces s0/0/0
Serial0/0/0 is up,line protocol is up
Hardware is GT96K Serial
Internet address is 192.168.12.1/24
MTU 1500 bytes,BW 128 Kbps,DLY 20000 usec
reliability 255/255,txload 1/255,rxload 1/255
Encapsulation HDLC,loopback not set//该接口的默认封装为 HDLC 封装
…
```

(2)将串行链路两端的接口封装改为 PPP 封装,命令如下:

R1(config)#int s0/0/0
R1(config-if)#encapsulation ppp
R2(config)#int s0/0/0
R2(config-if)#encapsulation ppp
R1#show int s0/0/0
Serial0/0/0 is up,line protocol is up
Hardware is GT96K Serial
Internet address is 192.168.12.1/24
MTU 1500 bytes,BW 128 Kbps,DLY 20000 usec
reliability 255/255,txload 1/255,rxload 1/255
Encapsulation PPP,LCP Open//该接口的封装为 PPP 封装
Open:IPCP,CDPCP,loopback not set//网络层支持 IP 和 CDP
…

PPP 的封装

(3)测试 R1 和 R2 之间串行链路的连通性,命令如下:

R1#ping 192.168.12.2
Type escape sequence to abort.
Sending 5,100-byte ICMP Echos to 192.168.12.2,timeout is 2 seconds:
!!!!!
Success rate is 100 percent(5/5),round-trip min/avg/max=12/13/16 ms

若链路两端的封装相同,则 ping 测试应该正常。

(4)链路两端封装不同协议,命令如下:

R1(config)#int s0/0/0
R1(config-if)#encapsulation ppp
R2(config)#int s0/0/0
R2(config-if)#encapsulation hdlc
R1#show int s0/0/0
Serial0/0/0 is up,line protocol is down
…
//两端封装不匹配,导致链路故障

显示串行接口时,常见以下几种状态:

serial0/0/0 is up,line protocol is up
//链路正常
serial0/0/0 is administratively down,line protocol is down
//没有打开该接口,执行 no shutdown 命令可以打开接口
serial0/0/0 is up,line protocol is down
//物理层正常,数据链路层有问题,通常是没有配置时钟、两端封装不匹配、PPP 认证错误
serial0/0/0 is down,line protocol is down
//物理层故障,通常是连线问题

5.2.2 路由器广域网 PPP 封装 PAP 验证配置

1. 实验背景知识

PAP 是一种简单的明文验证方式。网络接入服务器(Network Attached Server，NAS)要求用户提供用户名和口令，PAP 以明文方式返回用户信息。显然，这种验证方式的安全性较差，第三方可以很容易地获取被传送的用户名和口令，并利用这些信息与 NAS 建立连接，获取 NAS 提供的所有资源。因此，一旦用户密码被第三方窃取，PAP 无法提供避免受到第三方攻击的保障措施。

PAP 认证进程只在双方的通信链路建立初期进行，如果认证成功，在通信过程中不再进行认证，如果认证失败就直接释放链路。

PAP 的弱点是用户的用户名和密码是用明文发送的，有可能被协议分析软件捕获而导致安全问题。但是，因为认证只在链路建立初期进行，所以节省了宝贵的带宽。

2. 实验目的

(1)掌握路由器广域网 PPP 封装 PAP 验证配置。
(2)理解 DCE 和 DTE 接口连接特点。
(3)理解路由器封装匹配方法。
(4)理解 PAP 验证过程。

3. 实验准备

对于同步串行接口，默认的封装格式是 HDLC，HDLC 是 Cisco 路由器的私有格式。可以使用命令 Encapsulation PPP 将默认的封装格式从 HDLC 改为 PPP。实验的拓扑结构、实物连接分别如图 5-2 和图 5-3 所示。

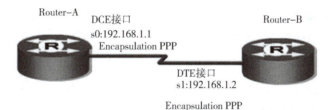

图 5-2　实验的拓扑结构

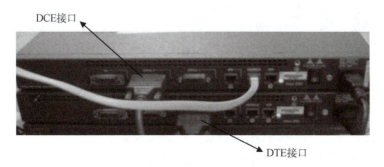

图 5-3　实验的实物连接

当通信双方的某一方串行接口封装格式为 HDLC，而另一方为 PPP 时，双方关于封装协议的协商失败，此时该链路处于协议性关闭(Protocol Down)状态，通信将无法进行，如图 5-4 所示。

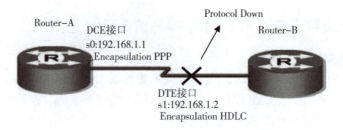

图 5-4 两端路由器串行接口封装格式不一致导致通信无法进行

实验配置如表 5-1 所示。

表 5-1 实验配置

Router-A		Router-B	
接口	IP 地址	接口	IP 地址
s0 DCE	192.168.1.1	s1 DTE	192.168.1.2
账号	密码	账号	密码
RouterA	weileiA	RouterB	weileiB

4. 实验步骤

（1）Router-A 的配置如下：

```
Router>
Router>en                                              //进入特权模式
Router#config t                                        //进入全局模式
Enter configuration commands, one per line. End with CNTL/Z.
Router(config)#hostname Router- A                      //修改机器名
Router- A(config)#username RouterB password weileiB    //设置账号密码
Router- A(config)#int s0                               //进入 s0 接口模式
Router- A(config- if)#ip add 192.168.1.1 255.255.255.0 //配置 IP 地址
Router- A(config- if)#encapsulation PPP                //封装 PPP
Router- A(config- if)#ppp authentication pap           //设置验证方式即 PAP
Router- A(config- if)#ppp pap sent- username RouterA password weileiA
                                                       //设置发送给对方验证的账号密码
Router- A(config- if)#clock route 64000
% Invalid input detected at '^' marker.                //命令书写错误
Router- A(config- if)#clock rate 64000                 //设置 DCE 时钟频率
Router- A(config- if)#no shutdown                      //开启 s0 接口
Router- a(config- if)#end
Router- a#
00:05:12:% LINK- 3- UPDOWN:Interface Serial0,changed state to up
00:05:12:% SYS- 5- CONFIG_I:Configured from console by console
00:05:13:% LINEPROTO- 5- UPDOWN:Line protocol on Interface Serial0,changed state to up
```

实验时请注意，Cisco 命令检查器发现命令输入有误，会提示"% Invalid input detected at '^' marker"，命令错误是从'^'的地方开始的。

一般来说，这是命令输入错误造成的，而且'^'标示了错误，换句话说，在这个符号之前是没有错的，我们可以从'^'之后开始找原因，还可以用'？'来查看命令后面可以跟的参数。

（2）查看 Router-A 的配置，命令如下：

```
Router-a#show int s0    //查看接口状态
seria10 is up,line protocol is up    //接口和协议都为小表示正常,若均为down,则表示接口和协议没有
                                     //配置成功
Hardware is HD64570
Internet address is 192.168.1.1/24   //查看 IP 地址
MTU 1500 bytes,BW 64 Kbit,DLY 20000 usec,reliability 255/255,txload 1/255,rxload 1/255
Encapsulation PPP,loopback not set   //查看封装协议为 PPP
Keepalive set(10 sec)
LCP Open
Open:IPCP,CDPCP
Last input 00:00:04,output 00:00:04,output hang never
Last clearing of "show interface" counters 00:05:36
Input queue:0/75/0(size/max/drops);Total output drops:0
Queueing strategy:weighted fair
Output queue:0/1000/64/0(size/max total/threshold/drops)
Conversations 0/1/256(active/max active/max total)
Reserved Conversations 0/0(allocated/max allocated)
5 minute input rate 0 bits/sec,0 packets/sec
5 minute output rate 0 bits/sec,0 packets/sec
66 packets input,2557 bytes,0 no buffer
Received 0 broadcasts,0 runts,0 giants, 0 throttles
0 input errors,0 CRC,0 frame, 0 overrun, 0 ignored, 0 abort
66 packets output, 2557 bytes, 0 underruns
0 output errors, 0 collisions, 1 interface resets
0 output buffer failures, 0 output buffers swapped out
0 carrier transitions
DCD=up   DSR=up   DTR=up   RTS=up   CTS=up
```

（3）Router-B 的配置如下：

```
Router>
Router>en
Router#config t
Enter configuration commands,one per line. End with CNTL/Z.
Router(config)#hostname Router-B
Router-B(config)#username RouterA password weileiA
Router-B(config)#int s1
Router-B(config-if)#ip add 192.168.1.2 255.255.255.0
Router-B(config-if)#encapsulation PPP
Router-B(config-if)#PPP authentication pap
Router-B(config-if)#PPP pap sent-username RouterB password weileiB
Router-B(config-if)#no shutdown
```

Router- B(config- if)#exit
Router- B(config)#
01:10:15:% LINK- 3- UPDOWN:Interface Serial1, changed state to up
Router- B(config)#end
Router- B#
01:10:23:% SYS- 5- CONFIG_I:Configured from console by console

(4)查看 Router-B 的配置，命令如下：

Router- B>en
Router- B#show int s1　　//查看接口状态
Seriall is up, line protocol is up　　//接口和协议都为 up 表示正常，若均为 down，则表示接口和协议
　　　　　　　　　　　　　　　　　//没有配置成功
Hardware is HD64570
Internet address is 192.168.1.2/24　　//查看 IP 地址
MTU 1500 bytes, BW 1544 Kbit, DLY 20000 usec, reliability 255/255, txload 1/255, rxload 1/255
Encapsulation PPP, ollpback not set　　//查看封装协议为 PPP
Keepalive set(10 sec)
LCP Open
Open:IPCP, CDPCP
Last input 00:00:05, output 00:00:05, output hang never
Last clearing of "show interface" counters 00:27:37
Input queue:0/75/0(size/max/drops);Total output drops:0
Queueing strategy:weighted fair
Output queue:0/1000/64/0(size/max total/threshold/drops)
Conversations 0/2/256(active/max active/max total)
Reserved Conversations 0/0(allocated/max allocated)
5 minute input rate 0 bits/sec, 0 packets/sec
5 minute output rate 0 bits/sec, 0 packets/sec
1024 packets input, 22163 bytes, 0 no buffer
Received 0 broadcasts, 0 runts, 0 giants, 0 throttles
0 input errors, 0 CRC, 0frame, 0 overrun, 0 ignored, 0 abort
1035 packets output, 18335 bytes, 0 underruns
0 output errors, 0 collisions 227 interface resets
0 output buffer failures, 0 output buffers swapped out
452 carrier transitions
DCD=up　DSR=up　DTR=up　RTS=up　CTS=up

(5)测试连通性，命令如下：

Router- a#ping 192.168.1.2
Type escape sequence to abort.
Sending 5,100- byte ICHP Echos to 192.168.1.2, timeout is 2 seconds:!!!!!
Success rate is 100 percent(5/5), round- trip min/avg/max=32/32/32 ms
Router- a#　　//表示成功率为 100%，否则测试失败

5. 实验总结

（1）账号和密码一定要对应，发送的账号和密码要和对方账号数据库中的账号密码对应。

（2）不要忘记配置 DCE 接口的时钟频率。

（3）注意查看接口状态，接口和协议都必须是 up 状态。一般情况，协议是 down 状态时，通常是封装类型不匹配或 DCE 接口时钟没有配置，接口是 down 状态时，通常是线缆故障。

（4）在实际工程中，DCE 通常由服务提供商配置，是不需要在 DCE 接口配置时钟的，但在实验室中一般需要配置时钟。

5.2.3　路由器广域网 PPP 封装 CHAP 验证配置

1. 实验背景知识

相对于 PPP 封装 PAP 验证方式来说，CHAP 是一种加密的 PPP 封装验证方式，能够避免建立连接时传送用户的真实密码。NAS 向远程客户端发送一个挑战口令，其中包括会话 ID 和一个随意生成的挑战字符串。远程客户端必须使用 MD5 单向哈希算法返回用户名和加密的挑战口令、会话 ID 及用户口令，其中用户名以非哈希方式发送。

CHAP 对 PAP 进行了改进，不再直接通过链路发送明文口令，而是使用挑战口令以哈希算法对口令进行加密。因为服务器端存在客户的明文口令，所以服务器可以重复客户端进行的操作，并将结果与客户端返回的口令进行对照。CHAP 为每一次验证任意生成一个挑战字符串来防止受到重放攻击。在整个连接过程中，CHAP 将不定时地向客户端重复发送挑战口令，从而避免第三方冒充远程客户端进行攻击。

2. 实验目的

（1）掌握路由器广域网 PPP 封装 CHAP 验证配置。

（2）理解 DCE 和 DTE 接口连接特点。

（3）理解 CHAP 验证过程。

（4）理解路由器封装匹配。

3. 实验准备

实验的拓扑结构、实物连接分别如图 5-5 和图 5-6 所示。

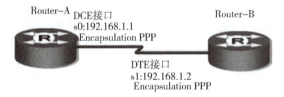

图 5-5　实验的拓扑结构

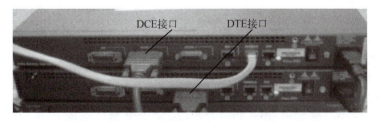

图 5-6　实验的实物连接

实验配置如表 5-2 所示。

表 5-2 实验配置

Router-A		Router-B	
接口	IP 地址	接口	IP 地址
s0 DCE	192.168.1.1	s1 DTE	192.168.1.2
账号	密码	账号	密码
RouterA	weileiB	RouterB	weileiB

4. 实验步骤

(1) Router-A 的配置如下:

```
Router>en
Router#config t
Enter configuration commands,one per line. End with CNTL/Z.
Router(config)#hostname Router- A
Router- A(config)#username RouterB password weileiB
Router- A(config)#int s0
Router- A(config- if)#ip add 192.168.1.1 255.255.255.0
Router- A(config- if)#encap ppp      //封装 PPP
Router- A(config- if)#ppp auth chap    //设置验证方式
Router- A(config- if)#ppp chap hostname RouterA    //设置发送给对方验证的账号
Router- A(config- if)#clock rate 64000
Router- A(config- if)#no shutdown
Router- A(config- if)#exit
Router- A(config)#
00:03:44:% LINK- 3- UPDOWN:Interface Serial0,changed state to down
```

(2) 查看 Router-A 的配置,命令如下:

```
Router- A#show int s0
serial0 is up,line protocol is up
Hardware is HD64570
Internet address is 192.168.1.1/24
MTU 1500 bytes,BW 1544 Kbit,DLY 20000 usec,reliability 255/255,txloqd 1/255,rxload 1/255
Encapsulation PPP,loopback not set
Keepalive set (10 sec)
LCP Open
Open:IPCP,CDPCP
Last input 00:00:00,output 00:00:00,output hang never
Last clearing of "show interface" counters 00:29:46
Input queue:0/75/0(size/max/drops);Total output drops:0
Queueing strategy:weighted fair
Output queue:0/1000/64/0(size/max total/threshold/drops)
Conversations 0/1/256(active/max active/max total)
Reserved Conversations 0/0(allocated/max allocated)
```

5 minute input rate 0 bits/sec,0 packets/sec
5 minute output rate 0 bits/sec,0 packets/sec
377 packets input,16774 bytes,0 no buffer
Received 0 broadcasts,0 runts, 0 giants,0 throttles
0 input errors,0 CRC,0 frame,0 overrun,0 ignored,0 abort
376 packets output,16755 bytes,0 underruns
0 output errors,0 collisions,10 interface resets
0 output buffer failures,0 output buffers swapped out
1 carrier transitions
DCD=up DSR=up DTR=up RTS=up CTS=up
Router-A#

(3)测试连通性，命令如下：

Router-B#ping 192.168.1.1
Type escape sequence to abort.
Sending 5,100-byte ICMP Echos to 192.168.1.1,timeout is 2 seconds:!!!!!
Success rate is 100 percent(5/5),round-trip min/avg/max=28/31/32 ms
Router-B#ping 192.168.1.2
Type escape sequence to abort.
Sending 5,100-byte ICMP Echos to 192.168.1.2,timeout is 2 seconds:!!!!!
Success rate is 100 percent(5/5),round-trip min/avg/max=56/58/60 ms
Router-B#

(4)Router-B 的配置如下：

Route>en
Route#config t
Enter configuration commands,one per line. End with CNTL/Z
Route(config)#hostname Router-B
Router-B(config)#username RouterA password weileiB
Router-B(config)#int s1
Router-B(config-if)#ip add 192.168.1.2 255.255.255.0
Router-B(config-if)#encap ppp
Router-B(config-if)#ppp auth chap
Router-B(config-if)#ppp chap hostname RouterB
Router-B(config-if)#no shutdown
Router-B(config-if)#exit
Router-B(config)#
00:07:56:% LINK-3-UPDOWN:Interface Seriall,changed state to up
00:07:59:% LINEPROTO-5-UPDOWN:Line protocol on Interface Seriall,changed state to up
Router-B(config)#exit

(5)查看 Router-B 的配置，命令如下：

Router-B>show int s1
Serial1 is up,line protocol is up
Hardware is HD64570

```
Internet address is 192.168.1.2/24
MTU 1500 bytes,BW 1544 Kbit,DLY 20000 usec,reliability 255/255,txload 1/255,rxload 1/255
Encapsulation PPP,loopback not set
Keepalive set(10 sec)
LCP Open
Open:IPCP,CDPCP
Last input 00:00:08,output 00:00:08,output hang never
Last clearing of "show interface" counters 00:23:27
Input queue:0/75/0(size/max/drops);Total output drops:0
Queueing strategy:weighted fair
Output queue:0/1000/64/0(size/max total/threshold/drops)
Conversations 0/1/256(active/max active/max total)
Reserved Conversations 0/0(allocated/max allocated)
5 minute input rate 0 bits/sec,0 packets/sec
5 minute output rate 0 bits/sec,0 packets/sec
354 packets input,15865 bytes,0 no buffer
Received 0 broadcasts,0 runts,0 giants,0 throttles
0 input errors,0 CRC,0 frame,0 overrun,0 ignored,0 abort
355 packets output,15884 bytes,0 underruns
0 output errors,0 collisions,1 interface resets
0 output buffer failures,0 output buffers swapped out
0 carrier transitions
DCD=up   DSR=up   DTR=up   RTS=up   CTS=up
Router- B>
```

(6)测试连通性,命令如下:

```
Router- A#ping 192.168.1.2
Type escape sequence to abort.
Sending 5,100- byte ICMP Echos to 192.168.1.2,timeout is 2 seconds:!!!!!
Success rate is 100 percent(5/5),round- trip min/avg/max=28/31/32 ms
Router- A#ping 192.168.1.1
Type escape sequence to abort.
Sending 5,100- byte ICMP Echos to 192.168.1.1,timeout is 2 seconds:!!!!!
Success rate is 100 percent(5/5),round- trip min/avg/max=56/60/68 ms
Router- A#
```

5. 实验调试

使用 debug ppp authentication 命令可以查看 PPP 认证过程,以下为认证成功的例子。如果认证失败,会有错误提示或警告,原因有可能是密码错误等。命令如下:

```
Router- A#debug ppp authentication
PPP authentication debugging is on   //打开认证调试
Router- A#int s0
% Invalid input detected at '^' marker.
Router- A#config t
```

```
Enter configuration commands,one per line. End with CNTL/Z.
Router- A(config)#int s0    //由于 CHAP 认证是在链路建立之后进行一次,把 s0 接口关闭再重新打开
                            //以便观察认证过程
Router- A(config- if)#shutdown
Router- A(config- if)#no shutdown
Router- A(config- if)#
04:08:33:% LINK- 5- CHANGED:Interface Serial0,changed state to administratively down
04:08:34:% LINEPROTO- 5- UPDOWN:Line protocol on Interface Serial0,changed state to down
04:08:35:Se0 PPP:Treating connection as a dedicated line
04:08:35:% LINK- 3- UPDOWN:Interface Serial0,changed state to up
04:08:35:Se0 CHAP:Using alternate hostname RouterA
04:08:35:Se0 CHAP:O CHALLENGE id 2 len 28 from "RouterA"
04:08:35:Se0 CHAP:I CHALLENGE id 2 len 28 from "RouterB"
04:08:35:Se0 CHAP:Using alternate hostname RouterA
04:08:35:Se0 CHAP:O RESPONSE id 2 len 28 from "RouterA"
04:08:35:Se0 CHAP:I RESPONSE id 2 len 28 from "RouterB"
04:08:35:Se0 CHAP:O SUCCESS id 2 len 4
04:08:35:Se0 CHAP:I SUCCESS id 2 len 4
04:08:36:% LINEPROTO- 5- UPDOWN:Line protocol on Interface Serial0,changed state to up
```

6. 实验总结

(1) 双方密码一定要一致,如本实验中 Router-A 与 Router-B 密码都为 weileiB,发送的账号要和对方账号数据库中的账号对应。

(2) 一定要记得配置 DCE 端的时钟频率。

(3) 有些配置命令,如果操作熟练,可以简写。例如,本实验中把 encapsulation 命令简写为 encap,把 authentication 命令简写为 auth,等等。应注意,有些路由器中的 auth 简写代表 authentication 和 authorization 两条命令。

(4) 在配置验证时,也可以选择同时使用 PAP 和 CHAP。命令如下:

```
R(config- if)#ppp authentication chap pap    //或
R(config- if)#ppp authentication pap chap
```

如果同时使用两种验证方式,那么在链路协商阶段将先用第一种验证方式验证。如果对方建议使用第二种验证方式或只是简单拒绝使用第一种方式,那么将采用第二种验证方式。

5.3 帧中继概述

帧中继(Frame Relay,FR)以 X.25 分组交换技术为基础,摒弃其中复杂的检错、纠错过程,改造了原有的帧结构,从而获得了良好的性能。帧中继的用户接入速率一般为 64 Kbps~2 Mbps,局间中继传输速率一般为 2 Mbps、34 Mbps,现已可达 155 Mbps。

5.3.1 帧中继简介

帧中继技术继承了 X.25 提供的统计复用功能和采用虚链路交换的优点，简化了可靠传输和差错控制机制，将那些用于保证数据可靠性传输的任务（如流量控制和差错控制等）委托给用户终端或本地节点来完成，从而在减少网络时延的同时降低了通信成本。帧中继中的虚链路是帧中继交换网络为实现不同 DTE 之间的数据传输所建立的逻辑链路，这种虚链路可以在帧中继交换网络内跨越任意多个 DCE 或帧中继交换机。

一个典型的帧中继网络由用户设备与网络交换设备组成，如图 5-7 所示。作为帧中继网络核心设备的帧中继交换机，其作用类似于前面讲到的以太网交换机，都是在数据链路层完成对帧的传输，只不过帧中继交换机处理的是帧中继帧而不是以太网帧。帧中继网络中的用户设备负责把数据帧送到帧中继网络，用户设备分为帧中继终端和非帧中继终端两种，其中非帧中继终端必须通过帧中继装拆设备接入帧中继网络。

图 5-7 典型的帧中继网络

5.3.2 帧中继的特点

帧中继具有以下特点。

(1) 帧中继技术主要用于传递数据业务，将数据信息以帧的形式进行传送。

(2) 帧中继传送数据使用的传输链路是逻辑连接而不是物理连接，在一个物理连接上可以复用多个逻辑连接，可以实现带宽的复用和动态分配。

(3) 帧中继协议简化了 X.25 的第三层功能，使网络节点的处理大大简化，提高了网络对信息的处理效率。采用物理层和链路层的两级结构，在链路层只保留了核心子集部分。

(4) 在链路层完成统计复用、帧透明传输和错误检测，但不提供发现错误后的重传，省去了帧编号、流量控制、应答和监视等机制，大大节省了交换机的开销，提高了网络吞吐量，降低了通信时延。一般帧中继用户的接入速率为 64 Kbps~2 Mbps。

(5) 帧的信息长度比 X.25 分组长度要长，预约的最大帧长度为 1600 Byte，适合封装局域网的数据单元。

(6) 提供一套合理的带宽管理和防止拥塞的机制，使用户可以有效地利用预约的宽带，即承诺的信息速率，还允许用户的突发数据占用未预定的带宽，以提高网络资源的利用率。

(7) 与分组交换一样，帧中继采用面向连接的交换技术，可以提供交换虚链路(SVC)和永久虚链路(PVC)业务，目前已应用的帧中继网络中一般只采用 PVC 业务。

5.3.3 帧中继术语

（1）DLCI（Data-Link Connection Identifier）：数据链路连接标识符，用来标识帧中继本地虚链路。DLCI 只在本地有意义。

（2）LMI（Local Management Interface）：本地管理接口，用来建立与维护路由器和交换机之间的连接。LMI 协议还用于维护虚链路，包括虚链路的建立、删除和状态改变。

（3）InverseARP（Inverse Address Resolution Protocol）：逆向地址解析协议（逆向 ARP）。逆向帧中继网络中的路由器通过逆向 ARP 可以自动建立帧中继映射，从而实现 IP 和 DLCI 之间的映射。

（4）FECN（Forwark Explicit Congestion Notification）：前向拥塞通知。FECN 是帧中继帧头中地址字段的一位，用于网络发生拥塞时的标志。

（5）BECN（Backward Explicit Congestion Notification）：后向拥塞通知。BECN 也是帧中继帧头中地址字段的一位，用于网络发生拥塞时的标志。

（6）CIR（Committed Information Rate）：承诺信息速率，指服务提供商承诺提供的有保证的速率。

5.3.4 帧中继的配置

下面介绍帧中继的配置方法。

1. 基本配置

（1）封装帧中继协议。

在同步串口上封装帧中继协议，命令如下：

```
Router(config-if)#encapsulation frame-relay [ietf]
```

为了和主流设备兼容，系统默认封装的帧中继的格式是 Cisco 封装，如果没有特殊的使用场合，应使用 encapsulation frame-relay ietf 命令配置 IETF 类型。

（2）配置帧中继接口的终端类型。命令如下：

```
Router(config-if)#frame-relay intf-type {dte|dce|nni}
```

帧中继接口默认接口类型为 DTE，DCE 类型只有在设备用作帧中继交换机或模拟帧中继设备时才使用，NNI 是用在帧中继交换机之间的接口类型。

（3）配置 LMI 类型。命令如下：

```
Router(config-if)#frame-relay lmi-type {q933a|ansi|cisco}
```

锐捷系列 RGNOS 系统支持 3 种帧中继的本地管理接口类型：ITU-T Q.933 附录 A（Q933A）、ANSI T1.617 附录 D（ANSI）和 Cisco 格式。用户在配置该参数时，该参数必须和帧中继网络的接入设备（DCE 端）的一致，系统默认是 Q933A，一般提供 ANSI 类型。和工业主流设备 Cisco 设备相连时，也可以采用和 Cisco 相一致的管理类型 Cisco 格式。

2. 配置帧中继地址映射

（1）配置静态地址映射。

静态地址映射反映远端设备的 IP 地址和本地 DLCI 的对应关系，地址映射可以手动配置，命令如下：

> Router(config- if)#frame- relay map ip ip- address dlci [broadcast|active| tcp|ietf|cisco]

在对端设备不支持逆向 ARP（动态地址映射）时，本地端必须配置静态地址映射才能通信，设置静态地址映射之后，逆向 ARP 自动失效。

IETF 可选关键字指示帧中继进程使用 IETF 帧中继 RFC 1490 封装方法。当路由器与一个帧中继网络指定使用 Cisco 封装的设备时，使用 Cisco 关键字。使用 Cisco 或 IETF 关键字可以覆盖接口配置命令 encapsulation frame-relay 所指定的方法。不指定 Cisco 或关键字将使地址映射继承接口配置命令 encapsulation frame-relay 所设置的属性。

当网络协议需要使用广播功能时，应使用关键字 Broadcast。在 IP 网络上使用 OSPF 或 EIGRP 路由协议时，使用该关键字尤其重要。

（2）配置动态逆向 ARP。

动态地址映射对于网络协议默认都为启用状态。因为逆向 ARP 默认为启用状态，所以不需要为动态寻址而专门指定它，除非逆向 ARP 被禁止。在指定的接口配置下面，可以输入如下的命令启用逆向 ARP：

> Router(config- if)#frame- relay inverse- arp [protocol] [dlci]

可选的 protocol 变量允许路由器管理员对一个特定的网络协议禁止使用逆向 ARP，而同时其他支持的协议仍能够使用逆向 ARP。protocol 变量的取值可以是下面的关键字之一：Ip、bridge、LLC2。

dlci 变量的取值是一个合法的接口号，范围为 16～1007。同时指定 protocol 和 dlci 变量可以确定一个特定的 DLCI 协议，这允许运行相同协议的另一个 DLCI 继续使用动态地址映射。

当使用 no frame-relay inverse-arp 命令不指定哪个协议和哪个 DLCI 号时，是使所有的协议和接口上所有的 DLCI 都禁止使用逆向 ARP。

3. 配置帧中继本地虚链路

帧中继本地 DLCI 号使用如下命令指定：

> Router(config- if)#frame- relay local- dlci dlci

注意：只有当本地接口类型为 DCE 或 NNI 类型时，才可以在接口上配置本地虚链路号。

4. 配置帧中继交换

RGNOS 系列路由器支持帧中继的交换功能，用此功能可以将路由器模拟成网络侧的交换机。配置帧中继的交换必须注意以下几点：设定帧中继交换使能命令（打开帧中继交换功能）；设定接口的 intf-type 是 DCE 或 NNI 类型；帧中继交换路由器必须有两个以上的接口配置了交换才可以起作用；必须配置帧中继交换路由。

（1）允许帧中继进行 PVC 交换。命令如下：

> Router(config)#frame- relay switching

使用这条命令打开帧中继交换功能时，必须将该路由器配置成 DCE。

(2)设置帧中继接口类型。命令如下：

Router(config- if)#frame- relay intf- type {dte|dce|nni}

(3)配置帧中继 PVC 交换的路由，命令如下：

Red- Giant(config)#frame- relay route in- dlci interface serial number out- dlci

将本地接口上 DCE 的 DLCI 设定为 in-dlci，而另外一个同步接口 serial number 上的 DCE 的 DLCI 设定为 out-dlci。

5. 帧中继典型配置举例

(1)配置帧中继 DTE，如图 5-8 所示。通过公用帧中继网络互连局域网，在这种方式下，路由器只能作为用户设备工作在帧中继的 DTE 方式，假设路由器 R1 的 DLCI 号为 16，路由器 R2 的 DLCI 号为 17。

图 5-8　配置帧中继 DTE

配置步骤如下。

①配置路由器 R1。命令如下：

//配置接口 IP 地址
Router(config)#interface serial0
Router(config- if)#ip address 1. 1. 1. 1 255. 255. 255. 252
//配置接口封装为帧中继 IETF 报文格式
Router(config- if)#encapsulation frame- relay ietf
//配置静态地址映射
Router(config- if)#frame- relay map ip 1. 1. 1. 2 16

②配置路由器 R2。命令如下：

//配置接口 IP 地址
Router(config)#interface serial0
Router(config- if)#ip address 1. 1. 1. 2 255. 255. 255. 252
//配置接口封装为帧中继 IETF 报文格式
Router(config- if)#encapsulation frame- relay ietf
//配置静态地址映射
Router(config- if)#frame- relay map ip 1. 1. 1. 1 17

(2)配置帧中继 DCE，如图 5-9 所示。两台路由器通过 V.35 线缆背靠背直连，R1 在物理层和帧中继链路层都作为 DTE，R2 在物理层和帧中继链路层都作为 DCE。

图 5-9　配置帧中继 DCE

配置步骤如下。

①配置路由器 R1。命令如下：

//配置接口 IP 地址
Router(config)#interface serial0
Router(config- if)#ip address 1. 1. 1. 1 255. 255. 255. 252
//配置接口封装为帧中继 IETF 报文格式
Router(config- if)#encapsulation frame- relay ietf
//配置静态地址映射
Router(config- if)#frame- relay map ip 1. 1. 1. 2 16

②配置路由器 R2。命令如下：

//配置帧中继交换功能
Router(config)#frame- relay switching
//配置接口 IP 地址
Router(config)#interface serial0
Router(config- if)#ip address 1. 1. 1. 2 255. 255. 255. 252
//配置接口封装为帧中继 IETF 报文格式
Router(config- if)#encapsulation frame- relay ietf
//配置接口的类型 DCE
Router(config- if)#frame- relay intf- type dce
//配置本地 DLCI 号
Router(config- if)#frame- relay local- dlci 16
//配置静态地址映射
Router(config- if)#frame- relay map ip 1. 1. 1. 1 16

6. 利用 Cisco Packet Tracer 模拟器来实现帧中继实验

帧中继实验拓扑结构如图 5-10 所示。

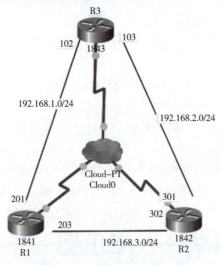

图 5-10　帧中继实验拓扑结构

因为在 Cisco Packet Tracer 模拟器上不能输入 frame-relay switching 这条命令，所以先

做以下配置，如图 5-11 所示。

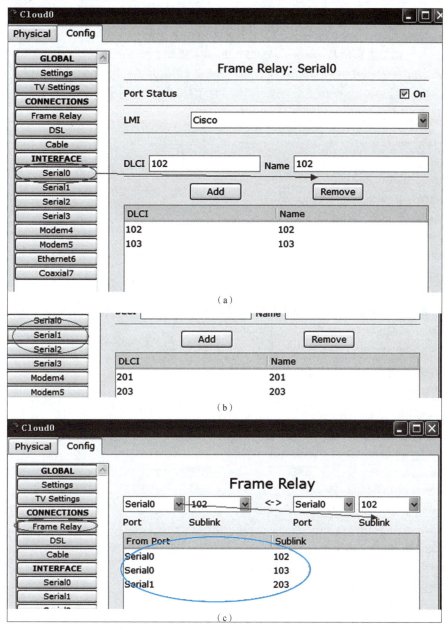

图 5-11 帧中继配置

(a)帧中继配置 Serial0；(b)帧中继配置 Serial1 和 Serial2；(c)帧中继配置完成

(1)配置路由器 R1。命令如下：

```
R1(config)#int s1/0    //进入 s1/0 接口配置
R1(config-if)#no shut    //启动接口
R1(config-if)#encapsulation frame-relay    //帧中继封装
R1(config-if)#frame-relay lmi-type cisco    //帧中继类型为 Cisco
R1(config)#int s1/0.1 point-to-point    //配置子接口,并设置为点对点模式
R1(config-subif)#ip add 192.168.1.1 255.255.255.0    //分配子接口 IP 地址
```

R1(config-subif)#frame-relay interface-dlci 102   //指定点对点对应的DLCI值
R1(config-subif)#exit
R1(config)#int s1/0.2 point-to-point   //配置子接口,并设置为点对点模式
R1(config-subif)#ip add 192.168.2.1 255.255.255.0   //分配子接口IP地址
R1(config-subif)#frame-relay interface-dlci 103   //指定点对点对应的DLCI值
R1(config-subif)#exit

(2)配置路由器R2。命令如下:

R2(config)#int s1/0
R2(config-if)#no shut
R2(config-if)#enframe-relay
R2(config-if)#frame-relay lmi-type cisco
R2(config)#int s1/0.1 point-to-point
R2(config-subif)#ip add 192.168.1.2 255.255.255.0
R2(config-subif)#frame-relay interface-dlci 201
R2(config-subif)#exit
R2(config)#int s1/0.2 p
R2(config-subif)#ip add 192.168.3.1 255.255.255.0
R2(config-subif)#frame-relay interface-dlci 203
R2(config-subif)#exit

(3)配置路由器R3。命令如下:

R3(config)#int s1/0
R3(config-if)#no shut
R3(config-if)#en frame-relay
R3(config-if)#frame-relay lmi-type cisco
R3(config)#int s1/0.1 point-to-point
R3(config-subif)#ip add 192.168.3.2 255.255.255.0
R3(config-subif)#frame-relay interface-dlci 302
R3(config-subif)#exit
R3(config)#int s1/0.2 point-to-point
R3(config-subif)#ip add 192.168.2.2 255.255.255.0
R3(config-subif)#frame-relay interface-dlci 301
R3(config-subif)#exit

(4)使用show frame-relay route命令测试,该命令用来查看接口进入和送出的DLCI,以及状态是否是active。命令如下:

R2#show frame-relay route

Input Intf	Input Dlci	Output Intf	Output Dlci	Status
serial0/0	103	serial0/1	301	active
serial0/0	104	serial0/2	401	active
serial0/1	301	serial0/0	103	active
serial0/1	304	serial0/2	403	active
serial0/2	401	serial0/0	104	active
serial0/2	403	serial0/1	304	active

以上输出表明路由器 R2 上配置了 3 条 PVC，其状态都是活动的。s0/0 103 s0/1 301 active 的含义是：路由器如果从 s0/0 接口收到 DLCI=103 的帧，要从 s0/1 接口交换出去，并且 DLCI 被替换为 301。

show frame-relay pvc 命令也用于显示路由器上配置的所有 PVC 的统计信息。命令如下：

```
R2#show frame- relay pvc
PVC Statistics for interface serial0/3/0(Frame Relay DCE)//该接口是帧中继的 DCE

             Active    Inactive    Deleted    Static
Local        0         0           0          0
Switched     0         1           0          0
Unused       0         0           0          0
//以上 4 行输出表明该接口有一条处于活动状态的 PVC
DLCI=103,DLCI USAGE=SWITCHED,PVC STATUS=INACTIVE,INTERFACE=serial0/3/0
//DLCI 为 103 的 PVC 处于活动状态,本地接口是 s0/3/0,DLCI 用途是完成帧中继 DLCI 交换
  input pkts 0          output pkts 0         in bytes 0
  out bytes 0           dropped pkts 0        in pkts dropped 0
  out pkts dropped 0    out bytes dropped 0
  in FECN pkts 0        in BECN pkts 0        out FECN pkts 0
  out BECN pkts 0       in DE pkts 0          out DE pkts 0
  out bcast pkts 0      out bcast bytes 0
  30 second input rate 0 bits/sec,0 packets/sec
  30 second output rate 0 bits/sec,0 packets/sec
  switched pkts 0
  Detailed packet drop counters:
  no out intf 0         out intf down 0       no out PVC 0
  in PVC down 0         out PVC down 0        pkt too big 0
  shaping Q full 0      pkt above DE 0        policing drop 0
  pvc create time 00:09:12,last time pvc status changed 00:09:12
//以上输出是 DLCI 为 103 的 PVC 统计信息
PVC Statistics for interface serial0/3/1(Frame Relay DCE)
             Active    Inactive    Deleted    Static
Local        0         0           0          0
Switched     0         1           0          0
Unused       0         0           0          0
DLCI=301,DLCI USAGE=SWITCHED,PVC STATUS=INACTIVE,INTERFACE=Serial0/3/1
  input pkts 0          output pkts 0         in bytes 0
  out bytes 0           dropped pkts 0        in pkts dropped 0
  out pkts dropped 0    out bytes dropped 0
  in FECN pkts 0        in BECN pkts 0        out FECN pkts 0
  out BECN pkts 0       in DE pkts 0          out DE pkts 0
  out bcast pkts 0      out bcast bytes 0
  30 second input rate 0 bits/sec,0 packets/sec
  30 second output rate 0 bits/sec,0 packets/sec
  switched pkts 0
```

> Detailed packet drop counters:
> no out intf 0   out intf down 0   no out PVC 0
> in PVC down 0   out PVC down 0   pkt too big 0
> shaping Q full 0   pkt above DE 0   policing drop 0
> pvc create time 00:06:13, last time pvc status changed 00:06:13
> //以上输出是 DCLI 为 301 的 PVC 统计信息

习题5

简答题

1. 广域网协议中的 PPP 具有什么特点？
2. PAP 和 CHAP 各自的特点是什么？
3. 简述 CHAP 的验证过程。
4. 什么是 DDN？它的特点是什么？

第 6 章

ACL 应用

路由器的主要功能是发现到达目标网络的路径,当然它也可以作为防火墙使用,算是一种功能较为简单的硬件防火墙。一般路由器的防火墙功能主要是用于包过滤和网络地址转换。

路由器的包过滤是通过配置访问控制列表来实现的。访问控制列表(Access Control List,ACL)是由一系列语句组成的列表,这些语句主要包括匹配条件和采取的动作(允许或禁止)两项内容。把访问控制列表应用到路由器的接口上,通过匹配数据包信息与访问表参数来决定允许数据包通过还是拒绝数据包通过这个接口。

6.1 ACL 概述

ACL 中包含了匹配关系、条件和查询语句,表只是一个框架结构,其目的是对某种访问进行控制。信息点间通信、内外网络的通信都是企业网络中必不可少的业务需求,为了保证内网的安全性,需要通过安全策略来保障非授权用户只能访问特定的网络资源,从而达到对访问进行控制的目的。简而言之,ACL 可以过滤网络中的流量,是控制访问的一种网络技术手段。网络中常说的 ACL 是 IOS/NOS 等网络操作系统所提供的一种访问控制技术,初期仅在路由器上支持,现在已经扩展到 3 层交换机,部分最新的 2 层交换机也开始提供 ACL 支持。

6.1.1 为什么要使用 ACL

作为公司网络管理员,当公司领导提出下列要求时你该怎么办?

(1)为了提高工作效率,不允许员工上班时间进行 QQ 聊天、MSN 聊天等,但需要保证正常地访问 Internet,以便查找资料了解客户及市场信息等。

(2)公司有一台服务器对外提供有关本公司的信息服务,允许公网用户访问,但为了内部网络的安全,不允许公网用户访问除信息服务器之外的任何内网节点。

(3)在企业内部网络中,会存在一些重要的或保密的资源或数据,为了防止公司员工有意或无意的破坏或访问,对这些服务器应该只允许相关人员访问。

ACL 的定义是基于每一种协议(如 IP、AppleTalk、IPX)的,如果想控制某种协议的通信数据流,那么必须要对该接口处的这种协议定义单独的 ACL。ACL 可以当作一种网络控制的有力工具来过滤流入、流出路由器接口的数据包。使用 ACL 会消耗路由器的 CPU 资源。利用 ACL 对网络进行控制如图 6-1 所示。

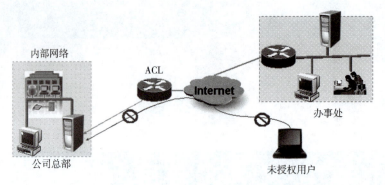

图 6-1 利用 ACL 对网络进行控制

网络应用与互联网的普及在大幅提高企业的生产经营效率的同时，也带来了很多数据安全方面的问题。想要将一个网络有效地管理起来，尽可能地降低网络所带来的负面影响，网络管理员就必须使用 ACL。ACL 有以下好处。

（1）限制网络流量，提高网络性能。ACL 可以限制符合某一条件的数据流入网络，比如有大量的外部 FTP 流量流入内部网络占用带宽资源，可以使用 ACL 限制这一部分流量涌入，保护内部网络。

（2）ACL 可以用于 QoS，对数据流量进行控制。

（3）ACL 提供对通信流量的控制手段，甚至可以限制或简化路由更新的内容。

（4）ACL 提供网络访问的基本安全手段。通过使用 ACL 可以限制主机 a 访问自己的网络。主机 b 不能访问自己的网络，如果没有 ACL，路由器是不会阻止任何信息通过的。

（5）在路由器的接口处，决定哪种类型的通信流量被转发，哪种类型的通信流量被阻塞。例如，可以允许 WWW 的通信流量通过，但是阻止 FTP 的流量通过，在拒绝不希望的访问连接的同时又允许正常的访问。

6.1.2 ACL 的工作原理及流程

1. 基本原理

ACL 使用包过滤技术，在路由器上读取第三层及第四层包头中的信息（如源地址、目标地址、源接口、目的接口等），根据预先定义好的规则对包进行过滤，从而对数据包进行访问控制，如图 6-2 所示。

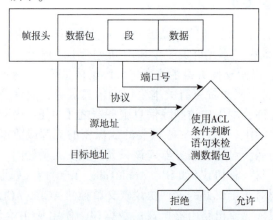

图 6-2 ACL 对数据包进行访问控制

2. 功能

网络中的节点分为资源节点和用户节点两大类，其中资源节点提供服务或数据，而用户节点访问资源节点所提供的服务与数据。ACL 的主要功能就是一方面保护资源节点，阻止非法用户对资源节点的访问，另一方面限制特定的用户节点对资源节点的访问权限。

3. 配置 ACL 的基本原则

在实施 ACL 的过程中，应当遵循以下两个基本原则。

（1）最小特权原则。只给受控对象完成任务所必需的最小权限。

（2）最靠近受控对象原则。所有的网络层访问权限控制尽可能离受控对象最近。

4. 局限性

由于 ACL 是使用包过滤技术来实现的，过滤的依据是第三层和第四层包头中的部分信息，因此这种技术具有一些固有的局限性，如无法识别到具体的人、无法识别到应用内部的权限级别等。要达到端到端的权限控制目的，需要和系统级及应用级的访问权限控制结合使用。

具体来说，ACL 是应用在路由器（或三层交换机）接口的指令列表，这些指令应用在路由器（或三层交换机）的接口处，以决定哪种类型的通信流量被转发、哪种类型的通信流量被阻塞。转发和阻塞基于一定的条件（扩展），如源地址、目标地址、上层应用协议、TCP/UDP 的接口号。

ACL 的工作过程如图 6-3 所示。

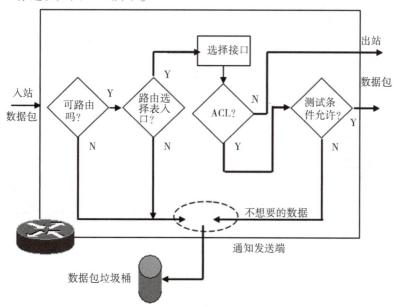

图 6-3 ACL 的工作过程

5. ACL 基本规范

Cisco 路由器一般情况下采用顺序匹配方式，只要一条满足就不会继续查找。另外，在它的 ACL 中，最后一条是隐含拒绝的，即前面所有条目都不匹配的话，则默认拒绝。任何条件下只给用户能满足他们需求的最小权限，具体概括为以下 3 条规则。

（1）一切未被允许的就是禁止的。定义 ACL 规则时，最终的默认规则是拒绝所有数据包通过。

(2)按规则链来进行匹配。使用源地址、目标地址、源接口、目标接口、协议、时间段进行匹配。

(3)规则匹配原则。从头到尾、自顶向下的匹配方式,匹配成功马上停止,立刻使用该规则"允许/拒绝……"。

6.2 ACL 的分类与配置

1. ACL 分类

我们一般利用数字标识 ACL,根据数字范围标识,ACL 可以分为标准 IP ACL 和扩展 IP ACL。

(1)标准 IP ACL(Standard Access List)。根据数据包源 IP 地址进行规则定义,只对数据包中的源地址进行检查,通常允许、拒绝的是完整的协议,编号范围为 1~99。

(2)扩展 IP ACL(Extended Access List)。对数据包中的源地址、目标地址、协议(如 TCP、UDP、ICMP、Telnet、FTP 等)或接口号进行检查,通常允许、拒绝的是某个特定的协议,编号范围为 100~199。

ACL 具体的编号范围如表 6-1 所示。

表 6-1 ACL 具体的编号范围

ACL 类型	编号范围
标准 IP	1~99 或 1 300~1 999
扩展 IP	100~199 或 2 000~2 699
AppleTalk	600~699
标准 IPX	800~899
扩展 IPX	900~999
IPX SAP	1 000~1 099

2. ACL 配置步骤

(1)定义 ACL。命令如下:

Router(config)# access-list access-list-number {permit | deny} source [source-wildcard] [log]

示例如下:

Router(config)#access-list 1 deny 172.16.4.13 0.0.0.0

①为每个 ACL 分配唯一的编号 access-list-number,access-list-number 与协议有关,如表 6-1 所示,标准 IP ACL 为 1~99,这里为 1。

②检查源地址(checks source address),由 source、source-wildcard 组成,以决定源网络或地址。source-wildcard 为通配符掩码。

通配符掩码(反码)= 255.255.255.255-子网掩码。

通配符掩码是一个 32 比特的数字字符串,0 表示检查相应的位,1 表示不检查(忽略)相应的位。

这里的网络号为 172.16.4.13,通配符掩码(反码)为 0.0.0.0。

特殊的通配符掩码表示如下：

　　Any 表示 0.0.0.0　　255.255.255.255
　　Host 172.30.16.29 表示 172.30.16.29　　0.0.0.0

③不区分协议（允许或拒绝整个协议），这里指 IP。
④确定是允许（permit）或拒绝（deny），下面命令行中是 permit。
⑤log 表示将有关数据包匹配情况生成日志文件。
⑥只能删除整个 ACL，不能只删除其中一行。

　　Router(config)#no access-list access-list-number
　　Router(config)#access-list 1 permit　 172.16.0.0　 0.0.255.255
　　Router(config)#access-list 1 permit　 0.0.0.0　 255.255.255.255

（2）把 ACL 应用到某一接口上。

ACL 就好像门卫一样对进出大门（接口）的数据进行过滤，如果这个门卫没有设置在门口，就不能起到应有的作用，因此 ACL 一定要放置在接口上才能生效。此外，ACL 还有方向性，有 in 和 out 两个方向：in 就是数据从接口外面要进入路由器里面；out 就是数据从路由器内部经接口转发到路由器外部。每一个方向上都可以有独立的 ACL，两个方向的 ACL 互不干扰。配置命令如下：

　　Router(config-if)#ip access-group access-list-number {in|out}

示例如下：

　　Router(config)#interface 　 s0/0
　Router(config-if)#ip access-group 1 　 out

（3）查看 ACL。命令如下：

　　show access-lists
　　show ip interface

3. 通配符掩码

通配符掩码与源地址或目标地址搭配，一起来分辨匹配的地址范围，它跟子网掩码刚好相反。它不像子网掩码告诉路由器 IP 地址的哪一位属于网络号，而是告诉路由器为了判断出匹配，它需要检查 IP 地址中的多少位。通配符掩码也是一个 32 位的数字字符串，它用点号分成 4 个 8 位组，每个 8 位组包含 8 个位。在子网掩码中，将掩码的一位设成 1 表示 IP 地址对应的位属于网络地址部分。相反，在 ACL 中将通配符掩码中的一位设成 1 表示 IP 地址中对应的位既可以是 1 又可以是 0。有时，可将其称作无关位，因为路由器在判断是否匹配时并不关心它们。通配符掩码位设成 0 则表示 IP 地址中相对应的位必须精确匹配。简单来说，就是 0 表示需要比较，1 表示忽略比较。通配符掩码的含义如图 6-4 所示。

很多人习惯将通配符掩码叫作反掩码，因为它和反掩码很相似。其实，它和反掩码还是有一定的区别。在配置路由协议的时候（如 OSPF、EIGRP），使用的反掩码必须是连续的 1，即网络地址。

示例如下：

　　route ospf 100　　network 192.168.130.0 0.0.0.255
network 192.168.131.0 0.0.0.255

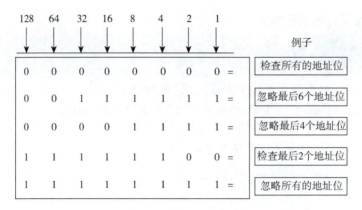

图 6-4 通配符掩码的含义

而在配置 ACL 的时候，可以使用不连续的 1，只需对应的位置匹配即可。
示例如下：

access- list 1 permit 192. 168. 133. 0 0. 0. 11. 255

通配符配置实例如表 6-2 所示。

表 6-2 通配符配置实例

IP 地址	通配符掩码	表示的地址范围
192. 168. 0. 1	0. 0. 0. 255	192. 168. 0. 0/24
192. 168. 0. 1	0. 0. 3. 255	192. 168. 0. 0/22
192. 168. 0. 1	0. 255. 255. 255	192. 0. 0. 0/8
192. 168. 0. 1	0. 0. 0. 0	192. 168. 0. 1
192. 168. 0. 1	255. 255. 255. 255	0. 0. 0. 0/0
192. 168. 0. 1	0. 0. 2. 255	192. 168. 0. 0/24 和 192. 168. 2. 0/24

192. 168. 0. 1 和 0. 0. 2. 255 表示的地址范围为 192. 168. 0. 0/24 和 192. 168. 2. 0/24，也许读者会有疑问为什么得出两个网段，如果把这个通配符掩码当作一般的反掩码计算，那么就会出现这个问题。

将 IP 地址转换成二进制，命令如下：

11000000. 10101000. 00000000. 00000001(192. 168. 0. 1)
00000000. 00000000. 00000010. 11111111(0. 0. 2. 255)

通配符掩码 0 位必须检查，1 位无须检查。也就是说，通配符掩码第 3 段第 7 位那个 1 所对应的 IP 位可以是 0 也可以是 1。

结果就产生了两种情况：

11000000. 10101000. 00000000. * * * * * * * 和 11000000. 10101000. 00000010. * * * * * * *
* (通配符掩码第 4 段全为 1,也就是代表第 4 段不需要检查,取值范围在 0~255 之间,这里我用"星号"表示)

表示范围也就为 192. 168. 0. 0/24 和 192. 168. 2. 0/24。

(1) 如何使用通配符 any。

在 IP 地址中，有一些地址具有特殊意义，如 255. 255. 255. 255 是泛洪广播地址，0. 0. 0. 0

则代表任何地址，则所有地址的通配符掩码为 255.255.255.255，转换成二进制如下：

00000000.00000000.00000000.00000000(IP)
11111111.11111111.11111111.11111111(通配符掩码)

所有地址都可以写成 access-list 99 permit 0.0.0.0 255.255.255.255，但是这样写太烦琐了，尤其是需要重复的输入时，因此就用通配符 any 代替 0.0.0.0 255.255.255.255。

例如，access-list 99 permit 0.0.0.0 255.255.255.255 也可写成 access-list 99 permit any。

（2）如何使用通配符 host。

当要匹配的地址是一个主机地址（如 192.168.0.1）时，命令如下：

11000000.10101000.00000000.00000001(IP)
00000000.00000000.00000000.00000000(通配符掩码)
access-list 10 deny 192.168.0.1 0.0.0.0

在这里，我们可以用通配符 host 来表示 0.0.0.0。注意，这里的 0.0.0.0 是通配符掩码。

access-list 10 deny host 192.168.0.1

6.3 标准 ACL

ACL 只使用源地址进行过滤，表明是允许还是拒绝，其含义如图 6-5 所示。

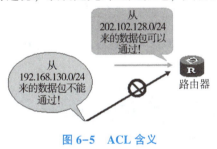

标准访问控制列表和偶数位通配符掩码

图 6-5 ACL 含义

标准 ACL 举例如下：

Router(config)#access-list 10 permit 192.168.130.0 0.0.0.255
//定义 10 号 ACL,允许来自 192.168.130.0 这个网络的主机的数据包通过
Router(config)#access-list 20 deny 192.168.130.91 0.0.0.0
Router(config)#access-list 20 deny host 192.168.130.91
//定义 20 号 ACL,拒绝来自 192.168.130.91 这台主机的数据包通过
access-list 10 deny 192.168.10.0   0.0.0.255
access-list 10 permit 192.168.10.2   0.0.0.0
//拒绝 192.168.10.0/24 这个网络的通信,但是 192.168.10.2 这台主机除外

ACL 执行时，按顺序比较各行命令，先比较第 1 行，再比较第 2 行……直到最后 1 行为止。若找到一个符合条件的行，就执行；即使有其他的行与此行矛盾，但该行已经执行。所以在配置 ACL 的时候，应尽量把作用范围小的语句放在前面。

ACL 的命令行中默认最后一行为拒绝（deny），即 Access-list X deny any，该行并不写出。如果命令行中没有一条许可（permit）语句，意味着所

标准访问控制列表的配置

有数据包都被丢弃,所以每个 ACL 必须至少要有一行 permit 语句。

permit 和 deny 语句的应用规则如下。

(1)最终目标是尽量让 ACL 中的条目少一些。因为 ACL 是自上而下逐条对比语句的,所以一定要把条件严格的列表项语句放在上面,把条件稍严格的列表项放在其下面,把条件宽松的列表项放在最后。还要注意的是,一般情况下,拒绝应放在允许上面。

(2)若拒绝的条目少一些,这样可以用 deny 语句,此时一定要在最后一条加上允许其他通过,否则所有的数据包将不能通过。

(3)若允许的条目少一些,这样可以用 permit 语句,后面不用加拒绝其他(系统默认会添加 deny any)。

(4)用户可以根据实际情况灵活应用 deny 和 permit 语句。总之,当 ACL 中有拒绝条目时,在最后面一定要有允许,因为 ACL 中系统默认最后一条是拒绝所有。

标准 ACL 在 in 和 out 方向的应用如图 6-6 所示。

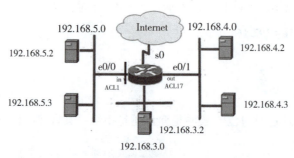

图 6-6 标准 ACL 在 in 和 out 方向的应用

命令如下:

Router(config)# access- list 1 deny host 192. 168. 5. 2
Router(config)# access- list 1 permit any
Router(config)# interface ethernet0/0
Router(config- if)# ip access- group 1 in
Router(config)# access- list17 deny host 192. 168. 5. 2
Router(config)# access- list17 deny 192. 168. 3. 0 0. 0. 0. 255
Router(config)# access- list17 permit any
Router(config)# interface ethernet0/1
Router(config- if)# ip access- group17 out

项目 6-1:标准 ACL 的应用。本项目限制 RJ1 访问 RJ2,如图 6-7 所示。

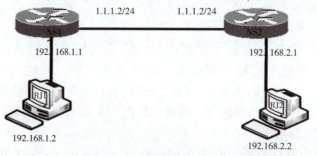

图 6-7 应用 ACL 限制 RJ1 访问 RJ2

配置路由器 NS1，命令如下：

```
NS1(config)#int f0/0
NS1(config-if)#ip add 192.168.1.1 255.255.255.0
NS1(config-if)#no shut
NS1(config-if)#exit
NS1(config)#interface serial0/1/0
NS1(config-if)#clock rate 64000
NS1(config-if)#ip address 1.1.1.1 255.255.255.0
NS1(config-if)#no shutdown
NS1(config-if)#exit
NS1(config)#router rip
NS1(config-router)#network 192.168.1.0
NS1(config-router)#network 1.0.0.0
```

配置路由器 NS2，命令如下：

```
NS2(config)#int f0/0
NS2(config-if)#ip add 192.168.2.1 255.255.255.0
NS2(config-if)#no shut
NS2(config-if)#exit
NS2(config)#interface serial0/0/0
NS2(config-if)#ip address 1.1.1.2 255.255.255.0
NS2(config-if)#no shutdown
NS2(config-if)#exit
NS2(config)#router rip
NS2(config-router)#network 1.0.0.0
NS2(config-router)#network 192.168.2.0
```

完成以上配置后，计算机 RJ1 和 RJ2 能够互通，现在要做的是限制其访问。配置路由器 NS1，具体步骤如下。

第一步，创建拒绝来自 192.168.1.2 的流量的 ACL。命令如下：

```
NS2(config)#access-list 1 deny host 192.168.1.2
NS2(config)#access-list 1 permit  0.0.0.0  255.255.255.255 //或者
NS2(config)#access-list 1 permit any
```

第二步，将 ACL 应用到接口 s0/0 的进口(in)方向。命令如下：

```
NS2config)#interface s0/0
NS2(config-if)#ip access-group 1 in
```

这时有一个问题，阻止了主机 RJ1 通过路由器 NS1，RJ1 就不能和主机 RJ2 通信，那么为什么主机 RJ2 也 ping 不通主机 RJ1 呢？

在执行 ping 的时候，主机 RJ2 去 ping 主机 RJ1，主机 RJ2 会向主机 RJ1 发送一组 echo ICMP 报文，如果主机 RJ1 是可达的，主机 RJ1 收到 ehco ICMP 后，会给主机 RJ2 回送 echo-reply 的包，因为此时禁止了所有包通过路由器 NS1，所以回送包就过不去了。

在上面通配符掩码中，我们提到了偶数位的通配符掩码会出现两种网络的情况，下面用实验来验证一下。

实验工具：4 台 PC 机、两台路由设备。

基本参数如下。

PC0：192.168.0.2/24。

PC1：192.168.1.2/24。

PC2：192.168.2.2/24。

PC3：10.0.0.2/24。

R1　fa0/0　192.168.0.1/24。
　　fa1/0　192.168.1.1/24。
　　fa6/0　192.168.2.1/24。
　　ser2/0　1.1.1.1/24。

R2　fa0/0　10.0.0.1/24。
　　ser2/0　1.1.1.2/24。

拓扑结构如图 6-8 所示。

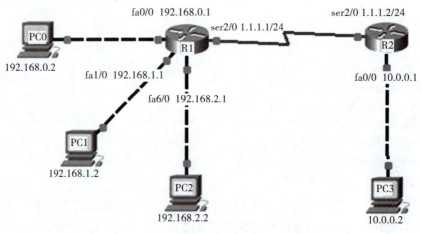

图 6-8　拓扑结构

路由器 R1 的配置如下：

R1>en
R1#conf t
R1(config)#int fa0/0
R1(config- if)#ip add 192.168.0.1 255.255.255.0
R1(config- if)#no shut
R1(config- if)#exit
R1(config)#int fa1/0
R1(config- if)#ip add 192.168.1.1 255.255.255.0
R1(config- if)#no shut
R1(config- if)#exit
R1(config)#int fa6/0
R1(config- if)#ip add 192.168.2.1 255.255.255.0
R1(config- if)#no shut
R1(config- if)#exit

```
R1(config)#int ser2/0
R1(config-if)#ip add 1.1.1.1 255.255.255.0
R1(config-if)#no shut
R1(config-if)#exit
R1(config)#router rip
R1(config-router)#network 192.168.0.0
R1(config-router)#network 192.168.1.0
R1(config-router)#network 192.168.2.0
R1(config-router)#network 1.0.0.0
R1(config-router)#exit
```

路由器 R2 的配置如下：

```
R2>en
R2#conf t
R2(config)#int fa0/0
R2(config-if)#ip add 10.0.0.1 255.255.255.0
R2(config-if)#no shut
R2(config-if)#exit
R2(config)#int ser2/0
R2(config-if)#ip add 1.1.1.2 255.255.255.0
R2(config-if)#clock rate 64000
R2(config-if)#no shut
R2(config-if)#exit
R2(config)#router rip
R2(config-router)#network 1.0.0.0
R2(config-router)#network 10.0.0.0
R2(config-router)#exit
```

ACL 的配置如下：

```
R1(config)#access-list 1 deny 192.168.0.0 0.0.2.255
R1(config)#access-list 1 permit any
R1(config)#int ser2/0
R1(config-if)#ip access-group 1 out
```

经过以上配置，主机 PC0 和 PC2 均不能 ping 通 PC3，主机 PC1 可以 ping 通 PC3。

在表 6-2 中提过，通配符掩码位为 1 的时候，对 IP 地址不进行匹配，因此通配符掩码第 3 段第 7 位的 1 所对应的 IP 位既可以是 0，也可以是 1，这里能匹配出两个地址。

再看一个例子，0.0.5.255 这个通配符掩码也可以看作是 4 个网段的汇聚。

部分转换成二进制：

```
1100 0000.1010 1000.0000 0000.0000 0001(192.168.0.1)
0000 0000.0000 0000.0000 0101.1111 1111(0.0.5.255)
```

观察上面的通配符掩码，我们可以这样理解：通配符掩码为 1 的位所对应的 IP 地址有两种变化（0 和 1），假设通配符掩码中有 n 位 1，那么可以从 IP 地址中匹配出来的网段数有 2^n 个。

上例中匹配出来的网段有 2^2 个，分别如下。
192.168.0000 0000.0/24　192.168.0.0/24。
192.168.0000 0001.0/24　192.168.1.0/24。
192.168.0000 0100.0/24　192.168.4.0/24。
192.168.0000 0101.0/24　192.168.5.0/24。

同理，对通配符掩码为 0.0.42.255 的 IP 地址 192.168.0.1 可以匹配出来的网段数(共 8 个)和每个网段都可以用上面的方法计算出来。

6.4　扩展 ACL

前面提到的标准 ACL 是基于 IP 地址进行过滤的，是最简单的 ACL。如果我们希望基于接口过滤，或者希望对数据包的目标地址进行过滤，又该怎么办呢？这时就需要使用扩展 ACL 了。使用扩展 ACL，可以有效地容许用户访问物理 LAN，而并不容许用户使用某个特定服务(如 WWW、FTP 等)或某个特定的接口。扩展 ACL 基于源地址和目标地址、传输层协议和应用接口号进行过滤，每个条件都必须匹配才会施加允许或拒绝条件。使用扩展 ACL 可以实现更加精确的流量控制，编号范围为 100~199。

扩展 ACL 使用更多的信息描述数据包，表明是允许还是拒绝。一条典型的扩展 ACL 如图 6-9 所示，扩展 ACL 工作的流程如图 6-10 所示。

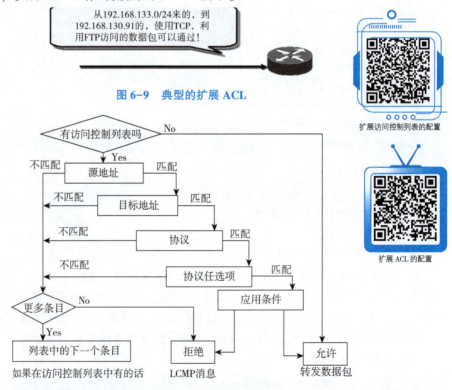

图 6-9　典型的扩展 ACL

图 6-10　扩展 ACL 工作的流程

扩展 ACL 是一种高级的 ACL，其配置命令如下：

Router(config)#access- list access- list- number {permit | deny} protocol [source source- wildcard destination destination- wildcard] [operator port] [established] [log]

以上命令中各参数含义如下。

（1）access-list-number：ACL 标识号码，可选范围为 100~199。

（2）deny | permit：如果匹配 deny 则拒绝转发，permit 则允许转发。

（3）protocol：协议类型，可以是 IP、ICMP、TCP 和 UDP 等。

（4）source source-wildcard：数据包源地址和与其匹配的通配符掩码（主机地址或网络号）。

（5）destination destination-wildcard：数据包目标地址和与其匹配的通配符掩码（主机地址或网络号）。

（6）operator：操作符。

（7）Established：如果数据包使用一个已建连接，便可允许 TCP 信息通过。

扩展 ACL 中常见操作符的含义如表 6-3 所示。

表 6-3　扩展 ACL 中常见操作符的含义

操作符及语法	说明
eq　portnumber	等于接口号 portnumber
gt　portnumber	大于接口号 portnumber
lt　portnumber	小于接口号 portnumber
neq　portnumber	不等于接口号 portnumber

例如，access-list 100 deny tcp any host 192.168.130.91 eq 80 这句命令是将所有主机访问 192.168.130.91 这个地址网页服务（WWW）TCP 连接的数据包丢弃。

在定义扩展 ACL 的时候，我们常用接口代替某些协议，如 WWW 服务对应 80 接口，FTP 对应 21 接口，等等，具体对应关系如表 6-4 所示。

表 6-4　常见协议对应的接口

接口号	关键字	说明	TCP/UDP
20	FTP-DATA	FTP（数据）主动模式	TCP
21	FTP	FTP 被动模式	TCP
23	TELNET	终端连接	TCP
25	SMTP	简单邮件传输协议	TCP
42	NAMESERVER	主机名字服务器	UDP
53	DOMAIN	域名服务器（DNS）	TCP/UDP
69	TFTP	普通文件传输协议（TFTP）	UDP
80	WWW	万维网	TCP

例如，要拒绝子网 192.168.130.0 通过 FTP 到子网 192.168.197.0；允许其他数据应用在路由器 E0 接口的出（out）方向上，配置如下：

```
access- list 101 deny tcp192.168.130.0 0.0.0.255 192.168.197.0 0.0.0.255 eq 21
access- list 101 deny tcp192.168.130.0 0.0.0.255 192.168.197.0 0.0.0.255 eq 20
access- list 101 permit ip any any
(implicit deny all)
(access- list 101 deny ip 0.0.0.0 255.255.255.255 0.0.0.0 255.255.255.255)
interface ethernet 0
ip access- group 101 out
```

项目 6-2：扩展 ACL 配置，如图 6-11 所示。因为学院新搭建了内网服务器供教师使用，所以需对原有网络进行限制，禁用以 192.168.1.2 为代表的一类主机访问服务器的 WWW 服务。

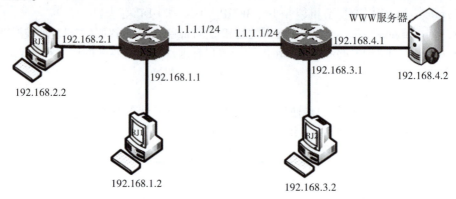

图 6-11　扩展 ACL 配置

配置 NS1，命令如下：

```
NS1(config)#interface fastethernet0/0
NS1(config-if)#ip address 192.168.1.1 255.255.255.0
NS1(config-if)#no shutdown
NS1(config)#interface fastethernet0/1
NS1(config-if)#ip address 192.168.2.1 255.255.255.0
NS1(config-if)#no shutdown
NS1(config)#interface serial0/1/0
NS1(config-if)#ip address 1.1.1.1 255.255.255.0
NS1(config-if)#clock rate 64000
NS1(config-if)#no shutdown
NS1(config)#router rip
NS1(config-router)#network 1.0.0.0
NS1(config-router)#network 192.168.1.0
NS1(config-router)#network 192.168.2.0
```

配置 NS2，命令如下：

```
NS2(config)#interface fastethernet0/0
NS2(config-if)#ip address 192.168.3.1 255.255.255.0
NS2(config-if)#no shutdown
NS2(config-if)#exit
NS2(config)#interface fastethernet0/1
NS2(config-if)#ip address 192.168.4.1 255.255.255.0
NS2(config-if)#no shutdown
NS2(config)#interface serial0/0/0
NS2(config-if)#ip address 1.1.1.2 255.0.0.0
NS2(config-if)#ip address 1.1.1.2 255.255.255.0
NS2(config)#router rip
NS2(config-router)#network 1.0.0.0
```

NS2(config-router)#network 192.168.3.0
NS2(config-router)#network 192.168.4.0

对学生上网段 192.168.1.0 进行限制，使其不可以访问教师专用服务器，但是可以访问其他资源。命令如下：

NS1(config)#access-list 101 deny tcp 192.168.1.2 0.0.0.255 host 192.168.4.2 eq www
NS1(config)#access-list 101 permit tcp any any

将其应用到接口上。命令如下：

NS1(config)#int f0/0
NS1(config-if)#ip access-group 101 in

此时用 RJ1 去访问服务器的 WWW 服务，访问失败。

那么在应用到接口时有什么规则吗？为什么这里要应用到 f0/0，而在项目 6-1 中却应用到 s0/0 呢？

这是因为 ACL 位置决定性能，如图 6-12 所示。在一个运行 TCP/IP 的网络环境中，网络只想拒绝从 NS1 的 e1 接口连接的网络到 NS4 的 e1 接口连接的网络的访问，即禁止从 1 号网络到 2 号网络的访问。

根据减少不必要通信流量的通行准则，网络管理员应该尽可能地把 ACL 放置在靠近被拒绝的通信流量的来源处，即 NS1 上。如果网络管理员使用标准 ACL 在 NS1 上来进行网络流量限制，因为标准 ACL 只能检查源 IP 地址，所以实际执行情况为，凡是检查到源 IP 地址和 1 号网络匹配的数据包将会被丢掉，即 1 号网络到 2 号网络、3 号网络和 4 号网络的访问都将被禁止。由此可见，这个 ACL 控制方法不能达到网络管理员的目的。同理，将 ACL 放在 NS2 和 NS3 上也存在同样的问题。只有将 ACL 放在连接目标网络的 NS4 上（e0 接口），才能准确实现网络管理员的目标。由此可以得出一个结论：标准 ACL 要尽量靠近目标主机。

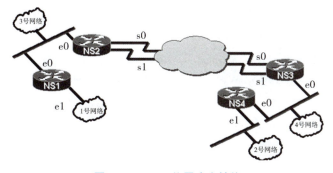

图 6-12 ACL 位置决定性能

网络管理员如果使用扩展 ACL 来进行上述控制，那么完全可以把 ACL 放在 NS1 上，因为扩展 ACL 能控制源地址（1 号网络），也能控制目标地址（2 号网络），这样从 1 号网络到 2 号网络访问的数据包在 NS1 上就被丢弃，不会传到 NS2、NS3 和 NS4 上，从而减少不必要的网络流量。由此，我们可以得出另一个结论：扩展 ACL 要尽量靠近源主机。

下面再举个具体的实例来说明 ACL 存放位置，如图 6-13 所示。

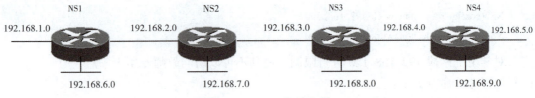

图 6-13　ACL 存放位置

（1）标准 ACL 存放位置分析。

如果要 NS1 的 192.168.6.0 网络拒绝来自 192.168.9.0 网络的访问，ACL 如下：

access-list 1 deny 192.168.9.0
access-list 1 permit any

显然，把这条 ACL 放在除 NS1 之外的任何路由器的任何接口都是不合适的，这样会影响 192.168.9.0 向 NS2 和 NS3 发送数据。

（2）扩展 ACL 存放位置分析。

如果要 NS1 拒绝来自 192.168.9.0 网络的 TELNET 访问，扩展 ACL 如下：

access-list 102 deny tcp 192.168.9.0 0.0.0.255
　　　　　　　　　　192.168.5.0 0.0.0.255 eq 23
access-list 102 permit ip any any

如果把这条 ACL 放在 NS1 中，尽管可以对访问进行控制，但被丢弃的数据流还是在网络中传送，所以最好能在 NS4 就把它限制掉。

标准 ACL 原则上最好放置在离目标主机(网络)最近的位置，扩展 ACL 原则上最好放置在离源主机(网络)最近的位置。

（3）虚拟终端访问控制。

标准 ACL 和扩展 ACL 不会拒绝来自路由器虚拟终端的访问，基于安全考虑，对路由器虚拟终端的访问和来自路由器虚拟终端的访问都应该被拒绝。

虚拟通道如图 6-14 所示，图中有 5 个虚拟通道 vty(0~4)，路由器的 vty 接口可以过滤数据，在路由器上执行 vty 访问的控制就能实现客户端远程访问路由器的限制。用 access-class 命令应用访问列表，在所有 vty 通道上设置相同的限制条件。命令如下：

Router(config)# line vty#{vty# | vty-range}//指明 vty 通道的范围
Router(config-line)# access-class access-list-number {in|out} //在 ACL 里指明方向

以下列出只允许网络 192.89.55.0 内的主机连接路由器的 vty 通道：

access-list 12 permit 192.89.55.0 0.0.0.255
!
line vty 0 4
access-class 12 in

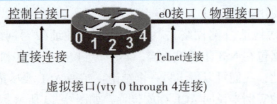

图 6-14　虚拟通道

查看 ACL 的命令如下：

nsrjgc#show {protocol} access-list {access-list number}
nsrjgc#show access-lists {access-list number}
nsrjgc#show access-lists
Standard IP access list 1
    permit 10.2.2.1
    permit 10.3.3.1
    permit 10.4.4.1
    permit 10.5.5.1
Extended IP access list 101
    permit tcp host 10.22.22.1 any eq telnet
    permit tcp host 10.33.33.1 any eq ftp
    permit tcp host 10.44.44.1 any eq ftp-data

6.5 命名 ACL

在标准 ACL 和扩展 ACL 中，使用名字代替数字来命名 ACL，使用命名 ACL 的好处如下。

（1）通过一个字母数字串组成的名字来直观地表示特定的 ACL。

（2）不受 99 条标准 ACL 和 100 条扩展 ACL 的限制。

（3）网络管理员可以方便地对 ACL 进行修改，而无须删除 ACL 后再对其重新配置。

命名扩展访问控制列表的配置

命名标准访问控制列表的配置

命名 ACL

命名 ACL 分为以下 3 步。

第一步：创建一个 ACL 名字，要求名字字符串要唯一。命令如下：

Router(config)# ip access-list {standard | extended} name

第二步：定义 ACL。命令如下：

//标准 ACL
Router(config-sta-nacl)# {permit | deny} source   [source-wildcard] [log]
//扩展 ACL
Router(config-ext-nacl)# {permit | deny} protocol source source-wildcard [operator operand] destination destination-wildcard [operator operand]   [established] [log]

第三步：把 ACL 应用到一个具体接口上。命令如下：

Router(config)#int interface
Router(config-if)# {protocol} access-group name {in | out}

值得注意的是，可用以下命令行删除 ACL 中的某一行：

Router(config-sta-nacl)# no {permit | deny} source   [source-wildcard] [log]
//或
Router(config-ext-nacl)# no {permit | deny} protocol source source-wildcard [operator operand] destination destination-wildcard [operator operand]   [established] [log]

命名的 ACL 的主要不足之处在于无法实现在任意位置上加入新的 ACL 条目。对于任何增加的 ACL 条目，仍然放在 ACL 的最后，因此必须注意 ACL 放置的先后次序对整个 ACL 的影响效果。

配置实例如下：

```
ip access- list extend nsxy
permit tcp 10. 1. 0. 0 0. 0. 255. 255 host 10. 1. 2. 20 eq www
router(config)#    interface serial1/1
router(config- if)#    ip access- groupnsxy out
```

6.6 基于时间的 ACL

基于时间的 ACL 可以为一天中的不同时间段，或者一个星期中的不同日期，或者二者的结合制定不同的访问控制策略，从而满足用户对网络的灵活需求。

1. 实现基于时间的 ACL

基于时间的 ACL 能够应用于编号访问列表和命名访问列表，实现基于时间的 ACL 只需要以下 3 步。

第一步：定义一个时间范围。命令如下：

```
time- range    time- range- name(时间范围的名称)
```

可以定义绝对时间范围，也可以定义周期和重复使用的时间范围。

(1) 定义绝对时间范围。命令如下：

```
absolute [start start- time start- date] [end end- time end- date]
```

其中，start-time 和 end-time 分别用于指定开始和结束时间，使用 24 小时时间表示，其格式为"小时：分钟"；start-date 和 end-date 分别用于指定开始的日期和结束的日期，使用日/月/年的日期格式，而不是通常采用的月/日/年格式。

绝对时间范围的实例如表 6-5 所示。

表 6-5 绝对时间范围的实例

定义	说明
absolute start 17：00	从配置的当天 17：00 开始直到永远
absolute start 17：00 1 December 2000	从 2000 年 12 月 1 日 17：00 开始直到永远
absolute end 17：00	从配置时开始直到当天的 17：00 结束
absolute end 17：00 1 December 2000	从配置时开始直到 2000 年 12 月 1 日 17：00 结束
absolute start 8：00 end 20：00	从每天早晨的 8：00 开始到晚上的 8：00 结束
absolute start 17：00 1 December 2000 to end 5：00 31 December 2000	从 2000 年 12 月 1 日 17：00 开始直到 2000 年 12 月 31 日 5：00 结束

(2) 定义周期、重复使用的时间范围。命令如下：

```
periodic days- of- the- week hh:mm to days- of- the- week hh:mm
```

periodic 是以星期为参数来定义时间范围的一个命令。它可以使用大量的参数，其范围可以是一个星期中的某一天、几天的结合，或者使用关键字 daily、weekdays、weekend 等。

一些周期性时间的实例如表 6-6 所示。

表 6-6 周期性时间的实例

定义	说明
periodic weekend 7：00 to 19：00	星期六早上 7：00 到星期日晚上 7：00
periodic weekday 8：00 to 17：00	星期一早上 8：00 到星期五下午 5：00
periodic daily 7：00 to 17：00	每天的早上 7：00 到下午 5：00
periodic Saturday 17：00 to Monday 7：00	星期六晚上 5：00 到星期一早上 7：00
periodic Monday Friday 7：00 to 20：00	星期一和星期五的早上 7：00 到晚上 8：00

第二步：在 ACL 中用 time-range 引用时间范围。

基于时间的标准 ACL 如下：

Router(config)#　access-list access-list-number {permit | deny} source　[source-wildcard] [log] [time-range　time-range-name]

基于时间的扩展 ACL 如下：

Router(config)#access-list access-list-number {permit | deny} protocol source source-wildcard [operator operand] destination destination-wildcard [operator operand]　[established] [log] [time-range　time-range-name]

第三步：把 ACL 应用到一个具体接口。命令如下：

Router(config)#int interface

Router(config-if)# {protocol} access-group access-list-number {in | out}

配置实例如下：

Router#　configure terminal

Router(config)#　time-range allow-www

Router(config-time-range)#　asbolute start 7:00 1 June 2010 end 17:00 31 December 2010

Router(config-time-range)#　periodic weekend 7:00 to 17:00

Router(config-time-range)#　exit

Router(config)#　access-list 101 permit tcp 192.168.1.0 0.0.0.255 any eq www time-range allow-www

Router(config)#　interface serial1/1

Router(config-if)#　ip access-group 101 out

2. ACL 小结

（1）对每个路由器接口、每一种协议都可以创建一个 ACL。

（2）对有些协议，可以建立一个 ACL 来过滤流入通信流量，同时创建一个 ACL 来过滤流出通信流量。

（3）在一个接口上，对于每一个方向的数据流，每一种协议有且只能有一个 ACL。

（4）ACL 作为一种全局配置保存在配置文件中。

（5）网络管理员可根据需要将 ACL 运行在某个接口，并指明是针对流入还是流出数据。

（6）ACL 只有运行在某个具体的接口才有意义。

习题6

简答题

1. 标准 ACL 和扩展 ACL 的配置区别以及侧重点分别是什么？
2. 实施 ACL 的过程中，应当遵循的两个基本原则是什么？
3. 公司的内部网络接在 ethernet0，在 serial0 通过地址转换访问 Internet。如果想禁止公司内部所有主机访问 202.38.160.1/16 网段，但是可以访问其他站点，请写出相应的配置。

第 7 章

NAT 应用

7.1 NAT 基础

目前，IP 地址正逐渐耗尽，要想在 ISP 处申请一个新的 IP 地址已不是一件很容易的事情。当一个私有网络要通过在 Internet 注册的公有 IP 连接到外部时，位于内部网络和外部网络中的路由器就负责在发送数据包之前把内部 IP 翻译成合法的外部 IP 地址，使多重的 Intranet 子网可以使用相同的 IP 地址访问 Internet。这样一来就可以减少注册 IP 地址，这就是 NAT 技术的作用。

7.1.1 NAT 的概念

随着网络用户的迅猛增长，IPv4 的地址空间已经耗习。在将地址空间从 IPv4 转到 IPv6 之前，需要将日益增多的企业内部网接入外部网，在申请不到足够的公网 IP 地址的情况下，要使企业都能连上 Internet，必须使用 NAT(Network Address Translation，网络地址转换)技术。

NAT 是将一个地址域(如专用 Intranet)映射到另一个地址域(如 Internet)的标准方法。它是一个根据 RFC 1631 开发的标准，允许一个 IP 地址域以一个公有 IP 地址出现在 Internet 上。NAT 可以将内部网络中的所有节点的地址转换成一个 IP 地址，反之亦然。它也可以应用到防火墙技术里，把个别 IP 地址隐藏起来不被外部发现，使外部无法直接访问内部网络设备。

地址转换是在 IP 地址日益短缺的情况下提出的。一个局域网内部有很多台主机，可是不能保证每台主机都拥有合法的 IP 地址，为了达到所有的内部主机都可以连接 Internet 的目的，可以使用地址转换技术。地址转换技术可以有效地隐藏内部局域网中的主机，是一种有效的网络安全保护技术。同时，地址转换技术可以按照用户的需要，在内部局域网中提供给外部 FTP、WWW、Telnet 服务。

1. 企业 NAT 的基本应用

(1)解决地址空间不足的问题。

(2)实现私有 IP 地址网络与公网互联(企业内部经常采用私有 IP 地址空间 10.0.0.0/8、172.16.0.0/12、192.168.0.0/16)。

(3)实现非注册的公有 IP 地址网络与公网互联(企业建网时就使用了公网 IP 地址空间,但此公网 IP 并没有注册,为避免更改地址带来的风险和成本,在网络改造中,仍保持原有的地址空间)。

NAT 拓扑结构中的各类地址如图 7-1 所示。

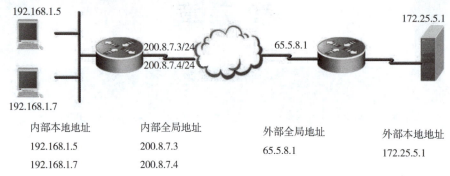

图 7-1　NAT 拓扑结构中的各类地址

2. NAT 的优点

(1)局域网内保持私有 IP,无须改变,只需要改变路由器来做 NAT 转换就可以连上外网。

(2)节省了大量的地址空间。

(3)隐藏了内部网络拓扑结构。

3. NAT 的缺点

(1)增加了时延。

(2)隐藏了端到端的地址,丢失了对 IP 地址的跟踪,不能支持一些特定的应用程序。

(3)需要更多的资源(如内存、CPU)。

4. NAT 设备

具有 NAT 功能的设备有路由器、防火墙、核心 3 层交换机以及各种软件代理服务器(如 Proxy、ISA、ICS、Wingate、Sysgate 等),Windows Server 2003 及其他网络操作系统等都能作为 NAT 设备。因软件耗时太长、转换效果较低,故只适合小型企业。也可将 NAT 功能配置在防火墙上,以减少一台路由器的成本。随着硬件成本的下降,大多数企业都选用路由器,家用的路由器中也有 NAT 功能。

通常,NAT 是本地网络与 Internet 的边界,工作在存根网络的边缘,由边界路由器执行 NAT 功能,将内部私有地址转换成公网可路由的地址。

7.1.2　NAT 的工作原理

NAT 服务器存在内部和外部网络接口卡,只有当内外部网络之间进行数据传送时才进行地址转换。若地址转换必须依赖手动建立的内外部地址映射表来运行,则称为静态 NAT。若 NAT 映射表是由 NAT 服务器动态建立的,对网络管理员和用户是透明的,则称为动态 NAT。此外,还有一种服务与动态 NAT 类似,但它不但会改变经过这个 NAT 设备的 IP 数据报的 IP 地址,而且会改变 IP 数据报的 TCP/UDP 接口,这一服务称为 NAPT (Network Address Port Translation,网络地址接口转换),如图 7-2 所示。

NAPT 其实就是将网内主机的 IP 地址和接口号替换为外部网络地址和接口号,实现<私有地址+接口号>与<公有地址+接口号>之间的转换。

NAPT 的特征如下：对用户透明的地址分配(对外部地址的分配)；可以达到一种透明路由的效果(这里的路由是指转发 IP 报文的能力，而不是一种交换路由信息的技术)。

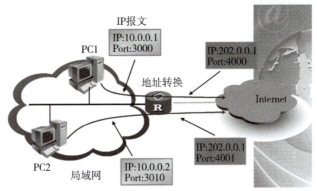

图 7-2　NAPT 服务

1. 私有地址

私有地址(private address)属于非注册地址，是专门为组织机构内部使用而划定的。使用私有 IP 地址是无法直接连接到 Internet 的，但是其能够作为公司内部的 Intranet 的 IP 地址使用，私有 IP 地址的范围如表 7-1 所示。

表 7-1　私有 IP 地址的范围

私有 IP 地址范围	子网掩码
10.0.0.0~10.255.255.255	255.0.0.0
169.254.0.0~169.254.255.255	255.255.0.0
172.16.0.0~172.31.255.255	255.255.0.0
192.168.0.0~192.168.255.255	255.255.255.0

虽然使用私有 IP 地址无法直接连接到 Internet，但是可以通过防火墙、NAT 等设备或特殊软件的帮助间接连接到 Internet。

2. 专业术语

(1) 内部本地地址(Inside Local Address)：指本网络内部主机的 IP 地址，该地址通常是未注册的私有 IP 地址。

(2) 内部全局地址(Inside Global Address)：指内部本地地址在外部网络表现出的 IP 地址，它通常是注册的合法 IP 地址，是 NAT 对内部本地地址转换后的结果。

(3) 外部本地地址(Outside Local Address)：指外部网络的主机在内部网络中表现的 IP 地址。

(4) 外部全局地址(Outside Global Address)：指外部网络主机的 IP 地址。

(5) 内部源地址 NAT：把内部本地地址转换为内部全局地址，这也是我们通常所说的 NAT。在数据报送往外网时，它把内部主机的私有 IP 地址转换为注册的合法 IP 地址；在数据报送入内网时，把地址转换为内部的私有 IP 地址。

(6) 外部源地址 NAT：把外部全局地址转换为外部本地地址，这种转换只是在内部地址和外部地址发生重叠时使用。

(7) NAPT：又称 port NAT 或 PAT，指通过接口复用技术，让一个全局地址对应多个本地地址，以减少对合法地址的使用量。

7.2　NAT 的分类与配置

NAT 有以下 3 种类型：静态 NAT、动态 NAT、NAPT。静态 NAT 是设置起来最为简单和最容易实现的一种，内部网络中的每个主机都被永久映射成外部网络中的某个合法的地址，多用于服务器的永久映射。动态 NAT 则是在外部网络中定义了一系列的合法地址，采用动态分配的方法映射到内部网络，多用于网络中的工作站的转换。NAPT 则是把内部地址映射到外部网络的一个 IP 地址的不同接口上。

7.2.1　静态 NAT

静态 NAT 的工作过程如图 7-3 所示。

（1）在 NAT 服务器上建立静态 NAT 映射表。

（2）当内部主机（IP 地址为 192.168.16.10）需要建立一条到 Internet 的会话连接时，将请求发送到 NAT 服务器上。NAT 服务器接收到请求后，会根据接收到的请求数据包检查 NAT 映射表。

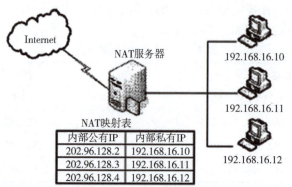

图 7-3　静态 NAT 的工作过程

（3）如果已为该地址配置了静态 NAT，NAT 服务器就使用相对应的内部公有 IP 地址，并转发数据包，否则 NAT 服务器不对地址进行转换，直接将数据包丢弃。NAT 服务器使用 202.96.128.2 来替换内部私有 IP 地址（192.168.16.10）。

（4）Internet 上的主机接收到数据包后进行应答（这时主机接收到的是 202.96.128.2 的请求）。

（5）当 NAT 服务器接收到来自 Internet 上的主机的数据包后，检查 NAT 映射表。若 NAT 映射表存在匹配的映射项，则使用内部私有 IP 地址替换数据包的目的 IP 地址，并将数据包转发给内部主机。若不存在匹配的映射项，则将数据包丢弃。

1. easy IP 的静态 NAT

easy IP 指在地址转换的过程中直接使用接口的 IP 地址作为转换后的源地址，其静态 NAT 配置如图 7-4 所示。easy IP 适用于不具有固定公网 IP 的场景，如通过 DHCP、PPPoE 拨号获取的私有网络出口，可以直接获取动态地址进行转换。easy IP 还适用于小型公司或者家庭网络，当没

静态地址转换-EASYIP　　静态地址-EASYIP

有运营商分配公有 IP 地址时，可以利用出口路由器的外网接口地址做一个 NAPT。

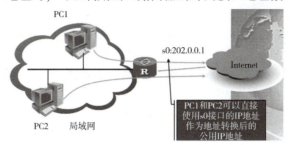

图 7-4 easy IP 的静态 NAT 配置

2. 常规静态 NAT

静态转换是指将内部网络的私有 IP 地址转换为公有 IP 地址，IP 地址对是一对一的，是一成不变的，某个私有 IP 地址只转换为某个公有 IP 地址。借助于静态转换，可以实现外部网络对内部网络中某些特定设备（如服务器）的访问。

静态 NAT 使用本地地址与全局地址的一对一映射，这些映射保持不变。静态 NAT 对于必须具有一致的地址、可

常规静态地址转换

常规静态地址转换和基于端口的转换

从 Internet 访问的 Web 服务器或主机特别有用，这些内部主机可能是企业服务器或网络设备。

静态 NAT 为内部地址与外部地址的一对一映射，它允许外部设备发起与内部设备的连接。配置静态 NAT 很简单，首先需要定义要转换的地址，然后在适当的接口上配置 NAT 即可。从指定的 IP 地址到达内部接口的数据包需经过转换，外部接口收到的以指定 IP 地址为目的地的数据包也需经过转换。

内部源地址的静态 NAT 的配置有以下特征：内部本地地址和内部全局地址是一对一映射；静态 NAT 是永久有效的。

我们通常会为那些需要固定合法地址的主机建立静态 NAT，如一个可以被外部主机访问的 Web 网站。

(1) 静态 NAT 的配置。命令如下：

```
Router(config)#ip nat inside source static local- address global- address [permit- inside]
```

以上命令用于指定内部本地地址和内部全局地址的对应关系。若加上 permit-inside 关键字，则内网的主机既能用本地地址访问，也能用全局地址访问，否则只能用本地地址访问。

指定网络的内部接口。命令如下：

```
Router(config)#interface interface- id
Router(config- if)#ip nat inside
```

指定网络的外部接口。命令如下：

```
Router(config- if)#interface interface- id
Router(config- if)#ip nat outside
```

静态 NAT 可以配置多个内部和外部接口。

(2) 删除配置的静态 NAT。命令如下：

```
Router(config)#no ip nat inside source static local- address global- address [permit- inside]
```

以上命令可删除 NAT 映射表中指定的项目，不影响其他 NAT 的应用。

若在接口上使用 no ip nat inside 或 no ip nat outside 命令，则可停止该接口的 NAT 检查和转换，会影响各种 NAT 的应用。

（3）下面我们通过一个实例来对常规 NAT 做一下验证，拓扑结构如图 7-5 所示。

基于端口静态地址转换

项目 7-1 常规静态 NAT 的配置。共有 3 台路由器 R1、R2、R3，其中 R1 可以代表家庭或企业用户，R2 充当 ISP，R3 代表企业 Web 服务器端。

因为私有地址不能在公有网络中出现，所以 PC 端可以采用 NAT 的方式将自己的 IP 地址映射成外网地址，这里我们做静态 NAT。

另外，企业 Web 服务器端为了不公开内部网络细节，并且保证其他用户可以访问 Web，也做了静态 NAT 将私网地址映射出去。

假设 R1 和 R3 分别只分配到了一个公网 IP 地址，基本配置如表 7-2 所示。

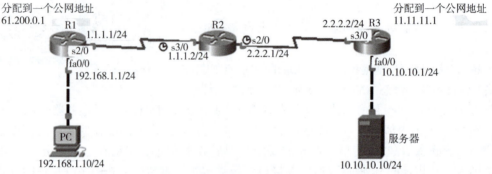

图 7-5　常规静态 NAT 拓扑结构

表 7-2　基本配置

设备名称	接口	IP 地址	子网掩码	时钟频率/MHz	默认网关
R1	serial2/0	1.1.1.1	255.255.255.0	—	—
	fastethernet0/0	192.168.1.1	255.255.255.0	—	—
R2	serial2/0	2.2.2.1	255.255.255.0	2 400	—
	serial3/0	1.1.1.2	255.255.255.0	1 200	—
R3	serial3/0	2.2.2.2	255.255.255.0	—	—
	fastethernet0/0	10.10.10.1	255.255.255.0	—	—
PC	fastethernet	192.168.1.10	255.255.255.0	—	192.168.1.1
服务器	fastethernet	10.10.10.10	255.255.255.0	—	10.10.10.1

分别配置 R1、R2、R3 的路由，命令如下：

R1(config)#ip route 0.0.0.0 0.0.0.0 1.1.1.2

R2(config)#ip route 61.200.0.1 255.255.255.255 1.1.1.1
R2(config)#ip route 11.11.11.1 255.255.255.255 2.2.2.2

R3(config)#ip route 0.0.0.0 0.0.0.0 2.2.2.1

配置静态 NAT，命令如下：

```
R1(config)#ip nat inside source static 192.168.1.10 61.200.0.1//对内网 IP 地址做静态映射
R1(config)#int s2/0
R1(config-if)#ip nat outside//指定接口是外部接口还是内部接口，下同
R1(config-if)#int fa0/0
R1(config-if)#ip nat inside
R3(config)#ip nat inside source static 10.10.10.10 11.11.11.1
R3(config)#int fa0/0
R3(config-if)#ip nat inside
R3(config-if)#int s3/0
R3(config-if)#ip nat outside
```

使用 show ip nat translation 命令可以查看到映射表，这个时候 PC 就可以访问服务器了。

7.2.2 动态 NAT

地址池用来动态、透明地为内部网络的用户分配地址，它是一些连续的 IP 地址集合，利用不超过 32Byte 的字符串标识。地址池可以支持更多的局域网用户同时上网，动态 NAT 指的是有一个内部全局地址池，如 202.38.160.1 到 202.38.160.4，可将内部网络中内部本地地址动态地映射到这个地址池内，这样从 PC1 和 PC2 发出的前后两个包可能分别映射到不同的内部全局地址上。基于地址池的转换如图 7-6 所示。

动态 NAT 配置

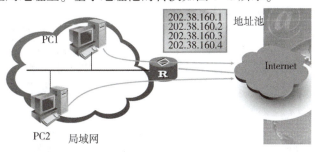

动态地址转换

图 7-6 基于地址池的转换

内部源地址的动态 NAT 的配置有以下特征：内部本地地址和内部全局地址是一对一映射；动态 NAT 是临时的，如果过了一段时间没有使用，映射关系就会删除。动态映射需要把合法地址组建成一个地址池，当内网的用户访问外网时，从地址池中取出一个地址为它建立 NAT 映射，这个映射关系会一直保持到会话结束。

（1）动态 NAT 的配置。定义一个 IP 地址池，命令如下：

```
Router(config)#ip nat pool pool-name start-address end-address netmask subnet-mask
```

其中，pool-name 是地址池的名字；start-address 是起始地址；end-address 是结束地址；subnet-mask 是子网掩码。

地址池中的地址是供转换的内部全局地址，通常是注册的合法地址。

定义一个 ACL，命令如下：

```
Router(config)#access-list access-list-number permit address wildcard-mask
```

其中，access-list-number 是表号；address 是地址；wildcard-mask 是通配符掩码。

以上命令的作用是限定内部本地地址的格式，只有和这个列表匹配的地址才会进行 NAT 转换。

定义动态 NAT，命令如下：

> Router(config)#ip nat inside source list access-list-number pool pool-name

其中，access-list-number 是 ACL 的表号；pool-name 是地址池的名字。
以上命令的作用是把和列表匹配的内部本地地址用地址池中的地址建立 NAT 映射。
指定网络的内部接口，命令如下：

> Router(config)#interface interface-id
> Router(config-if)#ip nat inside

指定网络的外部接口，命令如下：

> Router(config-if)#interface interface-id
> Ruijie(config-if)#ip nat outside

这里可以配置多个内部和外部接口。

（2）我们可以通过以下实例来对动态 NAT 进行配置予以验证，实验拓扑结构如图 7-7 所示。

实验描述：共有 3 台路由器 R1、R2、R3，其中 R1 可以代表家庭或企业用户，R2 充当 ISP，R3 代表企业 Web 服务器端。

因为私有地址不能在公有网络中出现，所以 R1 内部可以采用 NAT 的方式将自己的 IP 地址映射成外网地址，这里我们做动态 NAT。

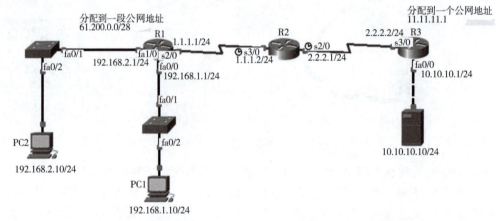

图 7-7 动态 NAT 配置拓扑结构

另外，企业 Web 服务器端为了不公开内部网络细节，并且保证其他用户可以访问 Web，做了静态 NAT 将私网地址映射出去。

设备的基本配置如表 7-3 所示。

表 7-3 设备的基本配置

设备名称	接口	IP 地址	子网掩码	时钟频率/MHz	默认网关
R1	serial2/0	1.1.1.1	255.255.255.0	—	—
	fastethernet0/0	192.168.1.1	255.255.255.0	—	—
	fastethernet1/0	192.168.2.1	255.255.255.0	—	—

续表

设备名称	接口	IP 地址	子网掩码	时钟频率/MHz	默认网关
R2	serial2/0	2.2.2.1	255.255.255.0	2 400	—
	serial3/0	1.1.1.2	255.255.255.0	1 200	—
R3	serial3/0	2.2.2.2	255.255.255.0	—	—
	fastethernet0/0	10.10.10.1	255.255.255.0	—	—
PC1	fastethernet	192.168.1.10	255.255.255.0	—	192.168.1.1
PC2	fastethernet	192.168.2.10	255.255.255.0	—	192.168.2.1
服务器	fastethernet	10.10.10.10	255.255.255.0	—	10.10.10.1

分别配置 R1、R2、R3 的路由，命令如下：

```
R1(config)#ip route 0.0.0.0 0.0.0.0 1.1.1.2

R2(config)#ip route 61.200.0.0 255.255.255.240 1.1.1.1
R2(config)#ip route 11.11.11.1 255.255.255.255 2.2.2.2

R3(config)#ip route 0.0.0.0 0.0.0.0 2.2.2.1
```

配置动态 NAT，命令如下：

```
R1(config)#access-list 10 permit 192.168.0.0 0.0.3.255//定义一个 ACL 对需要映射的网段进行匹配
R1(config)#ip nat pool nattest 61.200.0.1 61.200.0.14 netmask 255.255.255.240//定义地址池，R1 端共分配了 14 个可用的公网地址，私网地址将要映射成它们
R1(config)#ip nat inside source list 10 pool nattest overload//将 ACL 中允许的网段映射成地址池中所定义的网段，overload 可以认为是负载映射，即有 14 个以上的私网地址需要映射时，灵活分配地址
R1(config)#int s2/0
R1(config-if)#ip nat outside//指定哪些是内部接口，哪些是外部接口
R1(config-if)#int fa0/0
R1(config-if)#ip nat inside
R1(config-if)#exit
R1(config)#int fa1/0
R1(config-if)#ip nat inside
R3(config)#ip nat inside source static 10.10.10.10 11.11.11.1
R3(config)#int fa0/0
R3(config-if)#ip nat inside
R3(config-if)#int s3/0
R3(config-if)#ip nat outside
```

ACL 的定义不要太宽，应尽量准确，否则可能会出现不可预知的结果。无论是动态还是静态 NAT，其主要作用为改变传出包的源地址和传入包的目标地址。

7.2.3 NAPT

NAPT 用于动态建立内部网络中内部本地地址与接口之间的对应关系，就是将多个内部地址映射为一个合法公网地址，以不同的协议接口号与不同的内部地址相对应，也就是

<内部地址+内部接口>与<外部地址+外部接口>之间的转换。如<192.168.1.7>+<1024>与<200.8.7.3>+<1024>、<192.168.1.5>+<1136>与<200.8.7.3>+1136 的对应。

接口复用的特征是内部多个私有地址映射到一个公网地址的不同接口上，理想状况下，一个单一的 IP 地址可以使用的接口数为 4000 个。

1. 静态 NAPT 的配置

静态 NAPT 可以使一个内部全局地址和多个内部本地地址相对应，从而可以减少合法 IP 地址的使用量，它有以下特征：一个内部全局地址可以和多个内部本地地址建立映射，用"IP 地址+接口号"区分各个内部地址；从外部网络访问静态 NAPT 映射的内部主机时，应该给出接口号；静态 NAPT 是永久有效的。

（1）静态 NAPT 的配置。命令如下：

```
Router(config)#ip nat inside source static {tcp|udp} local-address port global-address port [permit-inside]
```

以上命令用于指定内部本地地址和内部全局地址的对应关系，其中包括 IP 地址、接口号、使用的协议等信息。若加上 permit-inside 关键字，则内网的主机既能用本地地址访问，也能用全局地址访问，否则只能用本地地址访问。

指定网络的内部接口。命令如下：

```
Router(config)#interface interface-id
Router(config-if)#ip nat inside
```

指定网络的外部接口。命令如下：

```
Router(config-if)#interface interface-id
Router(config-if)#ip nat outside
```

可以配置多个内部和外部接口。

（2）删除配置的静态 NAPT。命令如下：

```
Router(config)#no ip nat inside source static {tcp|udp} local-address port global-address port [permit-inside]
```

以上命令可删除 NAT 映射表中指定的项目，不影响其他 NAT 的应用。

若在接口上使用 no ip nat inside 或 no ip nat outside 命令，则可停止该接口的 NAT 检查和转换，会影响各种 NAT 的应用。

配置举例如下：

```
Router>enable
Router#configure terminal
Router(config)#ip nat inside source static tcp 192.168.10.1 80 200.6.15.1 80
Router(config)#ip nat inside source static tcp 192.168.10.2 80 200.6.15.1 8080
Router(config)#interface f0/0
Router(config-if)#ip address 192.168.1.1 255.255.255.0
Router(config-if)#ip nat inside
Router(config-if)#no shutdown
Router(config-if)#interface s1/0
Router(config-if)#ip address 199.1.1.2 255.255.255.0
```

```
Router(config-if)#ip nat outside
Router(config-if)#no shutdown
Router(config-if)#end
Router#
```

本例中假设内网中有两个 Web 网站，第一个网站在内网中的地址为 192.168.10.1，在外网中可用 200.6.15.1：80 访问，第二个网站在内网中的地址为 192.168.10.2，在外网中可用 200.6.15.1：8080 访问。两个网站从外网来看 IP 地址相同，但接口号不同。

如果想让内网用户也可用全局地址访问网站，需要加上 permit-inside 关键字。

注意：如果有条件，尽量不要用外部接口的 IP 地址作为内部全局地址，该地址属于 ISP，它常会因线路变更等原因而改变，这样就需要更改相应的 DNS 记录。

2. 动态 NAPT 的配置

动态 NAPT 可以使一个内部全局地址和多个内部本地地址相对应，从而可以减少合法 IP 地址的使用量。它有以下特征：一个内部全局地址可以和多个内部本地地址建立映射，用"IP 地址+接口号"区分各个内部地址。（锐捷路由器中每个全局地址最多可提供 64512 个 NAT 地址转换）；动态 NAPT 是临时的，如果过了一段时间没有使用，映射关系就会删除；动态 NAPT 可以只使用一个合法地址为所有内部本地地址建立映射，但映射数量是有限的，如果用多个合法地址组建成一个地址池，每个地址都能映射多个内部本地地址，就可减少因地址耗尽导致的网络拥塞。

NAT 过载

动态 NAPT 的配置与动态 NAT 基本上相同，只是在 NAPT 定义中，需要加上 overload 关键字。命令如下：

```
Router(config)#ip nat inside source list access-list-number pool pool-name overload
```

以上命令定义了动态 NAPT，access-list-number 是 ACL 的表号，pool-name 是地址池的名字。它表示把和列表匹配的内部本地地址，用地址池中的地址建立 NAPT 映射。overload 关键字表示启用接口复用。

加上 overload 关键字后，系统首先会使用地址池中的第一个地址为多个内部本地地址建立映射，当映射数量达到极限时，再使用第二个地址。

配置举例如下：

动态 NAT 过载复用

```
Router>enable
Router#configure terminal
Router(config)#ip nat pool np 200.10.10.6 200.10.10.15 netmask 255.255.255.0
Router(config)#access-list 1 permit 192.168.10.0 0.0.0.255
Router(config)#ip nat inside source list 1 pool np overload
Router(config)#interface f0/0
Router(config-if)#ip address 192.168.1.1 255.255.255.0
Router(config-if)#ip nat inside
Router(config-if)#no shutdown
Router(config-if)#interface s1/0
Router(config-if)#ip address 199.1.1.2 255.255.255.0
```

```
Router(config-if)#ip nat outside
Router(config-if)#no shutdown
Router(config-if)#end
Router#
```

本例把合法地址组建为一个地址池,地址范围是 200.10.10.6~200.10.10.15,内网中客户机的地址都是 192.168.10.* 的格式,当这种地址访问外网时,会用地址池中的地址建立 NAPT 映射。

3. 接口动态 NAPT 的配置

可以使用外部接口的 IP 地址作为唯一的内部全局地址为所有内部本地地址提供映射,它可看作动态 NAPT 的特例。

(1) 接口动态 NAPT 的配置。命令如下:

```
Router(config)#access-list access-list-number permit address wildcard-mask
```

以上命令定义了一个 ACL。其中,access-list-number 是表号;address 是地址,wildcard-mask 是通配符掩码,它的作用是限定内部本地地址的格式,只有和这个列表匹配的地址才会进行 NAT 转换。

定义动态 NAPT,命令如下:

```
Router(config)#ip nat inside source list access-list-number interface interface-id overload
```

其中,access-list-number 是 ACL 的表号;interface interface-id 指定了内部全局地址所在的接口,一般是外部接口,它表示和列表匹配的内部本地地址,都用该接口的 IP 地址建立 NAPT 映射,overload 关键字表示启用接口复用。

指定网络的内部接口。命令如下:

```
Router(config)#interface interface-id
Router(config-if)#ip nat inside
```

指定网络的外部接口。命令如下:

```
Router(config-if)#interface interface-id
Router(config-if)#ip nat outside
```

从以上配置可以看出,配置接口动态 NAPT 时,可以不配置地址池。

在接口动态 NAPT 的配置中,只是指定了映射时使用哪个接口的 IP 地址,当该接口的 IP 地址改变时,不需要重新定义。

配置举例如下:

```
Router>enable
Router#configure terminal
Router(config)#access-list 1 permit 192.168.10.0 0.0.0.255
Router(config)#ip nat inside source list 1 interface s1/0 overload
Router(config)#interface f0/0
Router(config-if)#ip address 192.168.1.1 255.255.255.0
Router(config-if)#ip nat insideRouter(config-if)#no shutdown
Router(config-if)#interface s1/0
Router(config-if)#ip address 199.1.1.2 255.255.255.0
```

Router(config-if)#ip nat outside
Router(config-if)#no shutdown
Router(config-if)#end
Router#

本例定义了一个接口动态 NAPT，所有形如 192.168.10.* 的内部本地地址，都被映射为 serial1/0 接口的 IP 地址，即 199.1.1.2/24。

（2）对于 NATP，我们用下面的案例来进行配置讲解，拓扑结构如图 7-8 所示。

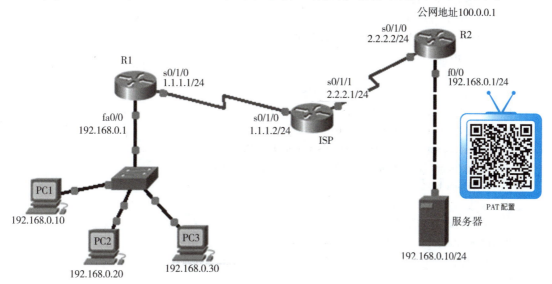

图 7-8　NAPT 拓扑结构

R2 使用静态 NAT 将服务器映射成公网地址 100.0.0.1。
R1 端有 3 台主机，将被映射成 R1 连接外网的接口 s0/1/0 的地址。
ISP 为 R1 端提供了一条静态路由指向 100.0.0.0/24 网段。
各设备的地址分配情况如表 7-4 所示。

表 7-4　各设备的地址分配情况

设备名称	接口	IP 地址	子网掩码	时钟频率/MHz	默认网关
R1	fa0/0	192.168.0.1	255.255.255.0	—	—
	s0/1/0	1.1.1.1	255.255.255.0	—	—
ISP	s0/1/0	1.1.1.2	255.255.255.0	128 000	—
	s0/1/1	2.2.2.1	255.255.255.0	125 000	—
R2	fa0/0	192.168.0.1	255.255.255.0	—	—
	s0/1/0	2.2.2.2	255.255.255.0	—	—
PC1	fastethernet	192.168.0.10	255.255.255.0	—	192.168.0.1
PC2	fastethernet	192.168.0.20	255.255.255.0	—	192.168.0.1
PC3	fastethernet	192.168.0.30	255.255.255.0	—	192.168.0.1
服务器	fastethernet	192.168.0.10	255.255.255.0	—	192.168.0.1

配置步骤如下：

//R1
Router>enable
Router#configure terminal
R1(config)#host R1
R1(config)#int fa0/0
R1(config-if)#ip add 192.168.0.1 255.255.255.0
R1(config-if)#no shut
R1(config)#int ser0/1/0
R1(config-if)#ip add 1.1.1.1 255.255.255.0
R1(config-if)#no shut
exit
R1(config)#ip route 100.0.0.1 255.255.255.0 1.1.1.2
R1(config)#ip route 2.2.2.2 255.255.255.0 1.1.1.2
R1(config)#ip route 0.0.0.0 0.0.0.0 1.1.1.2
R1(config)#access-list 10 permit 192.168.0.0 0.0.0.255
R1(config)#ip nat inside source list 10 interface ser0/1/0 overload
R1(config)#int fa0/0
R1(config-if)#ip nat inside
R1(config)#int ser0/1/0
R1(config-if)#ip nat outside

//R2
Router>enable
Router#configure terminal
R2(config)#host R2
R2(config)#int fa0/0
R2(config-if)#ip add 192.168.0.1 255.255.255.0
R2(config-if)#no shut
R2(config)#int s0/1/0
R2(config-if)#ip add 2.2.2.2 255.255.255.0
R2(config-if)#no shut
R2(config-if)#exit
R2(config)#ip route 0.0.0.0 0.0.0.0 2.2.2.1
R2(config)#ip nat inside source static tcp 192.168.0.10 80 100.0.0.1 80
R2(config)#int fa0/0
R2(config-if)#ip nat inside
R2(config)#int ser0/1/0
R2(config-if)#ip nat outside

//ISP
Router>enable
Router#configure terminal
Router(config)#int ser0/1/0

```
Router(config-if)#ip add 1.1.1.2 255.255.255.0
Router(config-if)#clock rate 128000
Router(config-if)#no shut
Router(config)#int ser0/1/1
Router(config-if)#ip add 2.2.2.1 255.255.255.0
Router(config-if)#clock rate 125000
Router(config-if)#no shut
Router(config)#exit
Router(config)#ip route 100.0.0.1 255.255.255.0 2.2.2.2
```

以上命令行的 NAT 命令汇总如表 7-5 所示，该表说明各命令的写法、作用等。

表 7-5　NAT 命令汇总

命令行	作用	注释
Router(config-if)# ip nat outside	定义出口	只有一个出口
Router(config-if)# ip nat inside	定义入口	可以有多个入口
Router(config)#ip nat inside source static 内部私有地址 内部公有地址	建立私有地址与公有地址之间一对一的静态映射	用 Router(config)#no ip nat inside source static 命令删除静态映射
Router(config)# ip nat pool 池名 开始内部公有地址 结束内部公有地址 [netmask 子网掩码 | prefix-length 前缀长度]	建立一个公有地址池	用 Router(config)# no ip nat pool 命令删除公有地址池
Router(config)# access-list 号码 permit 内部私有地址 反码	创建内网访问地址列表	用 Router(config)# no access-list 命令号码删除内网访问地址列表
Router(config)#ip nat inside source list 号码 pool 池名	配置基于源地址的动态 NAT	用 Router(config)#no ip nat inside source 命令删除动态映射
Router(config)#ip nat inside source list 号码 pool 池名 overload	配置基于源地址的动态 NAPT	用 Router(config)#no ip nat inside source 命令删除动态 NAPT 映射
show ip nat translations	显示 NAT 转换情况，包括 Pro、Inside global、Inside local、Outside local、Outside lobal 项	—
debug ip nat	查看转换过程	—

7.2.4　TCP 负载均衡配置

对于那些访问量很大的网络服务器，如果只使用一台主机，会造成负载过重的问题。利用 NAT 可实现多台主机的 TCP 负载均衡配置，如图 7-9 所示。多台主机搭建成一个局域网，各主机的内容完全相同，各主机使用私有 IP 地址进行编址。在路由器上配置 TCP 负载均衡。从外部来看，这些主机只有一个 IP 地址(60.8.1.1)，成为一个虚拟主机，当外部用户访问此虚拟主机时，路由器会把各个访问轮流映射到各个主机上，达到负载均衡的目的。

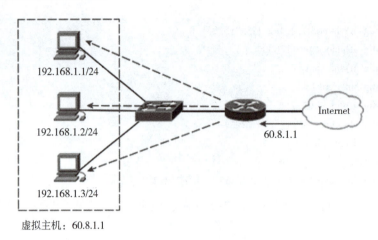

图7-9 TCP负载均衡配置

注意：TCP 负载均衡只对 TCP 服务提供分流，对于其他 IP 流量没有影响，除非 NAT 做了其他配置。

定义一个 IP 地址池，命令如下：

Router(config)#ip nat pool pool-name start-address end-address netmask subnet-mask type rotary

其中，pool-name 是地址池的名字；start-address 是起始地址；end-address 是结束地址；subnet-mask 是子网掩码；地址池中的地址必须是内网中各主机的实际 IP 地址；type rotary 关键字表示定义为轮转型地址池。

定义一个 ACL，命令如下：

Router(config)#access-list access-list-number permit address wildcard-mask

其中，access-list-number 是表号；address 是地址；wildcard-mask 是通配符掩码，它只匹配虚拟主机的地址。

定义 NAT，命令如下：

Router(config)#ip nat inside destination list access-list-number pool pool-name

其中，access-list-number 是 ACL 的表号；pool-name 是地址池的名字；它表示把虚拟主机的地址映射到地址池中的地址上。

指定网络的内部接口。命令如下：

Router(config)#interface interface-id
Router(config-if)#ip nat inside

指定网络的外部接口。命令如下：

Router(config-if)#interface interface-id
Router(config-if)#ip nat outside

配置举例如下：

Router>enable
Router#configure terminal
Router(config)#ip nat pool np 192.168.1.1 192.168.1.3 netmask 255.255.255.0 type rotary
Router(config)#access-list 1 permit 60.8.1.1 0.0.0.0

```
Router(config)#ip nat inside destination list 1 pool np
Router(config)#interface f0/0
Router(config- if)#ip address 192. 168. 1. 10 255. 255. 255. 0
Router(config- if)#ip nat inside
Router(config- if)#no shutdown
Router(config- if)#interface s1/0
Router(config- if)#ip address 199. 1. 1. 2 255. 255. 255. 0
Router(config- if)#ip nat outside
Router(config- if)#no shutdown
Router(config- if)#end
Router#
```

本例中,虚拟主机的 IP 地址是 60.8.1.1,当用户访问此地址时,路由器把它轮流映射到 192. 168. 1. 1~192. 168. 1. 3 上。

7.2.5 反向 NAT 转换配置

把内部网络中的地址转换成外部网络中的地址,称为正向转换,使用的 NAT 命令为 ip nat inside source static {local-ip global-ip}。前面所有列举的配置都是正向转换,如果我们现在把外部网络中的地址转换成内部网络中的地址,则称之为反向转换,使用的 NAT 命令为 ip nat outside source static {global-ip local-ip}。

反向 NAT 转换与正向 NAT 转换是相反的,它必须要解释外部本地地址和外部全局地址。例如,当 NAT 路由器外部网络接口 s1 接收到源地址为 100. 11. 18. 1 外部本地地址的数据包后,数据包的源地址将转变为 192. 168. 10. 5 外部全局地址。当 NAT 路由器在内部网络接口 s0 接收到源地址为 192. 168. 10. 5 外部全局地址的数据包时,数据包的目标地址将被转变为 100. 11. 18. 1 外部本地地址。完整的配置如下。

(1)运用 ip nat outside source static 全局配置命令建立从外网到内网的静态 NAT。命令如下:

```
Router(config)#ip nat outside source static 100. 11. 18. 1 192. 168. 10. 5    //在外部网络本地地址 100. 11. 18. 1 与外部网络全局地址 192. 168. 10. 5 之间建立静态 NAT,使外部网络主机知晓要以 192. 168. 10. 5 这个地址到达内部网络主机
```

(2)运用以下两条语句配置路由器的 NAT 内部接口 s0,命令如下:

```
Router(config)#interface s0
Router(config- if)#ip nat inside
```

(3)运用以下两条语句配置路由器的 NAT 外部接口 s1,命令如下:

```
Router(config)#interface s1
Router(config- if)#ip nat outside
```

(4)运用 show ip nat translations 特权模式命令验证上述执行的路由器 NAT 配置。外部网络的本地地址为 192. 168. 10. 5,外部网络的全局地址为 100. 11. 18. 1。

7.2.6　NAT 信息的查看

1. 显示 NAT 转换记录

显示 NAT 转换记录，加上 verbose 关键字时，可显示更详细的转换信息。命令如下：

Router#show ip nat translations [verbose]

示例如下：

Router>enable
Router#show ip nat translations
Pro　　Inside global　　Inside local　　Outside local　　Outside global
tcp　70.6.5.113:1815　192.168.10.5:1815　211.67.71.7:80　211.67.71.7:80

这里显示的是一次 NAT 的转换记录，内容依次为协议类型（Pro）、内部全局地址及接口（Inside global）、内部本地地址及接口（Inside local）、外部本地地址及接口（Outside local）、外部全局地址及接口（Outside global）。

2. 显示 NAT 规则和统计数据

命令如下：

Router#show ip nat statistics

示例如下：

Router>enable
Router#show ip nat statistics
Total active translations:372,max entries permitted:30000
Outside interfaces:serial1/0
Inside interfaces:fastethernet0/0
Rule statistics:
[ID:1] inside source dynamic
hit:24737
match(after routing):
ip packet with source- ip match access- list 1
action:
translate ip packet's source- ip use pool abc

这里显示的内容包括当前活动的会话数（Total active translations）、允许的最大活动会话数（max entries permitted）、连接外网的接口（Outside interfaces）、连接内网的接口（Inside interfaces）、NAT 规则（Rule，允许存在多个规则，用 ID 标识）。

规则 1（ID:1）包括 NAT 类型（本例为内部源地址动态 NAT）、此规则被命中次数（hit）、路由前还是路由后（match，本例为路由后）、地址限制（本例受 access-list 1 限制）、转换行为（action，本例用地址池 abc 转换源地址）。

3. 清除 NAT 转换记录

清除 NAT 转换表中的所有转换记录，命令如下：

Router#clear ip nat translation *

它可能会影响当前的会话，造成一些连接丢失。

习题7

一、选择题

1. NAT 包括下面哪些类型？（　　）

   A. 静态 NAT

   B. 动态 NAT

   C. NAPT

   D. 以上均正确

2. 关于静态 NAT，下面说法中正确的是（　　）。

   A. 静态 NAT 在默认情况下 24 小时后超时

   B. 静态 NAT 从地址池中分配

   C. 静态 NAT 将内部地址一对一静态映射到内部全局地址

   D. Cisco 路由器默认使用了静态 NAT

3. 关于地址转换的描述，下面说法中正确的是（　　）。

   A. 地址转换解决了 Internet 地址短缺所面临问题

   B. 地址转换实现了对用户透明的网络外部地址的分配

   C. 地址转换为内部主机提供一定的隐私

   D. 以上均正确

二、简答题

1. 简要说明 NAT 可以解决的问题。
2. 简述静态地址映射和动态地址映射的区别。

第 8 章

虚拟局域网技术

第二层交换式网络存在很多缺陷。例如，以太网是一个广播型网络，所有主机处在同一个广播域中，极易形成广播风暴和碰撞等问题；集线器是物理层设备，没有交换功能，接收的报文会向所有接口转发；交换机是链路层设备，具备根据报文的目的 MAC 地址进行转发的能力，但在收到广播报文或未知单播报文（报文的目的 MAC 地址不在交换机 MAC 地址表中）时，也会向除报文接口之外的所有接口转发。上述情况使网络中的主机会收到大量并非以自身为目的地的报文，这样所有用户就能监听到服务器以及其他用户设备接口发出的数据包，这导致浪费大量带宽资源的同时，也造成了严重的安全隐患。

隔离广播域的传统方法是使用路由器，但是路由器成本较高，而且接口较少，无法划分细致的网络。为解决交换机在局域网中无法限制广播的问题，出现了 VLAN（Virtual Local Area Network，虚拟局域网）技术。

8.1 VLAN 概述

1. 广播域

使用集线器和交换机连接成的物理局域网属于同一个广播域，如图 8-1 所示。网桥、集线器和交换机设备都会转发广播帧，因此任何一个广播帧或多播帧都将被广播到整个局域网中的每一台主机。

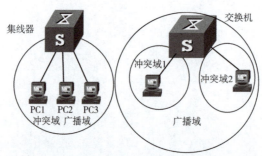

图 8-1 使用集线器和交换机连接构成的物理局域网

在网络通信中,广播信息是普遍存在的,这些广播帧将占用大量的网络带宽,导致网络速度和通信效率的下降,并额外增加了网络主机为处理广播信息所产生的负荷,可能导致广播风暴,如图8-2所示。

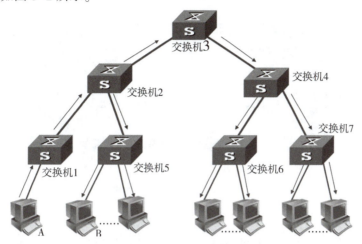

图8-2 广播风暴

2. 解决方法

(1)使用路由器。路由器具有路由转发、防火墙和隔离广播的作用,且其不会转发广播帧,因此可使用路由器实现对网络的分段和广播域的隔离。可以使用路由器上的以太网接口为单位来划分网段,从而实现对广播域的分割和隔离,如图8-3所示。

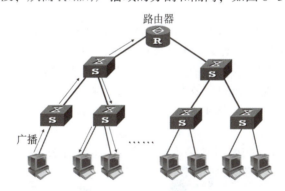

图8-3 使用路由器隔离广播域

虽然可以利用路由器来隔离广播域,但是它存在以下一些弊端。

①传统路由器路由算法复杂,成本高,维护和配置困难。

②路由器对任何数据包都要有一个"拆打"过程,导致其不可能具有很高的吞吐量。

③目前网络的流量情况由"80/20 分配"向"20/80 分配"规则发展,路由器在转发数据方面成为网络瓶颈。

④路由器不会有太多的网络接口,基本为1~4个。

(2)使用 VLAN。VLAN 是一种通过将局域网内的设备逻辑地而不是物理地划分成一个个网段,从而实现虚拟工作组的技术。VLAN 技术允许网络管理者将一个物理的局域网逻辑地划分成不同的广播域(或称虚拟 LAN,即 VLAN),每一个 VLAN 都包含一组有着相同需求的计算机,如图8-4所示。VLAN 的引入,为解决广播报文的泛滥提供了新的方法。

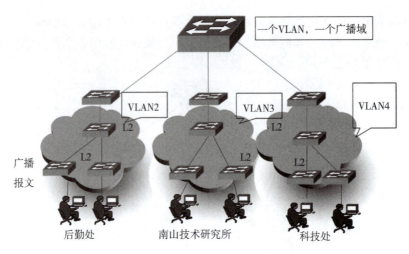

图 8-4　使用 VLAN 隔离广播域

3. VLAN 的优点

与传统以太网相比，VLAN 的特点就是可以实现网络分段，网络管理更加灵活，相对比较安全。

网络分段就是分割网络广播，交换机所有的接口都在一个 VLAN 里，也就是在同一个广播域中。而使用了 VLAN 以后，VLAN 的数目增加了，广播域增加了，每一个广播域的范围缩小了。一个交换机可以分成两个 VLAN，3 个 VLAN，甚至更多的 VLAN，从而实现了只能是同一个 VLAN 中的节点才可以通信。如果不同 VLAN 中的节点想通信，就需要借助路由。

网络管理更加灵活。使用 VLAN 实现网络管理如图 8-5 所示，可以看到，不论用户属于哪一个部门，都会跨越 3 个楼层，如一楼有科技处的 PC，二楼和三楼也有，其他两个部门也一样，但我们又需要实现同一个部门之间的 PC 可以通信，这可以使用 VLAN 实现。如果没有 VLAN，一个部门就只能在同一个楼层，接在同一个交换机上，但现在有了 VLAN，即使大家不在同一个交换机上，只要在同一个 VLAN 上，也可以进行通信。

VLAN 把网络分段了，一个 VLAN 是一个广播域，默认跟其他 VLAN 不能通信。也就是说，科技处与其他部门的 PC 默认是不能通信的，这相对来说就要安全许多。

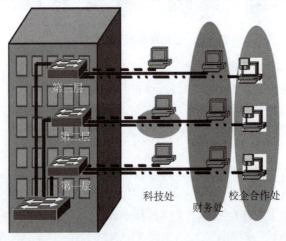

图 8-5　使用 VLAN 实现网络管理

4. VLAN 的实现原理与主要特征

（1）VLAN 的实现原理。

VLAN 的实现原理是，当 VLAN 交换机从工作站接收到数据后，将对数据的部分内容进行检查，并与一个 VLAN 配置数据库（该数据库含有静态配置的或动态学习而得到的 MAC 地址等信息）中的内容进行比较，然后确定数据去向。若数据要发往一个 VLAN 设备（VLAN-aware），则给这个数据加上一个标记（Tag）或 VLAN 标识，根据 VLAN 标识和目标地址，VLAN 交换机就可以将该数据转发到同一 VLAN 上适当的目的地；若数据发往非 VLAN 设备（VLAN-unaware），则 VLAN 交换机发送不带 VLAN 标识的数据。

（2）VLAN 的主要特征。

① 所有成员组成一个 VLAN。同一个 VLAN 中的所有成员共同组成一个"独立于物理位置而具有相同逻辑的广播域"，共享一个 VLAN 标识（VLAN ID），组成一个虚拟局域网络。

② 成员间收发广播包的特点是，同一个 VLAN 中的所有成员均能收到由同一个 VLAN 中的其他成员发送来的每一个广播包，但收不到其他 VLAN 中成员发来的广播包。

③ 成员间通信的特点是，同一个 VLAN 中的所有成员之间的通信，通过 VLAN 交换机可以直接进行，不需要路由支持。不同 VLAN 成员之间不能直接通信，无论采用传统路由方式还是虚拟路由方式，均需要通过路由支持才能进行。

④ 便于工作组优化组合。控制通信活动，隔离广播数据，方便工作组优化组合。VLAN 中的成员只要拥有一个 VLAN ID，就可以不受物理位置的限制，随意移动工作站的位置。

⑤ 网络安全性强。通过路由访问列表、MAC 地址分配等 VLAN 划分原则，可以控制用户的访问权限和逻辑网段的大小。VLAN 交换机就像是一扇扇屏风，只有具备 VLAN 成员资格的分组数据才能通过，这比用计算机服务器做防火墙要安全得多，还提高了网络的整体安全性。

⑥ 网络性能高。网络带宽得到充分利用，网络性能大大提高。

⑦ 网络管理简单、直观。

8.2 VLAN 的分类

根据划分方式的不同，可以将 VLAN 分为不同类型。常见的有两种划分方法，即静态 VLAN（Static VLAN）和动态 VLAN（Dynamic VLAN）。

8.2.1 基于接口的静态 VLAN

基于接口的划分是最简单的一种 VLAN 划分方法。划分静态 VLAN 是一种最简单的 VLAN 创建方式，这种 VLAN 易于建立与监控。

在划分时，既可把同一交换机的不同接口划分为同一 VLAN，也可把不同交换机的接口划分为同一 VLAN。这样，就可把位于不同物理位置、连接在不同交换机上的用户按照一定的逻辑功能和安全策略进行分组，根据需要将其划分为同一或不同的 VLAN。用户可以将设备上的接口划分到不同的 VLAN 中，此后从某个接口接收的报文将只能在相应的 VLAN 内进行传输，从而实现广播域的隔离和虚拟工作组的划分。图 8-6 所示的示例将 4

台计算机划分到两个组中。

基于接口的划分有以下缺点。

（1）若网络中的计算机数目超过一定数字，则设定接口变得烦杂无比。

（2）客户端每次变更所连接口，必须同时更改该接口所属 VLAN 的设定。

图 8-6　基于接口的划分示例

8.2.2 动态 VLAN

动态 VLAN 相对静态 VLAN 是一种较为复杂的划分方法。它可以通过智能网络管理软件基于硬件的 MAC 地址、IP 地址或基于组播等条件来动态地划分 VLAN。

1. 基于 MAC 地址的 VLAN

通过 MAC 地址进行 VLAN 划分时，硬件设备的 MAC 地址会存储进 VLAN 的应用管理数据库中，当该主机移到一个没划分 VLAN 的交换机接口时，其硬件地址信息将会被读取，与在 VALN 管理数据库中的进行比较，如果找到匹配的数据，管理软件会自动地配置该接口，以使其能够加入正确的 VLAN 里，如图 8-7 所示。

VLAN 应用管理数据库是由网络管理员人工进行初始化的，在 Cisco Catalyst 系列交换机中，是通过使用 VLAN 成员策略管理服务器（VLAN Membership Policy Server，VMPS）来实现动态 VLAN 的划分的。VMPS 通过 MAC 地址数据库将 MAC 地址映射成相应的 VLAN。当交换机检测到新设备时，会自动查询 VLAN 服务器，以获得正确信息。

采用这种划分方式，一个交换机接口同时只能属于一个 VLAN，在相同 VLAN 里的动态 VLAN 用户可以灵活地移动，在用户随意移动或调换接口时，交换机能够为动态 VLAN 用户自动选择正确的 VLAN 配置，而不必由网络管理员来手动进行分配。

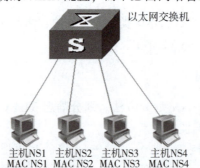

图 8-7　基于 MAC 地址的划分示例

基于 MAC 地址划分的缺点：在设定前，必须调查所有计算机的 MAC 地址；计算机更换网卡时，需要更改设定。

2. 基于 IP/IPX 划分

基于 IP 子网的 VLAN 可按照 IPv4 和 IPv6 方式来划分。每个 VLAN 都和一段独立的 IP 网段相对应，这种方式有利于在 VLAN 交换机内部实现路由，也有利于与动态主机配置（Dynamic Host Configuration Protocol，DHCP）技术结合起来，而且用户可以移动工作站而不需要重新配置网络地址，便于网络管理，如图 8-8 所示。该方式的主要缺点在于工作效率较差，因为查看 3 层 IP 地址比查看 MAC 地址所消耗的时间多。

图 8-8 基于 IP 的划分示例

3. 基于网络协议划分

按照网络层协议可分为 IP、IPX、DECnet、AppleTalk、Banyan 等 VLAN。这种按网络层协议划分的 VLAN，可使广播域跨越多个 VLAN 交换机，如图 8-9 所示。对于希望针对具体应用和服务来组织用户的网络管理员来说，这种划分是非常具有吸引力的。而且用户可以在网络内部自由移动，但其 VLAN 成员身份仍然可以保留不变。这种方式的不足之处在于广播域跨越多个 VLAN 交换机，容易造成某些 VLAN 站点数目过多，产生大量的广播包，从而使 VLAN 交换机的效率降低。

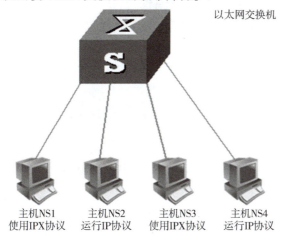

图 8-9 基于网络协议的划分示例

8.3 VLAN 配置

交换机通常可以划分很多个 VLAN，VLAN 号为 1~4094，VLAN 号 1002~1005 保留给令牌环及 FDDI VLAN。1~1005 为普通模式下的 VLAN，大于 1005 的属于扩展 VLAN，不在 VLAN 数据库中。默认情况下，所有接口都属于 VLAN 1，VLAN 1 用于管理本地交换机，并且不可删除。在二层交换机中可以对 VLAN 设置 IP 地址，对以太网接口不能设置 IP 地址。（VLAN 号 1、1002~1005 是自动生存的、不能被去掉的，它们都保存在 vlan.dat 文件中，vlan.dat 文件被存放在 NVRAM 中。）

当 VLAN 之间要进行数据转发时，可以通过三层交换机转发或路由器完成。

8.3.1 配置正常范围的 VLAN

1. 创建 VLAN

创建 VLAN 有两种方法：第一种是进入 VLAN 数据库，第二种是直接在全局模式下创建 VLAN。

第一种方法命令如下：

```
nsrjgc#vlan database                    //进入 VLAN 数据库
nsrjgc(vlan)# vlan vlan_id name         //创建 VLAN 并命名
```

示例如下：

```
nsrjgc#vlan database                    //进入 VLAN 数据库
nsrjgc(vlan)#vlan 2 name work1          //创建 VLAN 2,其名称为 work1
VLAN 2 modified:
Name:work1
```

第二种方法命令如下：

```
nsrjgc# configure terminal              //进入 VLAN 设置界面
nsrjgc(config)# vlan vlan_id            //创建 VLAN 并命名
nsrjgc(config-vlan)#name                //给 VLAN 并命名
nsrjgc(config-vlan)# end                //回到特权命令模式
nsrjgc#show vlan {id vlan-id}           //检查一下刚才的配置是否正确
```

示例如下：

```
nsrjgc# configure terminal
nsrjgc(config)# vlan 10
nsrjgc(config-vlan)# end
```

2. 删除 VLAN

删除 VLAN 也有两种方法：
第一种是进入 VLAN 数据库删除，第二种是直接在全局配置模式下删除。
第一种方法的命令如下：

```
Switch1#vlan database                   //进入 VLAN 数据库
Switch1(vlan)#no vlan vlan_id name      //清除 VLAN 名称
Switch1(vlan)#no vlan vlan_id           //清除 VLAN
```

第二种方法的命令如下：

```
nsrjgc# configure terminal              //进入全局配置模式
nsrjgc(config)#no vlan vlan-id          //输入一个 VLAN ID,删除它
nsrjgc(config-vlan)# end                //回到特权命令模式
nsrjgc#show vlan                        //检查一下是否正确删除
```

示例如下：

```
nsrjgc# configure terminal
nsrjgc(config)# no vlan 10
nsrjgc(config- vlan)# end
```

注意：不能删除默认 VLAN（即 VLAN 1）。

3. 将接口加入 VLAN

命令如下：

```
nsrjgc# configure terminal                              //进入全局模式
nsrjgc(config)#Interface interface- id                  //输入想要加入的 VLAN interface id
nsrjgc(config- if)#switchport mode access               //定义该接口的成员类型（二层口）
nsrjgc(config- if)#switchport access vlan vlan- id      //将这个接口分配给一个 VLAN
```

将某一个接口加入 VLAN，命令如下：

```
nsrjgc(config)#interface fastethernet0/2         进入接口模式
nsrjgc(config- if)#switchport mode access        配置接口为 Access 模式
nsrjgc(config- if)#switchport access vlan 3      将接口划分到 VLAN 3
```

将一组接口加入某一个 VLAN，命令如下：

```
nsrjgc(config)#interface range fastethernet0/1- fastethernet0/5
nsrjgc(config- if- range)#
nsrjgc(config- if- range)#switchport access vlan 2
```

查看一下，发现 1~5 号接口已经加入 2 号 VLAN。

```
nsrjgc#show vlan
VLAN Name                          Status Ports
------------------------------------------------------------------------
1    default                       active  Fa0/6,Fa0/7,Fa0/8,Fa0/9
                                           Fa0/10,Fa0/11,Fa0/12,Fa0/13
                                           Fa0/14,Fa0/15,Fa0/16,Fa0/17
                                           Fa0/18,Fa0/19,Fa0/20,Fa0/21
                                           Fa0/22,Fa0/23,Fa0/24
2    VLAN0002                      active  Fa0/1,Fa0/2,Fa0/3,Fa0/4,Fa0/5
3    VLAN0003                      active
1002 fddi- default                 active
1003 token- ring- default          active
1004 fddinet- default               active
1005 trnet- default                active
```

8.3.2 配置扩展 VLAN

上面提到大过于 1005 的 VLAN 号是属于扩展 VLAN 的，这些仅限于以太网的 VLAN，VTP（VLAN Trunking Protocol，VLAN 中继协议）版本 2 不支持，VTP 版本 3 支持。为了能配置扩展 VLAN，交换机必须处于 VTP 透明模式。

随着中小企业网络中交换机数量的增加，全局统筹管理网络中的多个 VLAN 和中继成为一大难题。Cisco 公司开发了一款帮助网络管理员自动完成 VLAN 创建、删除、同步等工作的协议，它是 Cisco 专用协议，大多数交换机都支持该协议。VTP 负责在 VTP 域内同步 VLAN 信息，这样就不必在每个交换机上配置相同的 VLAN 信息。VTP 通过网络(ISL 帧或 Cisco 私有 DTP 帧)保持 VLAN 配置统一性。VTP 在系统级管理增加、删除、调整的 VLAN，自动地将信息向网络中其他的交换机广播。此外，VTP 减少了那些可能导致安全问题的配置，便于管理，只要在 VTP 服务器做相应设置，VTP 客户端会自动学习 VTP 服务器上的 VLAN 信息。

VTP 有 3 种工作模式：VTP Server、VTP Client 和 VTP Transparent。一般来说，一个 VTP 域内的整个网络只设一个 VTP Server。VTP Server 维护该 VTP 域中所有 VLAN 信息列表，VTP Server 可以建立、删除或修改 VLAN。VTP Client 虽然也维护所有 VLAN 信息列表，但其 VLAN 的配置信息是从 VTP Server 学到的，不能建立、删除或修改 VLAN。VTP Transparent 相当于一台独立的交换机，它不参与 VTP 工作，不从 VTP Server 学习 VLAN 的配置信息，只拥有本设备上自己维护的 VLAN 信息。VTP Transparent 可以建立、删除和修改本机上的 VLAN 信息。

在 VTP 域中，有以下两个重要的概念。

（1）VTP 域：也称 VLAN 管理域，由一个以上共享 VTP 域名的相互连接的交换机组成。也就是说，VTP 域是一组域名相同并通过中继链路相互连接的交换机。

（2）VTP 通告：在交换机之间用来传递 VLAN 信息的数据包。VTP 通告包括汇总通告、子集通告、通告请求。

如果给 VTP 配置密码，那么本域内的所有交换机的 VTP 密码必须保持一致。命令如下：

```
switch(config)#vtp domain DOMAIN_NAME    //创建 VTP 域
//配置交换机的 VTP 模式
switch(config)# vtp mode server | client | transparent
//配置 VTP 口令
switch(config)# vtp password PASSWORD
//配置 VTP 修剪
switch(config)# vtp pruning
//配置 VTP 版本
switch(config)# vtp version 2    //默认是版本 1
//查看 VTP 配置信息
switch# show vtp status
```

8.4　跨越交换机的 VLAN

我们都知道，同一个交换机下的 VLAN 之间通信要通过路由器或其他第三层设备实现，那么要实现不同交换机下的 VLAN 之间通信应该怎么做呢？这分两种情况：第一种情况就是不同交换机下不同 VLAN 的通信，这肯定要通过第三层设备实现；第二种情况是实现不同交换机下相同 VLAN 通信，如图 8-10 所示，两台不同交换机 NS1 和 NS2 分别连接

4台计算机 RJ1、RJ2、RJ3、RJ4，4台计算机的 VLAN 情况已在图上标明。

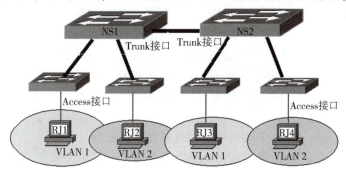

图 8-10　不同交换机下相同 VLAN 通信

要解决这个问题，我们首先要了解以太网交换机的接口链路类型，常见的有两种：Access、Trunk。这两种接口在加入 VLAN 和对报文进行转发时会进行不同的处理。（华为交换机常见的有 3 种，即 Access、Trunk、Hybrid。Hybrid 接口可以属于多个 VLAN，接收和发送多个 VLAN 的报文，可以用于交换机之间连接，或者用于连接用户计算机。）

当使用多台交换机分别配置 VLAN 后，可以使用 Trunk（干道）方式实现跨交换机的 VLAN 内部连通，交换机的 Trunk 接口不隶属于某个 VLAN，而是可以承载所有 VLAN 的帧。

8.4.1　Trunk

当一个 VLAN 跨过不同的交换机时，在同一 VLAN 上但却在不同的交换机上的计算机进行通信时需要使用 Trunk。Trunk 技术使在一条物理线路上可以传送多个 VLAN 的信息，交换机从属于某一 VLAN（例如 VLAN 3）的接口接收到数据，在 Trunk 链路上进行传输前，会加上一个标记，表明该数据是 VLAN 3 的；到了对方交换机，交换机会把该标记去掉，只发送到属于 VLAN 3 的接口上。

有两种常见的帧标记技术：ISL 和 802.1Q。ISL 技术在原有的帧上重新加了一个帧头，并重新生成了帧校验序列（Frame Check Sequence，FCS），ISL 是 Cisco 特有的技术，因此不能在 Cisco 交换机和非 Cisco 交换机之间使用。802.1Q 技术在原有帧的源 MAC 地址字段后插入标记字段，同时用新的 FCS 字段替代了原有的 FCS 字段，该技术是国际标准，得到所有厂家的支持。

所谓的 Trunk 用来在不同的交换机之间进行连接，以保证在跨越多个交换机上建立的同一个 VLAN 的成员能够相互通信；其中交换机之间互连用的接口就称为 Trunk 接口。

Trunk 这个词是干线或树干的意思，Trunk 接口只允许默认 VLAN 的报文发送时不做标记。一个 Trunk 接口是连接一个或多个以太网交换接口和其他的网络设备（如路由器或交换机）的点对点链路，一个 Trunk 接口可以在一条链路上传输多个 VLAN 的流量。可以把一个普通的以太网接口，或者一个 Aggregate Port 设为一个 Trunk 接口，如果要把一个接口在 Access 模式和 Trunk 模式之间切换，可使用 switchport mode 命令。命令如下：

```
switchport mode access [vlan vlan- id]    //将一个接口设置为 Access 模式
switchport mode trunk    //将一个接口设置为 Trunk 模式
```

注意：与一般的交换机的级联不同，Trunk 接口是基于 OSI 第二层的。

交换机 Trunk 接口通常在以下 3 种情况下使用。

（1）在一个公司内部，相同的部门之间实现二层互通，不同的部门之间隔离，而这些部门分散到不同的交换机上,这个时候就可以在各台交换机上将属于同一个部门的接口划分到相同的 VLAN 里,交换机之间使用 Trunk 接口互连,这样就可以实现同一 VLAN 的多台主机在交换机间互连。

(2)在一个组网环境中,用户接入使用二层交换机,如果要实现这个二层交换机上的 VLAN 之间第三层互连,一般需要将这些 VLAN 透传到一个三层设备上,可以是三层交换机或路由器,由这些三层设备实现用户第三层的互通,这时就需要使二层交换机与三层设备使用 Trunk 接口互连。

(3)在一个组网环境中,需要对用户实现详细的认证和计费策略,如得到 BAS 设备认证后,再获取 IP 地址,才能访问其他一些资源,这个时候也需要将交换机的外联接口设置成 Trunk 接口。

具体 Trunk 接口配置如表 8-1 所示。

表 8-1　Trunk 接口配置步骤

序号	命令	说明
步骤 1	configure terminal	进入全局配置模式
步骤 2	interface interface-id	输入想要配接口的 interface-id
步骤 3	switchport mode trunk	定义该接口的类型为二层口
步骤 4	switchport trunk native vlan vlan-id	为这个口指定一个活动 VLAN
步骤 5	end	回到特权命令模式
步骤 6	show interfaces interface-id switchport	检查接口的完整信息
步骤 7	show interfaces interface-id trunk	显示这个接口的设置

一个 Trunk 接口默认可以传输本交换机支持的所有 VLAN(1~4094)的流量,也可以通过设置 Trunk 接口的许可 VLAN 列表来限制某些 VLAN 的流量不能通过这个 Trunk 接口。在特权模式下,利用表 8-2 所示的步骤可以修改一个 Trunk 接口的许可 VLAN 列表。

如果想把 Trunk 接口的许可 VLAN 列表改为默认的许可所有 VLAN 的状态,可以使用 no switchport trunk allowed vlan 配置命令。

表 8-2　Trunk 接口许可 VLAN 列表步骤

序号	命令	说明
步骤 1	configure terminal	进入全局配置模式
步骤 2	interface interface-id	输入想要修改许可列表接口的 interface-id
步骤 3	switchport mode trunk	定义该接口的类型为二层口
步骤 4	switchport trunk allowed vlan {all ｜ [add ｜ remove ｜ except]} vlan-list	配置这个口的许可列表
步骤 5	end	回到特权命令模式

例如,配置 1 号接口为两个交换机之间连接的接口的命令如下:

```
nsrjgc(config)#interface fastethernet0/1      //进入接口模式
nsrjgc(config-if)#switchport mode trunk       //配置接口
nsrjgc(config-if)#switchport trunk allowed vlan all    //允许所有的 VLAN 都通过
nsrjgc(config-if)#switchport trunk allowed vlan 2      //允许所属 VLAN 2 中的帧通过
```

在交换机之间或交换机与路由器之间互相连接的接口上配置中继模式，使属于不同 VLAN 的数据帧都可以通过这条中继链路进行传输。

帧的格式分为以下两种：ISL 全称为 Inter-Switch link，是 Cisco 交换机独有的协议；IEEE 802.1q：是国际标准协议，被几乎所有的网络设备生产商共同支持。

1996 年 3 月，IEEE 统一了 Frame-Tagging(帧标记)方式中不同厂商的标签格式，制定 IEEE 802.1Q VLAN 标准，进一步完善了 VLAN 的体系结构。802.1q 定义了 VLAN 的桥接规则，能够正确识别 VLAN 的帧格式，更好地支持多媒体应用，它为以太网提供了更好 QoS 保证和安全的能力。

802.1q 工作特点如下：802.1q 数据帧传输对于用户是完全透明的；Trunk 接口上默认会转发交换机上存在的所有 VLAN 的数据；交换机在从 Trunk 接口转发数据前会给数据打上 Tag 标签，在到达另一交换机后，再剥去此标签。

802.1q 工作原理如图 8-11 所示。

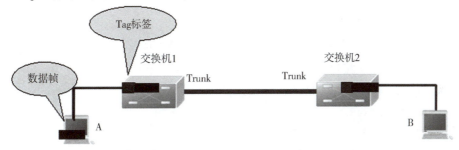

图 8-11　802.1a 工作原理

基于 802.1q，Tag VLAN 用 VID 来划分不同 VLAN，当数据帧通过交换机的时候，交换机根据数据帧中 Tag 的 VID 信息来识别它们所在的 VLAN(若帧中无 Tag 头，则应用帧所通过接口的默认 VID 来识别它们所在的 VLAN)。这使所有属于该 VLAN 的数据帧(不管是单播帧、组播帧还是广播帧)都将被限制在该逻辑 VLAN 中传输。图 8-12 所示描述了不同接口的作用。

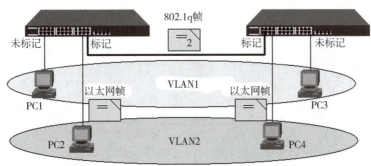

图 8-12　Tag 接口和 Access 接口

8.4.2　Port VLAN 和 Tag VLAN

在 VLAN 配置中，我们使用 switchport mode 命令来指定一个二层接口(Switchport)的模式，可以指定该接口为 access port 或 trunk port。

(1)Access 类型：接口只能属于一个 VLAN，一般用于交换机与终端用户之间的连接，只能传送标准以太网帧。

（2）Trunk 类型：接口可以属于多个 VLAN，可以接收和发送多个 VLAN 的报文，一般用于交换机，既可以传送有 VLAN 标签的数据帧，也可以传送标准以太网帧。

使用该命令的 no 选项将该接口的模式恢复为默认值（Access），在接口模式下执行，命令如下：

```
switchport mode {access | trunk}
no switchport mode
```

若一个 switchport 的模式是 Access，则该接口只能为一个 VLAN 的成员。可以使用 switchport access vlan 命令指定该接口是哪一个 VLAN 的成员，这种配置被称为 Port VLAN。

若一个 switchport 的模式是 Trunk，则该接口可以是多个 VLAN 的成员，这种配置被称为 Tag VLAN。

Trunk 接口默认可以传输本交换机支持的所有 VLAN（1~4094），也可以通过设置接口的许可 VLAN 列表来限制某些 VLAN 的流量不能通过这个 Trunk 接口。在 Trunk 接口修改许可 VLAN 列表的命令如下：

```
switchport trunk allowed vlan {all | [add | remove | except] vlan-list}
```

把 fa0/1 配成 Trunk 接口，命令如下：

```
nsrjgc# configure terminal
nsrjgc(config)# interface fastethernet0/1
nsrjgc(config-if)# switchport mode trunk
```

把接口 fa0/20 配置为 Trunk 接口，但是不包含 VLAN 2，命令如下：

```
nsrjgc(config)# interface fastethernet0/20
nsrjgc(config-if)# switchport trunk allowed vlan remove 2
nsrjgc(config-if)# end
```

项目 8-1：跨越交换机相同 VLAN 通信。某学院的网络中，计算机 rj1 和 rj3 属于网络技术教研室，rj2 和 rj4 属于动画教研室，rj1 和 rj2 连接在交换机 NS1 上，rj3 和 rj4 连接在交换机 NS2 上，如图 8-13 所示。两个教研室要求互相隔离，本实验的目的是实现跨两台交换机将不同接口划归不同的 VLAN。

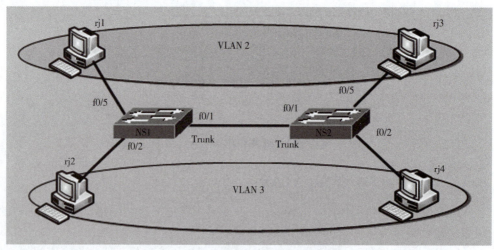

图 8-13　跨越交换机相同 VLAN 通信

第8章 虚拟局域网技术

基本参数如下。

rj1：192.1610.130.91/24，网关 192.1610.130.1。
rj2：192.1610.197.191/24，网关 192.1610.197.1。
rj3：192.1610.130.99/24，网关 192.1610.130.1。
rj4：192.1610.197.191/24，网关 192.1610.197.1。

网络技术教研室属于 VLAN 2，动画教研室属于 VLAN 3。

NS1 配置如下：

```
Switch>en
Switch#conf t
Enter configuration commands, one per line.  End with CNTL/Z.
Switch(config)#hostname NS1
NS1(config)#vlan 2
NS1(config-vlan)#exit
NS1(config)#vlan 3
NS1(config-vlan)#exit
NS1(config)#int f0/2
NS1(config-if)#switchport access vlan 3
NS1(config-if)#exit
NS1(config)#int f0/5
NS1(config-if)#switchport access vlan 2
NS1(config-if)#exit
NS1(config)#
```

NS2 配置如下：

```
Switch>en
Switch#conf t
Enter configuration commands, one per line.  End with CNTL/Z.
Switch(config)#hostname NS2
NS2(config)#vlan 2
NS2(config-vlan)#exit
NS2(config)#vlan 3
NS2(config-vlan)#exit
NS2(config)#int f0/5
NS2(config-if)#switchport access vlan 2
NS2(config-if)#exit
NS2(config)#int f0/2
NS2(config-if)#switchport access vlan 3
NS2(config-if)#exit
NS2(config)#
```

此时各主机已经划分到了正确的 VLAN 中，目前同教研室之间是不能通信的，要实现通信必须配置 Trunk，命令如下：

```
NS1(config)#int f0/1
NS1(config-if)#switchport mode trunk
%LINEPROTO-5-UPDOWN:Line protocol on Interface FastEthernet0/1,changed state to down
%LINEPROTO-5-UPDOWN:Lineprotocol on Interface FastEthernet0/1,changed state to up
NS1(config-if)#switchport trunk allowed vlan all
NS1(config-if)#
NS2(config)#int f0/1
NS2(config-if)#switchport mode trunk
NS2(config-if)#switchport trunk allowed vlan all
NS2(config-if)#
```

配置完以上属性后，同教研室之间的主机就能实时通信了。

8.5 单臂路由

  VLAN 技术是现在局域网建设中常用的重要网络技术，通过在交换机上划分适当数目的 VLAN，不仅能有效隔离广播风暴，还能提高网络安全系数及网络带宽的利用效率。划分 VLAN 之后，不同 VLAN 间的连通问题就成了我们在网络配置过程中经常遇到的问题。通常，我们采用路由器（如图 8-14 所示）或三层交换设备（如图 8-15 所示）来实现 VLAN 间通信。我们知道，路由器实现路由功能通常是数据报从一个接口进来，然后从另一个接口出去，现在路由器与交换机之间通过一条主干实现通信或数据转发。也就是说，路由器仅用一个接口实现数据的进与出，因此我们形象地称它为单臂路由。单臂路由是解决 VLAN 间通信的一种经济而实用的解决方案。

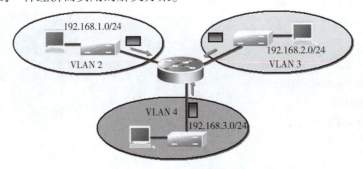

图 8-14　用路由器实现 VLAN 间通信

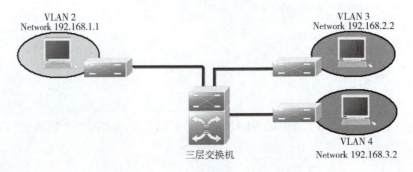

图 8-15　用交换机实现 VLAN 间通信

有时，我们也用三层交换机代替路由器的网络结构，而且用三层交换机可能更具有普遍意义。因为传统的路由器要将每一个数据包进行路由和交换处理，速度慢，效率低，而三层交换机是将许多同类型的数据包进行一次路由，多次交换，速度更快且效率更高。Cisco Catalyst 2950-24 是 Cisco 产品线中的工作组级交换机。下面介绍具体的实验步骤。

（1）配置单臂路由。路由器必须有快速以太网接口支持 Trunk 协议的封装，如选择通过 f0/0 与交换机作 Trunk，就需要在 f0/0 上配置子接口，并在路由器上配置路由协议。前面提到过，目前以太网 Trunk 的封装模式共有两种，即 802.1Q 和 ISL，其中 802.1Q 是一种 IEEE 标准，各个交换机厂商均兼容这种 Trunk 封装模式；而 ISL 是 Cisco 特有的一种 Trunk 封装模式，只有 Cisco 的产品支持这种 Trunk 封装模式。ISL 封装添加到以太网数据帧 30 个额外的 Byte，其中 26Byte 的 ISL 标记在头部，4Byte 的帧校验序列（FCS）在尾部。802.1Q 通过在帧头插入一个 4Byte 的 VLAN 标识符来标识 VLAN，该过程被称为帧标记（Frame Tagging）。此前在路由器中介绍过子接口相关情况，这里就不再介绍了。

（2）用 2950 交换机作 Trunk。有些交换机可以选择 Trunk 封装模式，而 2950 交换机仅支持 802.1Q，因此不需要指定 Trunk 封装模式。

（3）在交换机 Catalyst 2950 的 VLAN 库中创建 VLNA。

项目 8-2：单臂路由。设置 VLAN 间通信，通过一个路由器的一个接口实现三层转发，如图 8-16 所示。

基本参数如下。

rj1：192.1610.1.2/24，网关 192.1610.1.1，属于 VLAN 2。

rj2：192.1610.2.2/24，网关 192.1610.2.1，属于 VLAN 3。

rj3：192.1610.3.2/24，网关 192.1610.3.1，属于 VLAN 4。

单笔路由和跨越交换机相同 VLAN 通信

图 8-16 单臂路由

交换机配置如下：

```
Switch>en
Switch#conf t
Enter configuration commands,one per line. End with CNTL/Z.
Switch(config)#hostname NS2
NS2(config)#vlan 2
```

```
NS2(config-vlan)#exit
NS2(config)#vlan 3
NS2(config-vlan)#exit
NS2(config)#vlan 4
NS2(config-vlan)#exit
NS2(config)#int f0/2
NS2(config-if)#switchport access vlan 2
NS2(config-if)#exit
NS2(config)#int f0/3
NS2(config-if)#switchport access vlan 3
NS2(config-if)#exit
NS2(config)#int f0/4
NS2(config-if)#switchport access vlan 4
NS2(config-if)#exit
NS2(config)#int f0/1
NS2(config-if)#switchport mode trunk
%LINEPROTO-5-UPDOWN:Line protocol on Interface FastEthernet0/1,changed state to down
%LINEPROTO-5-UPDOWN:Line protocol on Interface FastEthernet0/1,changed state to up
NS2(config-if)#switchport trunk allowed vlan all
NS2(config-if)#
```

路由器配置如下：

```
Router>enable
Router#configure terminal
Enter configuration commands,one per line. End with CNTL/Z.
Router(config)#hostname NS1
NS1(config)#int f0/0
NS1(config-if)#no shut
%LINK-5-CHANGED:Interface FastEthernet0/0,changed state to up
%LINEPROTO-5-UPDOWN:Line protocol on Interface FastEthernet0/0,changed state to up
NS1(config-if)#exit
NS1(config)#int f0/0.2
%LINK-5-CHANGED:Interface FastEthernet0/0.2,changed state to up
%LINEPROTO-5-UPDOWN:Line protocol on Interface FastEthernet0/0.2,changed state to upNS1(config-subif)#
NS1(config-subif)#encapsulation dot1Q 2
NS1(config-subif)#ip add 192.1610.1.1 255.255.255.0
NS1(config-subif)#no shut
NS1(config-subif)#exit
NS1(config)#int f0/0.3
%LINK-5-CHANGED:Interface FastEthernet0/0.3,changed state to up
%LINEPROTO-5-UPDOWN:Line protocol on Interface FastEthernet0/0.3,changed state to upNS1(config-subif)#
NS1(config-subif)#encapsulation dot1Q 3
```

```
NS1(config- subif)#ip add 192.1610.2.1 255.255.255.0
NS1(config- subif)#no shut
NS1(config- subif)#exit
NS1(config)#int f0/0.4
%LINK- 5- CHANGED:Interface FastEthernet0/0.4,changed state to up
%LINEPROTO- 5- UPDOWN:Line protocol on Interface FastEthernet0/0.4,changed state to upNS1(con-
fig- subif)#
NS1(config- subif)#encapsulation dot1Q 4
NS1(config- subif)#ip add 192.1610.3.1 255.255.255.0
NS1(config- subif)#no shut
NS1(config- subif)#exit
NS1(config)#
```

注意：一定要先封装再配置地址，802.1q 是标准协议，要能正常通信，所有设备都要遵循同样的协议，否则不能正常通信。

单臂路由也有缺点，一方面，它非常消耗路由器 CPU 与内存的资源，在一定程度上影响了网络数据包传输的效率，另一方面，它将本来可以由三层交换机内部完成的工作交给了额外的设备完成，对于连接线路的要求是非常高的。另外，通过单臂路由将本来划分得完好的 VLAN 彻底打破，原有的提高安全性与减少广播数据包等措施起到的效果也大大降低了。虽然单臂路由有以上缺点，但它仍然是企业网络升级、经费紧张时一个不错的选择。

单臂路由方式只是对现有网络升级时采取的一种策略，在企业内部网络中划分了 VLAN，当 VLAN 之间有部分主机需要通信，但交换机不支持三层交换的，可以使用该方法来解决实际问题。

8.6 VLAN 中继协议

在较大型的网络中会有多个交换机，同时也会有多个 VLAN，如果在每个交换机上分别把 VLAN 创建一遍，这会是一个工作量很大的任务。假设网络中有 M 个交换机，共划分了 N 个 VLAN，则为了保证网络正常工作，需要在每个交换机上都创建 N 个 VLAN，共 $M \times N$ 个 VLAN，随着 M 和 N 的增大，这项任务将会枯燥而繁重。VTP 可以帮助我们减少这些枯燥繁重的工作，管理员在网络中设置一个或多个 VTP 服务器，然后在服务器上创建和修改 VLAN，VTP 会将这些修改通告给其他交换机，这些交换机更新 VLAN 信息（VLAN ID 和 VLAN Name）。由此可见，VTP 使 VLAN 的管理更加自动化。

8.6.1 VTP 原理

1. VTP 域

VTP 域（VTP Domain）由需要共享相同 VLAN 信息的交换机组成，只有在同一个 VTP 域（即 VTP 域的名字相同）的交换机才能同步 VLAN 信息。

根据交换机在 VTP 域中的作用不同，VTP 可以分为以下 3 种模式。

（1）Server（服务器模式）。在 VTP 服务器上能创建、修改和删除 VLAN，同时这些信息会在 Trunk 链路上通告给域中的其他交换机；VTP 服务器收到其他交换机的 VTP 通告后会更改自己的 VLAN 信息，并进行转发。VTP 服务器会把 VLAN 信息保存在 NVRAM 中，则重新启动交换机，这些 VLAN 还会存在。默认情况下，交换机是服务器模式。每个 VTP 域必须至少有一台服务器，当然也可以有多台。

（2）Client（客户机模式）。在 VTP 客户端不允许创建、修改和删除 VLAN，但它会监听来自其他交换机的 VTP 通告并更改自己的 VLAN 信息，接收到的 VTP 信息也会在 Trunk 链路上向其他交换机转发，因此这种交换机还能充当 VTP 中继；VTP 客户端把 VLAN 信息保存在 RAM 中，交换机重新启动后，这些信息会丢失。

（3）Transparent（透明模式）。这种模式的交换机不完全参与 VTP。可以在这种模式的交换机上创建、修改和删除 VLAN，但是这些 VLAN 信息并不会通告给其他交换机，它也不接受其他交换机的 VTP 通告而更新自己的 VLAN 信息。然而，它会通过 Trunk 链路转发收到的 VTP 通告，从而充当 VTP 中继的角色，因此完全可以把该交换机看成是透明的。VTP Transparent 仅会把本交换机上的 VLAN 信息保存在 NVRAM 中。

2. VTP 通告

VLAN 信息的同步是通过 VTP 通告来实现的，VTP 通告只能在 Trunk 链路上传输（因此交换机之间的链路必须成功配置 Trunk）。VTP 通告是以组播帧的方式发送的，VTP 通告中有一个字段称为修订号（Revision），代表 VTP 帧的修订级别，它是一个 32 位的数字。交换机的默认修订号为 0。每次添加或删除 VLAN 时，修订号都会递增。修订号用于确定从另一台交换机收到的 VLAN 信息是否比储存在本交换机上的信息更新。若收到修订号更高的 VTP 通告，则本交换机将根据此通告更新自身的 VLAN 信息。若交换机收到修订号更低的 VTP 通告，会用自己的 VLAN 信息反向覆盖。需要注意的是，修订号高的通告会覆盖修订号低的通告，而不管自己或对方是服务器端还是客户端。

VTP 通告包含以下 3 种通告类型。

（1）总结通告。

①触发总结通告的情况：VTP 服务器或客户机每 300 s 发送一次给邻居交换机；执行配置操作。

②总结通告包含的信息：VTP 域名、当前修订号、VTP 配置详细信息等。

（2）子集通告。

①触发子集通告的情况：创建或删除 VLAN、暂停或激活 VLAN、更改 VLAN 名称和更改 VLAN 的 MTU（Maximum Transmission Unit，最大传输单元）。

②子集通告包含的信息：VLAN 信息。

（3）请求通告。当向 VTP 域中的 VTP 服务器发送请求通告时，VTP 服务器的响应方式是先发送总结通告，接着发送子集通告。

触发请求通告的情况：VTP 域名变动、交换机收到的总结通告包含比自身更高的修订号、子集通告消息由于某些原因丢失、交换机被重置。

下面通过实例来对 VTP 工作流程进行分析，如图 8-17 所示。

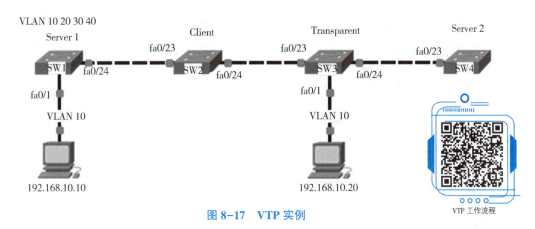

图 8-17 VTP 实例

VTP 服务器会发送 VTP 通告到同一域内网络中每台开启 VTP 的交换机中，交换机的默认 VTP 状态是服务器，这种状态的交换机会参与通告的发送与转发，并更新自身 VTP 状态，下面通过 4 台交换机来进行验证。VTP 状态如表 8-1 所示。

表 8-1　VTP 状态

项目	VTP Server	VTP Client	VTP Transparent
VTP 通告	发送/转发	发送/转发	转发
是否更新状态	是	是	否

配置步骤如下：

```
Switch>en
Switch#conf t
Switch(config)#hostname SW1
SW1(config)#int fa0/24
SW1(config- if)#switchport mode trunk//定义接口为 Trunk 模式,用来传输各个 VLAN 信息
SW1(config- if)#exit
SW1(config)#vtp domain rj//定义 VTP 工作域
SW1(config)#vtp password 123//定义 VTP 认证口令,其他设备必须定义相同口令才能完成 VTP 通告的流畅转发
SW1(config)#vtp mode server//定义 VTP 工作模式,Cisco 设备默认是 Server 模式
SW1(config)#vlan 10
SW1(config- vlan)#vlan 20
SW1(config- vlan)#vlan 30
SW1(config- vlan)#vlan 40
SW1(config- vlan)#vlan 50
SW1(config- vlan)#exit
SW1(config)#int fa 0/1
SW1(config- if)#switchport mode access//设置接口为接入模式
SW1(config- if)#switchport access vlan 10//将接口接入 VLAN 10

Switch>en
Switch#conf t
```

```
Switch(config)#hostname SW2
SW2(config)#int range fa0/23 - 24//范围选取接口,将 23~24 范围内的接口选中
SW2(config-if-range)#switchport mode trunk
SW2(config-if-range)#exit
SW2(config)#vtp domain rj
SW2(config)#vtp mode client
SW2(config)#vtp password 123
SW2(config)#exit
```

```
Switch>en
Switch#conf t
Switch(config)#hostname SW3
SW3(config)#int range fa0/23- 24
SW3(config-if-range)#switchport mode trunk
SW3(config-if-range)#int fa0/1
SW3(config-if)#switchport mode access
SW3(config-if)#switchport access vlan 10//透明模式只转发 VTP 通告,不同步 VLAN 信息,所以 SW3 设备上没有 VLAN 10,我们这里直接将 fa0/1 接口接入 VLAN 10,设备将自动创建一个 VLAN 10
SW3(config-if)#exit
SW3(config)#vtp domain rj
SW3(config)#vtp mode transparent
SW3(config)#vtp password 123
```

```
Switch>en
Switch#conf t
Switch(config)#hostname SW4
SW4(config)#int fa0/23
SW4(config-if)#switchport mode trunk
SW4(config-if)#exit
SW4(config)#vtp domain rj
SW4(config)#vtp mode server
SW4(config)#vtp password 123
SW4(config)#exit
```

8.7 虚拟专用网

目前,VPN 技术凭借其特有的灵活性、安全性、经济性和扩展性,已成为企业主流的远程访问方式之一。VPN 技术的最大优点在于利用了 Internet 这个公共网络平台安全地传输信息,大大降低了建设专用网络连接所需的线路费用,同时使企业网络可以无限延伸,无论是在家办公还是在外出差的员工,借助 VPN 技术都能安全地访问企业内部网的资源。

8.7.1 VPN 定义

随着企业业务的不断发展，越来越多的员工需要到外地出差或居家办公。由于工作的需要，他们经常要连接到企业的内部网络。那么，如何能安全地将这些地理位置分散的员工连接到企业的内部网呢？传统解决方法是在企业内部架设远程访问服务器，远程用户通过电话线路或 ISDN(Integrated Service Digital Network，综合业务数字网)线路远程拨号连接到远程访问服务器，实现与企业内部网络的数据传递和信息交换。这种方法的缺点是通信速度慢，而且成本也非常高。

例如，一个员工在北京出差，其企业总部在广州，通过远程拨号上网，光电话费都不少，而且最多也只能达到 ISDN 的连接速度。为了支持多用户的同时访问，企业还需要配备多条连接线路。虚拟专用网络(Virtual Private Network，VPN)技术正好弥补了这一缺陷，它能够利用 Internet 或其他公共网络传输数据，能达到传统专用网络的安全性。远程用户只要能连接上 Internet，就能随时随地安全地接入企业内部网络，在连接时只需要向当地 ISP 支付廉价的 Internet 连接费用即可。

使用 VPN 技术实现远程用户接入企业内部网的拓扑结构如图 8-18 所示。

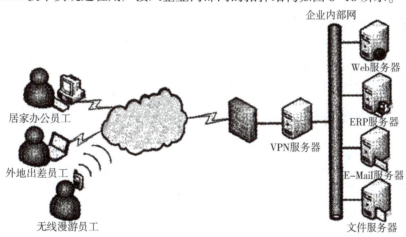

图 8-18　使用 VPN 技术实现远程用户接入企业内部网的拓扑结构

对于 VPN 技术，可以把它理解成是虚拟出来的企业内部专线。它可以通过特殊的加密通信协议，在位于 Internet 不同位置的两个或多个企业内联网络之间建立专有的通信线路，就好像架设了一条专线一样，但是它并不需要真正地去铺设光缆之类的物理线路。这好比去电信局申请专线，但是不用给铺设线路的费用，也不用购买路由器等硬件设备。VPN 技术最早是路由器的重要技术之一，而且交换机、防火墙设备甚至 Windows 2000 等软件也都开始支持 VPN 功能。总之，VPN 的核心就是利用公共网络资源为用户建立虚拟的专用网络。

VPN 是一种网络新技术，它不是真的专用网络，但却能够实现专用网络的功能。VPN 指的是依靠 ISP 和其他 NSP(Network Service Provider，网络服务提供商)在公用网络中建立专用的数据通信网络的技术。在 VPN 中，任意两个节点之间的连接并没有传统专用网络所需的端到端的物理链路，而是利用某种公共网络资源动态组成的。所谓虚拟，是指用户不再需要拥有实际的物理上存在的长途数据线路，而是使用 Internet 公共数据网络的长途数据线路。所谓专用网络，是指用户可以为自己制定一个最符合自己需求的网络。

简单地说，VPN 是指通过一个公用网络（通常是 Internet）建立一个临时的、安全的连接，是一条穿过混乱的公用网络的安全、稳定的隧道。它能够让各单位在全球范围内架构起自己的局域网，是单位局域网向全球化的延伸，并且此网络拥有与专用内联网络相同的功能及在安全性、可管理性等方面的特点。VPN 对客户端透明，用户好像使用一条专用线路在客户计算机和企业服务器之间建立点对点连接，进而进行数据的传输。虽然 VPN 通信建立在公共互联网络的基础上，但是用户在使用 VPN 时感觉如同在使用专用网络进行通信，所以得名虚拟专用网络。VPN 是原有专线式专用广域网络的代替方案，代表了当今网络发展的最新趋势。VPN 不会改变原有广域网络的特性，如多重协议的支持、高可靠性及高扩充性，它只是在更符合成本效益的基础上拥有这些特性。

通过以上分析，可以从通信环境和通信技术层面给出 VPN 的详细定义。

（1）在 VPN 通信环境中，存取受到严格控制，当只有被确认为是同一个公共体的内部同层（对等）连接时，才允许它们进行通信，而 VPN 环境的构建则是通过对公共通信基础设施的通信介质进行某种逻辑分割来实现的。

（2）VPN 通过共享通信基础设施为用户提供定制的网络连接服务，这种定制的连接要求用户共享相同的安全性、优先级服务、可靠性和可管理性策略，在共享的通信基础设施上采用隧道技术和特殊配置技术，仿真点到点的连接。

总之，VPN 可以构建在两个端系统之间、两个组织机构之间、一个组织机构内部的多个端系统之间、跨越 Internet 的多个组织之间及单个或组合的应用之间，为企业之间的通信构建了一个相对安全的数据通道。

8.7.2 VPN 的原理

一般来说，两台具有独立 IP 并连接上 Internet 的计算机，只要知道对方的 IP 地址就可以进行直接通信。但是，位于这两台计算机之下的网络是不能直接互联的。因为这些私有网络和公用网络使用了不同的地址空间或协议，即私有网络和公用网络之间是不兼容的。VPN 的原理就是在这两台直接和公网连接的计算机之间建立一条专用通道。私有网络之间的通信内容经过发送端计算机或其他设备打包，通过公用网络的专用通道进行传输，然后在接收端解包，还原成私有网络的通信内容，转发到私有网络中。这样对于两个私有网络来说，公用网络就像普通的通信电缆，而接在公用网络上的两台私有计算机或其他设备则相当于两个特殊的节点。由于 VPN 连接的特点，私有网络的通信内容会在公用网络上传输，出于安全和效率的考虑，一般通信内容需要加密或压缩。而通信过程的打包和解包工作则必须通过一个双方协商好的协议进行，这样在两个私有网络之间建立 VPN 通道将需要一个专门的过程，依赖于一系列不同的协议。这些设备和相关的设备及协议组成了一个 VPN 系统。一个完整的 VPN 系统一般包括以下 3 个部分。

1. VPN 服务器端

VPN 服务器端是能够接收和验证 VPN 连接请求，并处理数据打包和解包工作的一台计算机或其他设备。VPN 服务器端的操作系统可以选择 Windows NT 4.0、Windows 2000、Windows XP、Windows 2003，相关组件为系统自带，要求 VPN 服务器已经接入 Internet，并且拥有一个独立的公网 IP。

2. VPN 客户端

VPN 客户端是能够发起 VPN 连接请求，并且也可以进行数据打包和解包工作的一台计算机或其他设备。VPN 客户端的操作系统可以选择 Windows 98、Windows NT 4.0、Windows 2000、Windows XP、Windows 2003，相关组件为系统自带，要求 VPN 客户端已经接入 Internet。

3. VPN 数据通道

VPN 数据通道是一条建立在公用网络上的数据连接。其实，所谓的服务器端和客户机端在 VPN 连接建立之后，在通信过程中扮演的角色是一样的，区别仅在于连接是由谁发起的而已。

假设现在有一台主机想要通过公共网络（如 Internet）连入公司的内部网，首先该主机通过拨号等方式连接到公共网络，再通过 VPN 拨号方式与公司的 VPN 服务器建立一条虚拟连接，这就是用隧道技术实现 VPN，如图 8-19 所示。在建立连接的过程中，双方必须确定采用何种 VPN 协议和连接线路的路由等。

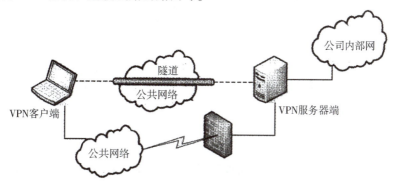

图 8-19　用隧道技术实现 VPN

当隧道建立完成后，用户与公司内部网之间要利用该 VPN 进行通信时，发送方会根据所使用的 VPN 协议，对所有的通信信息进行加密，并重新添加上数据报的首部封装成为在公共网络上发送的外部数据报。然后通过公共网络将数据发送至接收方。接收方在接收到该信息后根据所使用的 VPN 协议，对数据进行解密。

因为在隧道中传送的外部数据报的数据部分（即内部数据报）是加密的，所以在公共网络上所经过的路由器都不知道内部数据报的内容，这样就确保了通信数据的安全。同时，因为会对数据报进行重新封装，所以可以实现其他通信协议数据报在 TCP/IP 网络中传输。

8.7.3　VPN 协议

隧道技术是 VPN 技术的基础，在创建隧道过程中，隧道的客户端和服务器端必须使用相同的隧道协议。

按照 OSI 参考模型划分，隧道协议可以分为第二层和第三层隧道协议。第二层隧道协议使用帧作为数据交换单位。PPTP、L2TP 和 L2F 都属于第二层隧道协议，它们都将数据封装在 PPP 帧中通过互联网发送。第三层隧道协议使用包作为数据交换单位。IP over IP 和 IPSec 都属于第三层隧道协议，它们都将 IP 包封装在附加的 IP 包头中通过 IP 网络传送。下面介绍几种常见的隧道协议。

1. L2TP（第二层隧道协议）

L2TP 是基于 RFC 的隧道协议，它依赖加密服务的 Internet 协议安全性（IPSec）。该协议允许客户端通过其间的网络建立隧道，L2TP 还支持信道认证，但它没有规定信道保护的方法。

2. PPTP（点对点隧道协议）

PPTP 是 PPP 的扩展，并协调使用 PPP 的身份验证、压缩和加密机制。它允许对 IP、IPX 或 NetBEUI 数据流进行加密，然后封装在 IP 包头中，通过 Internet 这样的公共网络发送，从而实现多功能通信。

PPTP 是使用一般路由封装（GRE）报头和 IP 报头封装 PPP 帧（包含一个 IP、IPX 或 ADpletalk 数据报）的，响应 VPN 客户端和 VPN 服务器端的源 IP 地址及目标 IP 地址位于 IP 报头中。PPP 封装包结构如图 8-20 所示。

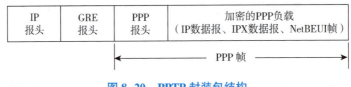

图 8-20　PPTP 封装包结构

PPTP 也可以使非 IP 网络进行 Internet 通信，需要注意的是，PPTP 会话不能够通过代理服务器进行。

3. IPSec（因特网协议安全性）

IPSec 是由 IETF 定义的一套在网络层提供 IP 安全性的协议。它主要用于确保网络层之间的安全通信。该协议使用 IPSec 协议集保护 IP 网和非 IP 网上的 L2TP 业务。在 IPSec 协议中，一旦 IPSec 通道建立，在通信双方网络层之上的所有协议（如 TCP、UDP、SNMP、HTTP、POP 等）就要经过加密，而不管这些通道构建时所采用的安全和加密方法如何。

8.8　三层交换

1. 三层交换概述

众所周知，传统的交换技术是在 OSI 参考模型中的第二层——数据链路层进行操作的，而三层交换技术是在 OSI 参考模型中的第三层实现了数据包的高速转发。

三层交换机可以看作是路由器的简化版，是为了加快路由速度而出现的一种网络设备。路由器的功能虽然非常完备，但完备的功能使路由器的运行速度变慢，而三层交换机则将路由工作接过来，并改为硬件来处理路由（路由器是由软件来处理路由的），从而达到了加快路由速度的目的。

在传统的网络结构中，路由器实现了广播域隔离，同时提供了不同网段之间的通信，如图 8-21 所示，3 个 IP 子网分别为 C 类 IP 地址构成的网段，根据 IP 网络通信规则，只有通过路由器才能使 3 个网段相互访问，即实现路由转发功能。传统路由器是依靠软件实现路由功能的，同时提供了很多附加功能，因此分组交换速率较慢。若用二层交换机替换路由器，将其改造为交换式局域网，不同子网之间又无法访问，这时只要重新设定子网掩码，扩大子网范围（如对图 8-21 所示的子网，将子网掩码改为 255.255.0.0），就能实现相互访问，但同时又产生新的问题：逻辑网段过大、广播域较大、所有设备需要重新设置。若引入三层交换机,并基于 IP 地址划分 VLAN,既实现了广播域的控制,也解决了网段划分之后网段中子网必须依赖路由器进行管理的问题,这样既解决了传统路由器低速、复杂所造成的网络问题,又实现了子网之间的互访,提高了网络的性能。

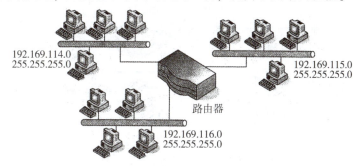

图 8-21　传统以路由器为中心的网络结构

三层交换机可以定义为在二层交换机的基础上,理解第三层信息(如第三层协议、获取 IP 地址),并能基于第三层信息转发数据的设备。三层交换机并非继承了传统路由器的所有功能及服务,它减少了处理的协议数,如第三层只处理 IP、第二层只针对以太网,路由转发功能做到硬件中(如使用专用集成电路芯片),因此实现了所谓第三层线性交换能力,并使基于三层交换机的交换式网络具有高速通信能力。因为传统的网络中只有路由器可以读懂第三层分组信息,所以也称三层交换机为路由式交换机。当然,它绝不是路由器的换代产品。三层交换机的主要用途是代替传统路由器作为网络的核心。因此,凡是没有广域网连接需求同时需要路由器的地方,都可以用三层交换机代替路由器。图 8-22 所示为一款三层交换机。

图 8-22　三层交换机

在企业网和教学网中,一般会将三层交换机用在网络的核心层,用三层交换机上的千兆接口或百兆接口连接不同的子网或 VLAN。三层交换机的网络结构相对简单,节点数相对较少,它不需要较多的控制功能,并且成本较低。

在目前的宽带网络建设中,三层交换机一般被放置在小区的中心和多个小区的汇聚层,核心层一般采用高速路由器。在宽带网络建设中,网络互联只是其中的一项需求,因为宽带网络中的用户需求各不相同,所以需要较多的控制功能,这正是三层交换机的弱点。因此,宽带网络的核心层一般采用高速路由器。

三层交换机工作过程实例如图 8-23 所示。图中计算机具有 C 类 IP 地址,共两个子网:192.168.114.0、192.168.115.0。现在用户 X 基于 IP 需向用户 W 发送信息,由于并不知道 W 在什么地方,因此 X 首先发出 ARP 请求。三层交换机能够理解 ARP,并查找地址列表,再将数据只放到连接用户 W 的接口,而不会广播到所有交换机的接口。

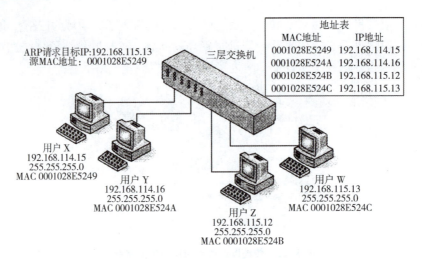

图 8-23 三层交换机工作过程实例

2. 第三层交换技术的原理

一个具有第三层交换功能的设备是一个带有第三层路由功能的二层交换机。简单地说，三层交换技术就是"二层交换技术+三层转发技术"。从硬件的实现上看，目前，二层交换机的接口模块都是通过高速背板/总线(速率可高达几十 Gbps)交换数据的，在三层交换机中，与路由器有关的第三层路由硬件模块也插在高速背板/总线上，这种方式使路由模块可以与需要路由的其他模块间进行高速的数据交换，从而突破了传统的外接路由器接口速率的限制(10~100 Mbps)。在软件方面，三层交换机将传统的路由器软件进行了界定。对于数据包的转发(如 IP/IPX 包的转发)这些有规律的过程，通过硬件得以高速实现；对于第三层路由功能，如路由信息的更新、路由表的维护、路由计算、路由的确定等功能，通过优化、高效的软件实现。

三层交换机实际上已经历了三代。第一代产品相当于运行在一个固定内存处理机上的软件系统，性能较差。虽然在管理和协议功能方面有许多改善，但当用户的日常业务更加依赖于网络，导致网络流量不断增加时，网络设备便成了网络传输瓶颈。第二代交换机的硬件引进了专门用于优化第二层处理的专用集成电路芯片(ASIC)，性能得到了极大改善与提高，并降低了系统的整体成本。第三代交换机并不是简单地建立在第二代交换设备上，而是在第三层路由、组播及用户可选策略等方面提供了线速性能，在硬件方面也采用了性能与功能更先进的 ASIC。

三层交换机实际上就好像是将传统二层交换机与传统路由器结合起来的网络设备，它既可以完成传统交换机的接口交换功能，又可以完成路由器的路由功能。当然，它是二者的有机结合，并不是把路由器设备的硬件和软件简单地叠加在局域网交换机上，而是各取所长的逻辑结合。其中最重要的表现是，当某一信息源的第一个数据流进入三层交换机后，其中的路由系统将会产生一个 MAC 地址与 IP 地址的映射表，并将该表存储起来，当同一信息源的后续数据流再次进入三层交换机时，交换机将根据第一次产生并保存的地址映射表，直接从第二层由源地址传输到目标地址，而不再经过第三层路由系统处理，从而消除了路由选择时造成的网络时延，提高了数据包的转发效率，解决了网间传输信息时路由产生的速率瓶颈。

三层交换机原理如图 8-24 所示，假设两个使用 IP 协议的主机 A、B 通过三层交换机进行通信，A 在开始发送时，已经知道 B 的 IP 地址，但尚不知道在局域网上发送所需要的 B 的 MAC 地址，要采用地址解析协议 ARP 来确定 B 的 MAC 地址。A 把自己的 IP 地址与 B 的 IP 地址进行比较，采用其软件中配置的子网掩码提取出网络地址来确定 B 是否与自己在同一子网内。若 B 与 A 在同一子网中，则只需进行第二层的转发。A 会广播一个 ARP 请求，B 接到请求后返回自己的 MAC 地址，A 得到 B 的 MAC 地址后将这一地址缓存起来，第二层交换模块根据此 MAC 地址查找 MAC 转发表，确定将数据发送到哪个目的接口。若两台主机不在同一个子网中，如 A 要与 C 通信，A 要向默认网关发送 ARP 包，而默认网关的 IP 地址已经在系统软件中设置，这个 IP 地址实际上对应三层交换机的第三层交换模块。所以当 A 对默认网关的 IP 地址发出一个 ARP 请求时，若第三层交换模块在以往的通信过程中已得到 C 的 MAC 地址，则向发送站 A 回复 C 的 MAC 地址；否则第三层交换模块根据路由信息向 C 发出一个 ARP 请求，C 得到此 ARP 请求后向第三层交换模块回复其 MAC 地址，第三层交换模块保存此地址并回复给 A，同时将 C 的 MAC 地址发送到二层交换引擎的 MAC 转发表中。从这以后，当 A 再向 C 发送数据包时，便全部交给第二层交换处理，信息得以高速交换。因为在路由过程中才需要第三层处理，绝大部分数据都通过第二层交换转发，所以三层交换机的速度很快，接近二层交换机的速度，同时其价格还比相同路由器的价格低很多。

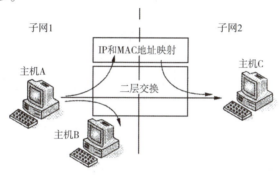

图 8-24 三层交换机原理

三层交换机具有以下优点。
(1) 有机的软硬件结合，使数据交换加速。
(2) 优化的路由软件，使路由过程效率提高。
(3) 除了必要的路由决定过程外，大部分数据转发过程由第二层交换处理。
(4) 多个子网互联时只是与第三层交换模块逻辑连接，不像传统的外接路由器那样需要增加接口。

三层交换机是实现 Intranet 的关键，它将二层交换机和第三层路由器两者的优势结合成一个灵活的解决方案，可在各个层次提供线速性能。这种集成化的结构还引进了策略管理属性，它不仅使第二层与第三层相互关联起来，而且还提供流量优化处理、安全以及多种其他的灵活功能，如接口链路聚合、VLAN 和 Intranet 的动态部署。

三层交换机分为接口层、交换层和路由层 3 部分。接口层包含了所有重要的局域网接口：10/100 Mbps 以太网、千兆以太网、FDDI 和 ATM。交换层集成了多种局域网接口并辅之以策略管理，同时还提供链路汇聚、VLAN 和 Tagging 机制。路由层提供主要的局域网路由协议（如 IP、IPX 和 AppleTalk），并通过策略管理，提供传统路由或直通的第三层转发技术。策略管理使网络管理员能根据企业的特定需求调整网络。

3. 三层交换机种类

三层交换机可以根据其处理数据的不同分为纯硬件和纯软件两大类。

(1)纯硬件的三层交换机。

纯硬件的三层交换机的实现技术复杂,成本高,但是速度快,性能好,负载能力强。纯硬件的三层交换机采用 ASIC 方式进行路由表的查找和刷新,其原理如图 8-25 所示。当数据由接口接收进来以后,首先在第二层交换芯片中查找相应的目的 MAC 地址,如果查到,就进行第二层转发,否则将数据送至第三层交换引擎。在第三层交换引擎中,ASIC 查找相应的路由表信息,与数据的目的 IP 地址相比较,然后发送 ARP 数据包到目的主机,得到该主机返回的 MAC 地址,将 MAC 地址发送到第二层交换芯片,由第二层交换芯片转发该数据包。

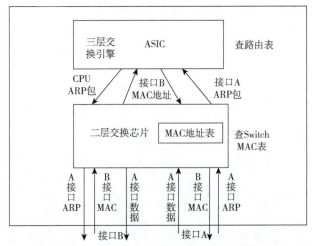

图 8-25 纯硬件三层交换机原理

(2)纯软件的三层交换机。

纯软件的三层交换机的实现技术较简单,但速度较慢,不适合作为主干,其原理是采用软件的方式查找路由表,如图 8-26 所示。当数据由接口接收进来以后,首先在二层交换芯片中查找相应的目的 MAC 地址,如果查到,就进行二层转发,否则将数据送至 CPU。CPU 查找相应的路由表信息,与数据的目标 IP 地址相比较,然后发送 ARP 数据包到目标主机,得到该主机返回的 MAC 地址,将 MAC 地址发到第二层交换芯片,由第二层交换芯片转发该数据包。因为 CPU 处理速度较慢,所以这种三层交换机处理速度较慢。

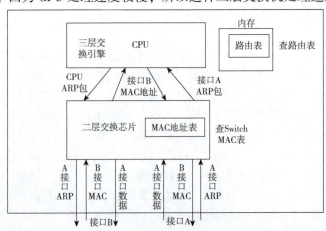

图 8-26 纯软件三层交换机原理

4. 三层交换机的基本配置

利用 SVI(Switch Virtual Interface,交换机虚拟接口)给 VLAN 分配地址,命令如下:

Switch(config)# vlan 10//创建 VLAN 10
Switch(config)int fa0/1
Switch(config-if)switch access vlan 10
Switch(config)int vlan 10
Switch(config-if)#ip address 192.168.10.254 255.255.255.0

三层交换机的配置

关闭接口的交换功能,命令如下:

Switch(config)int fa0/1
Switch(config-if)no switchport

下面以一个实例来说明三层交换机的作用。利用三层交换机和路由实现 NAT 负载均衡,如图 8-27 所示。

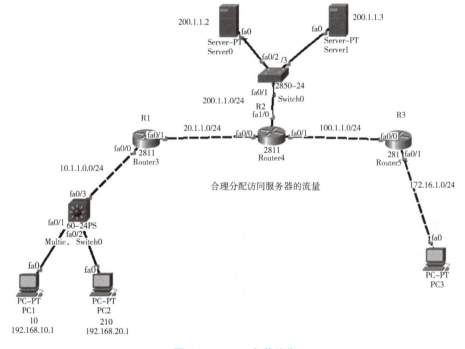

图 8-27 NAT 负载均衡

应注意的是,两台服务器的服务相同,内容可以不同。

交换机配置如下:

Switch(config)#vlan 10
Switch(config)#int f0/1
Switch(config-if)#sw ac vlan 10
Switch(config)#vlan 20
Switch(config)#int f0/2
Switch(config-if)#sw ac vlan 20
Switch(config-if)#int vlan 10
Switch(config-if)# ip address 192.168.10.1 255.255.255.0

Switch(config- if)#no shutdown
Switch(config- if)#int vlan 20
Switch(config- if)# ip address 192. 168. 20. 1 255. 255. 255. 0
Switch(config- if)#no shutdown
Switch(config)#int f0/3
Switch(config- if)#no switchport
Switch(config- if)# ip address 10. 1. 1. 1 255. 255. 255. 0
Switch(config- if)#no shutdown
Switch(config- if)#exit
Switch(config)#ip dhcp pool vlan10
Switch(config)#network 192. 168. 10. 0 255. 255. 255. 0
Switch(config)#default- router 192. 168. 10. 1
Switch(config)#ip dhcp pool vlan20
Switch(config)#network 192. 168. 20. 0 255. 255. 255. 0
Switch(config)#default- router 192. 168. 20. 1
Switch(config)#ip routing
Switch(config)#router rip
Switch(config- router)#version 2
Switch(config- router)#network 10. 0. 0. 0
Switch(config- router)# network 192. 168. 10. 0
Switch(config- router)#network 192. 168. 20. 0
Switch(config- router)#no auto- summary

R1 配置如下:

Router(config)#int f0/0
Router(config- if)#ip add 10. 1. 1. 2 255. 255. 255. 0
Router(config- if)#no sh
Router(config- if)#int f0/1
Router(config- if)#ip add 20. 1. 1. 1 255. 255. 255. 0
Router(config- if)#no sh
Router(config)#router rip
Router(config- router)#ver 2
Router(config- router)#network 10. 1. 1. 0
Router(config- router)#network 20. 1. 1. 0
Router(config- router)#no auto- summary
Router(config)#int f0/0
Router(config- if)#ip nat inside
Router(config- if)#int f0/1
Router(config- if)#ip nat outside
Router(config- if)#exit
Router(config)#access- list 1 permit 192. 168. 10. 0 0. 0. 0. 255
Router(config)#ip nat inside source list 1 interface f0/1 overload

R2 配置如下：

Router(config)#int f0/0
Router(config-if)#ip add 20.1.1.2 255.255.255.0
Router(config-if)#no sh
Router(config-if)#int f0/1
Router(config-if)#ip add 100.1.1.1 255.255.255.0
Router(config-if)#no sh
Router(config-if)#int f1/0
Router(config-if)#ip add 200.1.1.1 255.255.255.0
Router(config-if)#no sh

R3 配置如下：

Router(config)#int f0/0
Router(config-if)#ip add 100.1.1.2 255.255.255.0
Router(config-if)#no sh
Router(config-if)#int f0/1
Router(config-if)#ip add 172.16.1.1 255.255.255.0
Router(config-if)#no sh
Router(config)#ip nat pool abc 100.1.1.3 100.1.1.4 netmask 255.255.255.0
Router(config)#ip nat inside source list 2 pool abc overload
Router(config)#access-list 2 permit 172.16.1.0 0.0.0.255
Router(config)#int f0/0
Router(config-if)#ip nat outside
Router(config-if)#int f0/1
Router(config-if)#ip nat inside

负载均衡设置如图 8-28 所示。

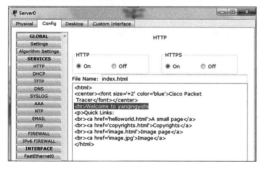 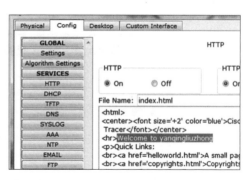

图 8-28　负载均衡设置

调整 R2 配置如下：

Router(config)#ip natinside source static tcp 200.1.1.2 80 100.1.1.1 80
Router(config)#ip nat inside source static tcp 200.1.1.2 80 20.1.1.2 80
Router(config)#ip nat inside source static tcp 200.1.1.3 80 100.1.1.1 80
Router(config)#ip nat inside source static tcp 200.1.1.3 8020.1.1.2 80
Router(config)#int f1/0
Router(config-if)#ip nat inside

Router(config-if)#int f0/1
Router(config-if)#ip nat outside
Router(config-if)#int f0/0
Router(config-if)#ip nat outside

检测 PC3 连通性，命令如下：

PC3>ping 100.1.1.1

PC3 连通性测试如图 8-29 所示。

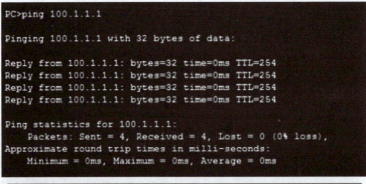

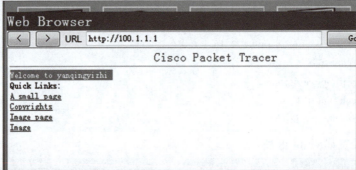

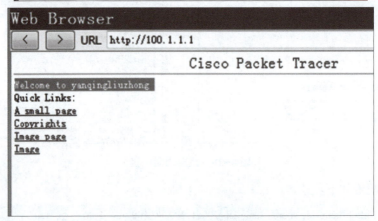

图 8-29　PC3 连通性测试

检测 PC1 连通性，命令如下：

PC1>ping 20.1.1.2

PC1 连通性测试如图 8-30 所示。

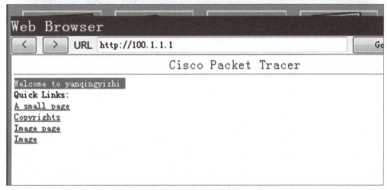

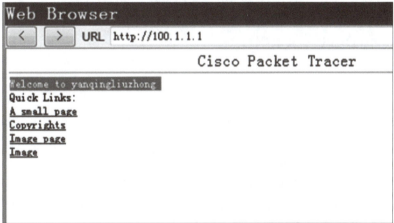

图 8-30 PC1 连通性测试

简答题

1. 什么是 VLAN？它的作用是什么？
2. VLAN 的种类及划分方法有哪些？
3. VLAN 各接口模式以及含义分别是什么？
4. 如何实现不同交换机之间相同 VLAN 的通信。
5. 如何实现单臂路由？
6. 三层交换机的特点以及功能有哪些？

第 9 章

高级交换技术

在主干网设备连接中,单一链路的连接很容易实现,但其容易产生故障,造成网络中断。在实际网络组建的过程中,为了保持网络的稳定性,在多台交换机组成的网络环境中通常都使用一些备份连接,以提高网络的健壮性、稳定性。这里的备份连接也称为备份链路或冗余链路。备份链路之间的交换机经常互相连接,形成一个环路,通过环路可以在一定程度上实现冗余。但是,环路也会给网络带来一些问题,交换机之间的环路将导致广播风暴、多帧复制、地址表不稳定等。本章将介绍什么是备份链路,以及怎样解决冗余带来的问题。

9.1 交换机中的备份链路

9.1.1 备份链路

在交换网络中,因为单点(单链路)故障容易导致系统瘫痪,所以引入了备份链路。但是,备份链路又会造成网络环路,当交换网络中出现环路时,会产生广播风暴、多帧复制和地址表不稳定等问题,如图9-1~图9-3所示。

在局域网中,很多网络协议都采用广播方式进行管理和操作,广播采用广播帧来发送和传递信息,广播帧是向局域网中所有主机发送,因此容易产生碰撞,为缓解碰撞又要重传更多的数据包,从而耗尽网络带宽,使网络瘫痪。

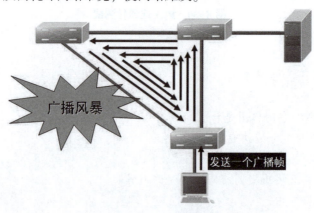

图9-1 产生广播风暴

当一台主机收到某个数据帧的多个副本时，使网络协议无从选择，不知选用哪个数据帧。

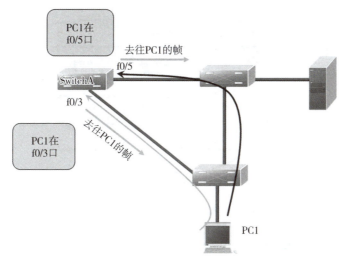

图 9-2　多帧复制

地址表不稳定的产生过程如下。

(1) 主机 X 发送一单点帧给路由器 Y。
(2) 路由器 Y 的 MAC 地址还没有被交换机 A 和 B 学习到。
(3) 交换机 A 和 B 都学习到主机 X 的 MAC 地址对应接口 0。
(4) 到路由器 Y 的数据帧在交换机 A 和 B 上会泛洪处理。
(5) 交换机 A 和 B 都错误学习到主机 X 的 MAC 地址对应接口 1。

在多帧复制时，也会导致 MAC 地址表的多次刷新，这种持续的更新、刷新过程会严重耗用内存资源，影响交换机的交换能力，降低网络的运行效率，严重时耗尽网络资源、导致网络瘫痪。

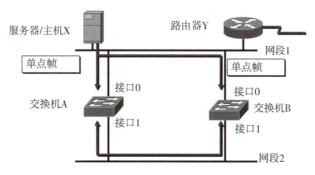

图 9-3　地址表不稳定

除以上问题外，在实际交换网络中，有时还会产生多重回路，如图 9-4 所示。

解决环路的最初思路是：当主要链路正常时，断开备份链路；当主要链路出现故障时，就自动启用备份链路。基于此思想，产生了生成树协议。

由于网络规模越来越大，传输的数据量更大，需要的带宽更多，充分利用备份链路使负载均衡成为人们关注的内容。

在交换式的网络中，实现冗余的方式主要有两种：生成树协议和链路捆绑技术。其中生成树协议是一个纯二层协议,链路捆绑技术既可在二层接口上,也可在三层接口上使用。

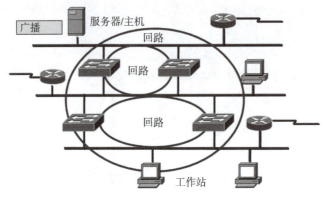

图 9-4 多重回路

9.1.2 二层链路聚合

1. 二层链路聚合的基本概念

把多个二层物理链接捆绑在一起形成一个简单的逻辑链接,则称这个逻辑链接为链路聚合。这些二层物理接口捆绑在一起,称为一个聚合接口(Aggregate Port,AP)。

AP 是链路带宽扩展的一个重要途径,符合 IEEE 802.3ad 标准。它可以把多个接口的带宽叠加起来使用,形成一个带宽更大的逻辑接口。同时,当 AP 中的一条成员链路断开时,系统会将该链路的流量分配到 AP 中的其他有效链路上去,实现负载均衡和链路冗余。

AP 技术一般应用在交换机之间的主干链路上,或者是交换机与大流量的服务器之间。聚合接口适合 10 Mbps、100 Mbps、1000 Mbps 以太网。锐捷网络交换机的一个 AP 最多支持 8 条链路,不同设备支持的最多聚合接口组不同。

二层聚合

二层聚合的负载功能　　端口聚合的协议和模式

AP 可以根据报文的源 MAC 地址、目标 MAC 地址或 IP 地址进行流量平衡,即把流量平均地分配到 AP 组成员链路中去。

当接入层和汇聚层之间创建了一条由 3 个百兆网组成的 AP 链路时,在用户侧接入层交换机上,来自不同的用户主机数据,源 MAC 地址不同,因此二层 AP 选择基于源 MAC 地址进行多链路负载均衡的方式。而在汇聚层交换机上,发往用户数据帧的源 MAC 地址只有一个,就是本身的 SVI 接口 MAC,因此二层 AP 选择基于目标 MAC 地址进行多链路负载均衡的方式。

二层链路聚合的注意点如下。

(1)AP 的速率必须一致。

(2)AP 必须属于同一个 VLAN。

(3)AP 使用的传输介质相同。

(4)AP 必须属于同一层次。

2. 配置 AP 的命令汇总

将一个接口范围加入一个 AP 中，若这个 AP 不存在，则自动创建这个 AP，命令如下：

```
Switch# configure terminal
Switch(config)# interface range fastethernet 0/xx- yy
Switch(config- if- range)# port- group port- group- number
```

调整二层 AP 负载均衡模式的配置，命令如下：

```
Switch(config)# aggregateport load- balance dst- mac//选择基于目的 MAC 地址的负载均衡方式
Switch(config)# aggregateport load- balance src- mac//选择基于源 MAC 地址的负载均衡方式
```

查看 AP 的汇总信息，命令如下：

```
Switch# show aggregateport  summary
```

查看 AP 的流量平衡方式，命令如下：

```
Switch# show aggregateport load- balance
```

举例如下：

```
S3550- 1(config)# interface range fastethernet0/1- 2//选择 S3550- 1 的 f0/1 和 f0/2 接口
S3550- 1(config- if- range)# port- group 1//将 f0/1 和 f0/2 接口加入 AP 组 1
S3550- 1# show aggregateport 1 summary
AggregatePort MaxPorts SwitchPort Mode Ports
--------------------------------------------------------------------------------
Ag1           8        Enabled    Access fa0/1, fa0/2
```

可以看到，Ag1 已经被正确配置，f0/1 和 f0/2 成为 AP 组 1 的成员。

9.1.3 三层链路聚合

1. 三层链路聚合技术及配置

三层链路 AP 技术和二层链路 AP 技术本质相同，都是通过捆绑多条链路形成一个逻辑接口来增加带宽，达到冗余和负载分担的目的。三层链路冗余技术较二层链路冗余技术丰富得多，再配合各种路由协议，可以轻松实现三层链路冗余和负载均衡。

二层聚合的配置　　三层和二层混合聚合

建立三层 AP 首先应手动建立聚合接口，并将其设置为三层接口。如果直接将交换机接口加入，会出现接口类型不匹配，命令无法执行的错误。下面以两台 S3550 的 fastethernet 0/1-2 接口聚合为例，命令如下：

三层二层聚合

```
S3550- 1(config)# interface aggregatePort 1//手动建立聚合接口
S3550- 1(config- if)# no switchport//将聚合接口设置为三层接口
S3550- 1(config)# interface range fastethernet 0/1- 2//选择 S3550- 1 的 f0/1 和 f0/2 接口
S3550- 1(config- if- range)# no switchport//将 f0/1 和 f0/2 设置为三层接口
S3550- 1(config- if- range)# port- group 1//将 f0/1 和 f0/2 接口加入 AP 组 1
```

三层 AP 也需要选择负载均衡模式，锐捷网络推荐使用基于源-目标 IP 对的方式。命令如下：

```
S3550- 1(config)# aggregatePort load- balance ip//设置 AP 的负载均衡模式为基于源-目标 IP 对
```

2. 基于 OSPF 的三层链路冗余技术

基于 OSPF 的三层链路冗余技术在大型园区网络中使用广泛。对于两台核心交换设备分别有两条出口(分别接两台路由器)的网络，可在核心设备的两条上行链路上做负载均衡。如果在出口路由器上需要做 NAT，负载均衡就很难实现，但可通过调整 Cost 值实现链路冗余和负载分担。

对于两台核心交换设备有一条出口(接一台路由器)的网络，其不需要通过人工调整 Cost 值来实现负载分担，只需要更改 OSPF 的参考带宽，由 OSPF 自动实现负载均衡。

9.2 生成树协议概述

生成树协议同其他协议一样，是随着网络的不断发展而不断更新换代的，生成树协议的发展过程历经 3 代。

第一代生成树协议：STP/RSTP。

第二代生成树协议：PVST/PVST+。

第三代生成树协议：MISTP/MSTP。

Cisco 公司在 802.1d 的基础上增加了几个私有的增强协议：Portfast、UplinkFast、BackboneFast，其目的都在于加快收敛速度。

PortFast 特性指连接工作站或服务器的接口无须经过监听和学习状态，直接从堵塞状态进入转发状态，从而节约了 30 s(转发时延)的时间。

UplinkFast 用在接入层、有阻断接口的交换机上，当它连接到主干交换机上的主链路有故障时，能立即切换到备份链路上，而不需要 30 s 或 50 s(转发时延)的时间。

BackboneFast 用在主干交换机之间，并要求所有交换机都启动 BackboneFast。当主干交换机之间的链路发生故障时，只用 20 s(节约了 30 s)就切换到备份链路上。

9.2.1 生成树协议的种类

1. 基本 STP

基本 STP(Spanning Tree Protocol，生成树协议)规范为 IEEE 802.1d，STP 基本思路是阻断一些交换机接口，构建一棵没有环路的转发树。

STP 利用 BPDU(Bridge Protocol Data Unit，网桥协议数据单元)和其他交换机进行通信，BPDU 中有根网桥 ID、路径开销、接口 ID 等几个关键的字段。

为了在网络中形成一个没有环路的拓扑，网络中的交换机要进行以下 3 种选举：选举根桥，选举根接口，选举指定接口。交换机中的接口只有是根接口或指定接口，才能转发数据，其他接口都处于阻塞状态。

当网络的拓扑发生变化时，网络会从一个状态向另一个状态过渡，重新打开或阻断某些接口。交换机的接口要经过以下几种状态：禁用(Disable)、阻塞(Blocking)、监听(Listening)、学习(Learning)、转发(Forwarding)。

2. RSTP

RSTP(Rapid STP，快速生成树协议)的规范为 IEEE 802.1w，它是为了减少 STP 收敛时间而修订的新协议。在 RSTP 中，接口的角色有以下 4 种：根接口、指定接口、备份接口、替代接口。接口的状态只有以下 3 种：放弃(Discarding)、学习(Learning)、转发(Forwarding)。接口还分为边界接口、点到点接口、共享接口。

3. PVST

当网络上有多个 VLAN 时，PVST(Per VLAN STP，每 VLAN 生成树)会为每个 VLAN 构建一棵 STP 树。这样的好处是可以独立地为每个 VLAN 控制哪些接口要转发数据，从而实现负载平衡；缺点是如果 VLAN 数量很多，会给交换机带来沉重的负担。Cisco 交换机默认的模式就是 PVST。

4. MSTP

MSTP(Multiple STP，多生成树协议)的规范为 IEEE 802.1s，在 PVST 中，交换机为每个 VLAN 都构建一棵 STP 树，随着网络规模的增加，VLAN 的数量也在不断增多，会给交换机带来很大负担、占用大量带宽。MSTP 是把多个 VLAN 映射到一个 STP 实例上，即为每个实例建立一棵 STP 树，从而减少了 STP 树的数量，它与 STP、PVST 兼容。锐捷交换机默认的模式就是 MSTP。

9.2.2 生成树协议的基本概念

下面介绍生成树协议的基本术语。

1. BPDU(网桥协议数据单元)

BPDU 是 STP 中的"Hello 数据包"，每隔一定的时间间隔(2 s，可配置)发送，它在网桥之间交换信息。STP 就是通过在交换机之间周期性发送 BPDU 来发现网络上的环路，并通过阻塞有关接口来断开环路的。

BPDU 主要字段和功能如表 9-1 所示。

表 9-1 BPDU 主要字段和功能

字节/Byte	字段	说明
2	PID	协议 ID，对于 STP 而言，该字段的值总为 0
1	PVI	协议版本 ID，对于 STP 而言，该字段的值总为 0
1	BPDU Type	指示本 BPDU 的类型，若值为 0x00，则表示本报文为配置 BPDU；若值为 0x80，则为 TCN BPDU
1	Flags	标志，STP 只使用了该字段的最高及最低两个比特位，最低位是 TC(Topology Change，拓扑变更)标志，最高位是 TCA(Topology Change Acknowledgment，拓扑变更确认)标志
8	Root ID	根网桥的桥 ID
4	RPC	根路径开销，到达根桥的 STP Cost
8	Bridge ID	BPDU 发送桥的 ID
2	Port ID	BPDU 发送网桥的接口 ID(优先级+接口号)
2	Message Age	消息寿命，从根网桥发出 BPDU 之后的秒数，每经过一个网桥都减 1，所以本质上是到达根网桥的跳数
2	Max Age	最大寿命，当一段时间未收到任何 BPDU，生存期到达最大寿命时，网桥认为该接口连接的链路发生故障，默认为 20 s
2	Hello Time	根网桥连续发送的 BPDU 之间的时间间隔，默认为 2 s
2	Forward Delay	转发时延，在侦听和学习状态所停留的时间间隔，默认为 15 s

2. 网桥号

网桥号（Bridge ID）用于标识网络中的每一台交换机，它由 2Byte 优先级和 6Byte MAC 地址组成。优先级范围为 0~65 535，默认为 32 768，可通过改变优先级设置来改变网桥号。

3. 根网桥

具有最小网桥号的交换机将被选举为根网桥，根网桥的所有接口都不会阻塞，并都处于转发状态。

4. 指定网桥

对交换机连接的每一个网段，都要选出一个指定网桥，指定网桥到根网桥的累计路径花费最少，由指定网桥收发本网段的数据包。

5. 根接口

整个网络中只有一个根网桥，其他的网桥为非根网桥，根网桥上的接口都是指定接口，而不是根接口，而在非根网桥上，需要选择一个根接口。根接口是指从交换机到根网桥累计路径花费最少的接口，交换机通过根接口与根网桥通信。根接口（RP）设为转发状态。

6. 指定接口

每个非根网桥为每个连接的网段选出一个指定接口，一个网段的指定接口指该网段到根网桥累计路径花费最少的接口，根网桥上的接口都是指定接口。指定接口（DP）设为转发状态。

7. 非指定接口

除了根接口和指定接口之外的其他接口被称为非指定接口，非指定接口将处于阻塞状态，不转发任何用户数据。

9.3 STP

STP 起源于 DEC 公司的网桥到网桥协议，后来，IEEE 802 委员会制定了生成树协议的规范 802.1d，其作用是在冗余链路中解决网络环路问题。STP 通过生成树算法（SPA）生成一个没有环路的网络，当主要链路出现故障时，能够自动切换到备份链路，保证网络的正常通信。

STP 通过从软件层面修改网络物理拓扑结构，构建一个无环路的逻辑转发拓扑结构，提高了网络的稳定性和减少网络故障的发生率。

9.3.1 STP 中的选择原则

1. 根网桥的选举原则

在全网范围内选举网桥号最小的交换机为根网桥，网桥号由交换机优先级和 MAC 地址组合而成，从而可通过改变交换机的优先级来改变根网桥的选举。

选举步骤如下。

（1）所有交换机首先都认为自己是根。

（2）从自己的所有可用接口发送配置 BPDU，其中包含自己的网桥号，并作为根。

（3）当收到其他网桥发来的配置 BPDU 时，检查对方交换机的网桥号，若比自己小，则不再声称自己是根了（不再发送 BPDU 了）。

（4）当所有交换机都这样操作后，网络中只有最小网桥号的交换机还在继续发送

BPDU,因此它就成为根网桥了。

2. 最短路径的选择

(1) 比较路径开销。

比较本交换机到达根网桥的路径开销,选择开销最小的路径。

(2) 比较网桥号。

若路径开销相同,则比较发送 BPDU 交换机的网桥号。

(3) 比较发送者接口号。

若发送者网桥号相同,即同一台交换机,则比较发送者交换机的接口号。

(4) 比较接收者的接口号。

若不同链路发送者的网桥号一致(即同一台交换机)、接口号一致,则比较接收者的接口号。

3. 选举根接口和指定接口

STP 中的选举如图 9-5 所示,一旦选好了最短路径,就选好了根接口和指定接口。

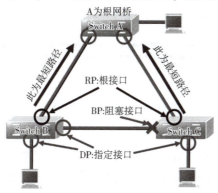

图 9-5　STP 中的选举

4. 生成树的工作过程

(1) 首先进行根网桥的选举。每台交换机通过向邻居发送 BPDU,选出网桥号最小的交换机作为网络中的根网桥。

(2) 确定根接口和指定接口。计算出非根网桥的交换机到根网桥的最小路径开销,找出根接口(最小的发送方网桥号)和指定接口(最小的接口号)。

(3) 阻塞非根网桥上的非指定接口。阻塞非根网桥上的非指定接口以裁剪冗余的环路,构造一个无环的拓扑结构。这个无环的拓扑结构是一棵树,根网桥作为树干,没裁剪的活动链路作为向外辐射的树枝。在处于稳定状态的网络中,BPDU 从根网桥沿着无环的树枝传送到网络的各个网段。

STP 举例生成逻辑拓扑

5. 生成树操作规则

(1) 每个网络只有一个根网桥,根网桥上的接口都是指定接口。

(2) 每个非根网桥只有一个根接口。

(3) 每个网段只有一个指定接口,其他接口为非指定接口。

(4) 指定接口转发数据,非指定接口不转发数据。

9.3.2　STP 的选举流程

生成树经过一段时间(默认值是 50 s)达到稳定之后,所有接口要么进入转发状态,要么进入阻塞状态。

STP 接口状态如表 9-2 所示。

表 9-2　STP 接口状态

接口状态	描述
Sisabled	不收发任何报文（接口 shutdown）
blocking（20 s）	不接收或转发数据，接收但不发送 BPDU，不进行地址学习
listening（15 s）	不接收或转发数据，接收并发送 BPDU，不进行地址学习
learning（15 s）	不接收或转发数据，接收并发送 BPDU，开始 MAC 地址学习（建 MAC 表）
forwarding	接收并转发数据，接收并发送 BPDU，学习 MAC 地址

通常，在一个大中型网络中，整个网络拓扑稳定为一个树形结构大约需要 50 s，因此 STP 的收敛时间过长。

1. 选举根网桥的方法

下面通过一个实验来进行说明，实验拓扑结构如图 9-6 所示。

图 9-6　实验拓扑结构

（1）最小 MAC 地址。

根网桥的选举只跟优先级与 MAC 地址有关，优先级相同的情况下 MAC 地址越小的交换机越能成为根网桥。SW1 和 SW2 是没有进行任何配置的，默认在 VLAN 1 中进行根网桥的选举，可以使用命令 show spanning tree 查看哪台交换机是根网桥。命令如下：

分别查看两台交换机 VLAN 1 的 MAC 地址。

```
SW1#show interface vlan 1
Vlan1 is administratively down, line protocol is down
Hardware is CPU Interface, address is 0060.3e90.c342(bia 0060.3e90.c342)
SW2#show interface vlan 1
Vlan1 is administratively down, line protocol is down
Hardware is CPU Interface, address is00e0.b0a4.0dbc(bia 00e0.b0a4.0dbc)
```

之前介绍过，MAC 地址越小越优先，SW1 的 MAC 地址小于 SW2 的 MAC 地址，因此 SW1 顺利成为根网桥。

（2）手动指定优先级。

在上面拓扑中，默认未配置优先级时会使用最小 MAC 地址的交换机作为根网桥，还可以手动指定优先级。手动指定优先级的范围是 0~61 440，0 为最优先的情况。命令如下：

```
SW2(config)#spanning- tree vlan 1 priority 24576
```

这里需要注意的是，手动指定优先级必须是 4 096 的倍数。命令输入后，效果立即就显现，说明根网桥是抢占式的。前面说过，在 OSPF 中指定路由器是非抢占机制。

（3）手动指定根网桥。

SWC 和 SW2 这两台交换机都没进行任何配置，我们可以手动指定其中一台为根网桥。

命令如下:

SW2(config)#spanning-tree vlan 1 root primary

在 SW2 上输入这条命令之后发现交换机的优先级变成 24 576(原来为 32 768),一共减小了 8 192,即 4 096 的两倍,并且效果立即显现。

(4)手动指定备份根网桥。命令如下:

SW2(config)#spanning-tree vlan 1 root secondary

若在未配置的交换机上输入以上命令,则它的优先级成小 4 096。这里要强调,网桥号越小,越优先成为根网桥。因为配置了 secondary 的交换机优先级小于其他未配置的交换机,所以它一定是根网桥。

2. 根接口的选举

这里有个小误区,不要认为根网桥的接口是根接口,根网桥的所有接口都是指定接口。

(1)从接口到根网桥,路径开销最小的成为根接口。

接口选择如图 9-7 所示,SW1 使用 gigabit 接口与同样使用 gigabit 接口的 SW2 相连,很明显它的开销值小于 SW1 与 SW3 的开销值,所以 SW4 会优先选择开销值小的接口为根接口。链路开销如表 9-3 所示。

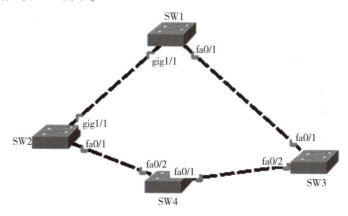

图 9-7 接口选择

表 9-3 链路开销

链路速度	开销值
10 Gbps	2
1 Gbps	4
100 Mbps	19
10 Mbps	100

如果 SW1 使用的是 1Gbps 速率连接 SW2 的 100 Mbps,那么按照 100 Mbps 的速率来计算,这种情况可以把这 100 Mbps 看作瓶颈。

(2)如果开销相同,最低的发送方网桥 ID,就是说接口直连网桥 ID 最小的情况,如图 9-8 所示。SW2 的 MAC 地址小于 SW3 的 MAC 地址,SW2 的网桥号小,优先一些,因此 SW4 选择了连接网桥号小的交换机的接口为根接口。

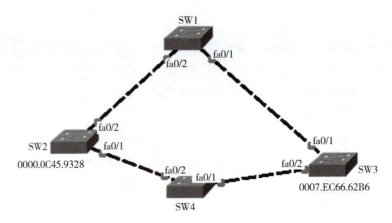

图 9-8　接口直连网桥 ID 最小

（3）如果开销相同，比较发送方的接口号，接口号最小的成为根接口，其中接口号共 16 位，8 位接口优先级，8 位为接口号，接口优先级默认为 128。

交换机优先级如图 9-9 所示，图中 SW1 被指定为根网桥，SW3 的两个接口都连接同一台设备，因此这两个接口所指定的发送方的网桥号是相同的，并且都使用快速以太网作为连接介质，它们的开销都相同。

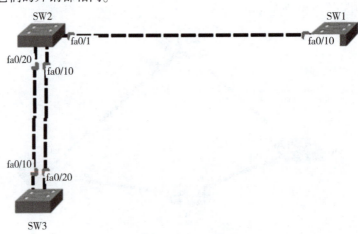

图 9-9　交换机优先级

观察图中 SW3 和 SW2 的连接方式，这种情况下选择发送方接口号最小的接口为根接口。什么是发送方呢？我们知道只有根网桥发送 BPDU，当 SW1 把 BPDU 发送给 SW2 的时候，SW2 再发送给 SW3，这个时候 SW2 就是发送方，它的最小接口是 fa0/10，所连接的 SW3 接口是 fa0/20。

3. 指定接口的选举

在每个网段选取唯一一个指定接口，这里的网段指的是一条共享介质。

（1）计算所在网段的接口到根网桥的路径成本总开销，到根网桥开销最小的成为指定接口。

根开销如图 9-10 所示。前面提到过，每一个网段选择一个指定接口，并且选择到达根网桥开销最小的接口，因此 SW1 和 SW2 之间的一条链路上 SW1 的 fa0/24 成为指定接口。因为它在根网桥上，所以到达根网桥的开销最小。再看 SW2 和 SW3 之间，SW3 的 gig1/1 和 SW2 的 gig1/1 在同一个网段中，很明显，SW1 的 gig1/1 接口到达根网桥的开销更小一些，所以成为指定接口。

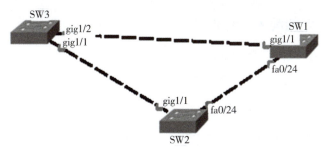

图 9-10 根开销

（2）如果开销相同，由 BID（接口所在交换机的网桥号）小的充当指定接口。

BID 如图 9-11 所示。当 SW3 的两个接口到达根网桥的开销相同的时候，使用最小的网桥号来打破僵局，这里的最小网桥号指的是本地的网桥号。例如，SW3 的 MAC 地址是 00D0.D30E.BD9B，SW2 的 MAC 地址是 000B.BE12.E1E8，SW2 的网桥号明显小于 SW3，因此它的接口被优先选择为指定接口，那些未被选中的接口将被阻塞。

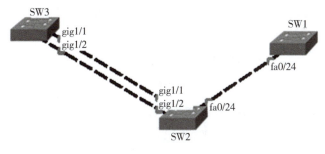

图 9-11 BID

9.3.3 生成树的重新计算

生成树的重新计算如图 9-12 所示。当 Switch A 和 Switch C 之间的连线没有断开时，Switch A 的 f0/24、f0/1 接口为指定接口；Switch C 的 f0/1 接口为根接口，f0/2 接口为非指定接口，处于阻塞状态。当 Switch A 和 Switch C 之间的连线断开后，拓扑结构发生改变，生成树重新开始计算，Switch C 的 f0/2 接口从非指定接口改变为根接口，生成树为 Switch A→Switch B→Switch C。

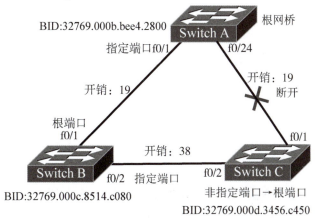

图 9-12 生成树的重新计算

9.3.4 生成树的配置命令汇总

(1) 启动生成树协议。命令如下：

Switch(config)# Spanning-tree

(2) 关闭生成树协议。命令如下：

Switch(config)# no Spanning-tree

(3) 配置生成树协议的类型。命令如下：

Switch(config)# Spanning-tree mode stp/rstp/mstp

锐捷系列交换机默认使用 MSTP（多实例生成树协议）。

(4) 配置交换机优先级。命令如下：

Switch(config)# Spanning-tree priority<0-61440>

交换机优先级必须是 4096 的倍数，共 16 个，默认为 32768。

(5) 优先级恢复到默认值。命令如下：

Switch(config)# no spanning-tree priority

(6) 配置交换机接口的优先级。命令如下：

Switch(config)# interface interface-type interface-number
Switch(config-if)# spanning-tree port-priority number

(7) 恢复参数到默认配置。命令如下：

Switch(config)# spanning-tree reset

(8) 显示生成树状态。命令如下：

Switch# show spanning-tree

(9) 显示接口生成树协议的状态。命令如下：

Switch# show spanning-tree interface fastethernet <0-2/1-24>

9.4 PVST

STP 选举

PVST 是 Cisco 公司提出的解决在虚拟局域网上处理生成树的特有方案，它的意思是每个 VLAN 生成树，可以看成是在每个 VLAN 上运行 STP。下面通过实例介绍 PVST 的运行情况。

1. 网络拓扑

网络拓扑结构如图 9-13 所示。

2. 实验环境

(1) 分别在 S1、S2、S3 上创建 VLAN 2，使每台交换机上都有两个 VLAN。

(2) S1、S2 为三层交换机，S2 为二层交换机，3 台交换机之间的连接都是 Trunk 链路，其接口如图 9-13 所示。

(3)每台交换机的 MAC 地址如图 9-13 所示。

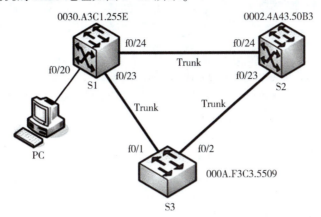

图 9-13 网络拓扑结构

3. 实验目的

(1)理解 STP 的工作原理。
(2)掌握 STP 树的控制。
(3)利用 PVST 进行负载平衡。

PVST 生成树的配置

4. 实验配置

VLAN、接口、Trunk 的配置省略。
(1)在 S1、S2、S3 上分别显示生成树状态。命令如下:

```
S1#show spanning-tree
VLAN0001    //显示 VLAN 1 的 STP 参数
Spanning tree enabled protocol ieee
Root ID    Priority    32769
           Address     0002.4A43.50B3
           Cost        19
           Port        24(fastethernet0/24)
           Hello Time  2 sec Max Age 20 sec Forward Delay 15 sec
//以上说明 VLAN 1 的根网桥的 MAC 地址为 0002.4A43.50B3,即 S2 的 MAC 地址
Bridge ID  Priority    32769(priority 32768 sys-id-ext 1)
           Address     0030.A3C1.255E
           Hello Time  2 sec Max Age 20 sec Forward Delay 15 sec
           Aging Time  20
//以上说明在 VLAN 1 中 S1 的网桥号情况

Interface   Role   Sts   Cost   Prio.Nbr   Type
fa0/20      Desg   FWD   19     128.20     P2p
fa0/23      Altn   BLK   19     128.23     P2p
fa0/24      Root   FWD   19     128.24     P2p
//以上说明在 VLAN 1 中 S1 与生成树相关的接口状态,fa0/23 阻塞
VLAN0002//显示 VLAN 2 的 STP 参数
Spanning tree enabled protocol ieee
```

```
Root ID    Priority      32770
           Address       0002.4A43.50B3
           Cost          19
           Port          24(fastethernet0/24)
           Hello Time    2 sec  Max Age 20 sec  Forward Delay 15 sec
```
//以上说明 VLAN 2 的根网桥的 MAC 地址为 0002.4A43.50B3,即 S2 的 MAC 地址
```
Bridge ID  Priority      32770(priority 32768 sys-id-ext 2)
           Address       0030.A3C1.255E
           Hello Time    2 sec  Max Age 20 sec  Forward Delay 15 sec
           Aging Time    20
```
//以上说明在 VLAN 2 中 S1 的网桥号情况

Interface	Role	Sts	Cost	Prio.Nbr	Type
fa0/23	Altn	BLK	19	128.23	P2p
fa0/24	Root	FWD	19	128.24	P2p

//以上说明在 VLAN 2 中 S1 与生成树相关的接口状态,fa0/23 阻塞
//其余两个(S2、S3)略

结合图 9-13 中的 MAC 地址,可以看出,在 VLAN 1 和 VLAN 2 中,根网桥 Root ID 都是 S2(MAC 地址为 0002.4A43.50B3),在 VLAN 1 中,S1 的两个接口 fa0/20、fa0/24 均处于转发状态,fa0/23 阻塞。在 VLAN 2 中,fa0/24 处于转发状态,fa0/23 阻塞。fa0/20 仅属于 VLAN 1。

在 VLAN1 和 VLAN 2 中,S1~S3 之间的链路因 f0/23 阻塞而阻塞,树根为 S2,树枝 S2~S1、S2~S3 两链路转发数据。

由于在 VLAN 1 中,各交换机的 Priority 都为 32 769,在 VLAN 2 中,各交换机的 Priority 都为 32 770,因此根网桥是 MAC 地址最小的 S2(0002.4A43.50B3<0030.A3C1.255E<000A.F3C3.5509)。

(2)为减小 S2 的压力,做到负载均衡,使 VLAN 1 以 S1 为根网桥,VLAN 2 以 S2 为根网桥。通过改变交换机的优先级别实现,命令如下:

```
S1(config)#spanning-tree vlan 1 priority 4096
S2(config)#spanning-tree vlan 2 priority 4096
S1#show spanning-tree
VLAN0001
Spanning tree enabled protocol ieee
Root ID    Priority      4097
           Address       0030.A3C1.255E
           This bridge is the root
           Hello Time    2 sec  Max Age 20 sec  Forward Delay 15 sec
Bridge ID  Priority      4097    (priority 4096 sys-id-ext 1)
           Address       0030.A3C1.255E
           Hello Time    2 sec  Max Age 20 sec  Forward Delay 15 sec
           Aging Time    20
```

```
Interface       Role    Sts     Cost    Prio. Nbr       Type
fa0/20          Desg    FWD     19      128. 20         P2p
fa0/23          Desg    FWD     19      128. 23         P2p
fa0/24          Desg    FWD     19      128. 24         P2p
VLAN0002
Spanning tree enabled protocol ieee
Root ID     Priority        4098
            Address         0002. 4A43. 50B3
            Cost            19
            Port            24(fastethernet0/24)
            Hello Time      2 sec Max Age 20 sec Forward Delay 15 sec
Bridge ID   Priority        32770(priority 32768 sys- id- ext 2)
            Address         0030. A3C1. 255E
            Hello Time      2sec Max Age 20 sec Forward Delay 15 sec
            Aging Time      20
Interface       Role    Sts     Cost    Prio. Nbr       Type
fa0/23          Altn    BLK     19      128. 23         P2p
fa0/24          Root    FWD     19      128. 24         P2p
```

可以看出，在 VLAN 1 中，S1 为根网桥，S1 的 3 个接口 fa0/20、fa0/23、fa0/24 均处于转发状态；树枝 S2~S3 阻塞，S1~S2、S1~S3 转发。在 VLAN 2 中，S2 为根网桥，S1 的 fa0/23 阻塞，fa0/24 处于转发状态；树枝 S1~S3 阻塞，S2~S1、S2~S3 转发。从而达到负载均衡。

9.5 RSTP

IEEE 802.1d STP 作为一种纯二层协议，通过在交换网络中建立一个最佳的树形拓扑结构，在冗余的基础上避免了环路。因为它收敛慢，且浪费了冗余链路的带宽，所以它在实际应用中并不多见。作为 STP 的升级版本，IEEE 802.1w RSTP 解决了收敛慢的问题，使收敛速度最快在 1 s 以内，但它仍然不能有效利用冗余链路做负载均衡(总是要阻塞一条冗余链路)。

IEEE 802.1w RSTP 除了从 IEEE 802.1d 沿袭下来的根接口、指定接口，还定义了两种新的接口：备份接口和替代接口。

备份接口指定接口的备份，当一个交换机有两个接口都连接在一个局域网上时，高优先级的接口为指定接口，低优先级的接口为备份接口。

替代接口是根接口的备份，一旦根接口失效，该接口就立刻变为根接口。

这些 RSTP 中的新接口实现了在根接口故障时，替代接口到转发接口的快速转换。

与 IEEE 802.1d STP 不同的是，IEEE 802.1w RSTP 只定义了 3 种状态：放弃、学习和转发。

实际上，直接连接计算机的交换机接口，不需要阻塞和监听状态，因为交换机的阻塞和监听时间，使计算机不能正常工作。例如，自动获取 IP 地址的 DHCP 客户端一旦启动，就要发出 DHCP 请求，而此请求可能会超过交换机所要求的 50 s 的时延。同时，微软的客户端在向域服务器请求登录时，也会因为交换机 50 s 的时延而宣告登录失败。直接与终端相连的交换机接口被称为边缘接口，将其设置为快速接口。当交换机加电启动或有一台终端 PC 接入时，快速接口不必经历阻塞、监听状态，将会直接进入转发状态。

根接口或指定接口在拓扑结构中发挥着积极作用，而替代接口或备份接口不主动参与拓扑结构。因此在收敛了的稳定网络中，根接口和指定接口处于转发状态，替代接口和备份接口则处于放弃状态。

综上所述，RSTP 对 STP 主要做了以下几点改进。

(1) 更加优化的 BPDU 结构。

(2) 在接入层交换机(非根交换机)中，为根接口和指定接口设置了快速切换用的替代接口和备份接口两种接口角色。当根接口、指定接口失效的时候，替代接口、备份接口就会无时延地进入转发状态。

(3) 自动监测链路状态，对应点到点链路为全双工，共享式链路为半双工。

(4) 在只连接了两个交换接口的点到点链路中(全双工)，指定接口只需与下游网桥进行一次握手就可以无时延地进入转发状态。

(5) 直接与终端相连而不是与其他网桥相连的接口为边缘接口。边缘接口可以直接进入转发状态，不需要任何时延。边缘接口必须是 Access 接口，在交换机的生成树配置中，必须人工进行设置。

RSTP 的工作过程如下：当交换机从邻居交换机收到一个劣等 BPDU(宣称自己是根交换机的 BPDU)，意味着原有链路发生了故障，则此交换机通过其他可用链路向根交换机发送根链路查询 BPDU。此时，如果根交换机还可达，根交换机就会向网络中的交换机宣告自己的存在，使首先接收到劣等 BPDU 的接口很快就转变为转发状态，之间省略了阻塞时间。

RSTP 和 STP 都属于单生成树(Single Spanning Tree，SST)协议，它们都有以下一些局限性。

(1) 整个交换网络只有一棵生成树，当网络规模较大时，收敛时间较长，拓扑改变的影响面也较大。

(2) 在网络结构不对称的情况下，单生成树就会影响网络的连通性。

(3) 当链路被阻塞后将不承载任何流量，造成了冗余链路带宽的浪费，这一点在环状城域网中更为明显。

9.6 MSTP

9.6.1 MSTP 概述

STP、RSTP 都是基于接口的，STP 不仅收敛慢，同时也不能有效地利用冗余链路；RSTP 收敛快，但仍浪费了冗余链路的带宽。IEEE 802.1s MSTP 是多生成树协议，它是基于 VLAN 的，不仅继承了 RSTP 收敛快的优点，而且有效地利用了冗余链路的带宽，因此在实际工程应用中大多选用 IEEE 802.1s MSTP。

MSTP 把多个具有相同拓扑结构的 VLAN 映射到一个实例(Instance)里，这些 VLAN 在接口上的转发状态取决于对应实例在 MSTP 里的状态。一个实例就是一个生成树进程，在同一网络中有很多实例，也就有很多生成树进程。利用干道可建立多个生成树，每个生成树进程具有独立于其他进程的拓扑结构，从而提供了多个数据转发的路径和负载均衡，提高了网络容错能力，也不会因为一个进程(转发路径)的故障影响到其他进程(转发路径)。MSTP 能够使用实例关联 VLAN 的方式来实现多链路负载分担。

MSTP 的实现过程如图 9-14 所示。

(1) 3 台交换机上都有 VLAN 10 和 VLAN 20，3 台交换机上也全部启用 MSTP(锐捷的交换机默认启用 MSTP)。建立 VLAN 10 到实例 10 和 VLAN 20 到实例 20 的映射，从而把原来的一个物理拓扑，通过实例到 VLAN 的映射关系逻辑上划分成两个逻辑拓扑，分别对应实例 10 和实例 20。

(2) 改变 S3550-1 在 VLAN 10 中的桥优先级为 4 096，保证其在 VLAN 10 的逻辑拓扑中被选举为根网桥，同时调整 S3550-1 在 VLAN 20 中的桥优先级为 8 192，保证其在 VLAN 20 的逻辑拓扑中的备用根网桥位置。

(3) 保证 S3550-2 在 VLAN 20 中成为根网桥，在 VLAN 10 中成为备用根网桥。

(4) 这样做的效果是实例 10、实例 20 分别对应一个生成树进程，共有两个生成树进程存在，它们独立地工作。在实例 10 的逻辑拓扑中，S2126G 到 S3550-2 的链路被阻塞；在实例 20 的逻辑拓扑中，S2126G 到 S3550-1 的链路被阻塞，它们各自使用自己的链路，从而使整个网络中的冗余链路被充分利用。

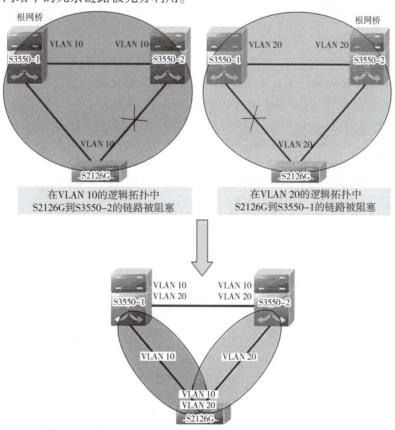

图 9-14　MSTP 的实现过程

9.6.2　MSTP 的配置

(1) 对 S2126G 进行配置(主要步骤)。

在 S2126G 中，创建 VLAN 10、VLAN 20(步骤略)，并进行以下配置。命令如下：

```
S2126G(config)# spanning- tree mode mst        //选择生成树模式为 MST
S2126G(config)# spanning- tree mst configuration   //进入 MST 配置模式
S2126G(config- mst)# instance 10 vlan 10       //将 VLAN 10 映射到实例 10
S2126G(config- mst)# instance 20 vlan 20       //将 VLAN 20 映射到实例 20
S2126G(config)# spanning- tree//开启生成树
```

(2) 对 S3550-1 进行配置(主要步骤)。

在 S3550-1 中，创建 VLAN 10、VLAN 20(步骤略)，并进行以下配置。命令如下：

```
S3550- 1(config)# spanning- tree mode mst    //选择生成树模式为 MST
S3550- 1(config)# spanning- tree mst configuration//进入 MST 配置模式
S3550- 1(config- mst)# instance 10 vlan 10//将 VLAN 10 映射到实例 10
S3550- 1(config- mst)# instance 20 vlan 20//将 VLAN 20 映射到实例 20
S3550- 1(config)# spanning- tree mst 10 priority 4096//将 S3550-1 设置为实例 10 的根网桥
S3550- 1(config)# spanning- tree mst 20 priority 8192//将 S3550-1 设置为实例 20 的备用根网桥
S3550- 1(config)# spanning- tree//开启生成树
```

(3) 对 S3550-2 进行配置(主要步骤)。

在 S3550-2 中，创建 VLAN 10、VLAN 20(步骤略)，并进行以下配置。命令如下：

```
S3550- 2(config)# spanning- tree mode mst//选择生成树模式为 MST
S3550- 2(config)# spanning- tree mst configuration//进入 MST 配置模式
S3550- 2(config- mst)# instance 10 vlan 10//将 VLAN 10 映射到实例 10
S3550- 2(config- mst)# instance 20 vlan 20//将 VLAN 20 映射到实例 20
S3550- 2(config)# spanning- tree mst 20 priority 4096//将 S3550-2 设置为实例 20 的根网桥
S3550- 2(config)# spanning- tree mst 10 priority 8192//将 S3550-2 设置为实例 10 的备用根网桥
S3550- 2(config)# spanning- tree//开启生成树
```

(4) 配置注意点。

① 一定要选择生成树的模式。

② 要使各个交换机的实例映射关系保持一致，否则将导致交换机间的链路被错误阻塞。

③ 在配置完 S3550-1 在实例 10 中的根网桥优先级后，还要将其设置成另一个实例 20 的备用根网桥。否则当实例 20 的主要链路失效后，可能导致 S2126G 被选举为根网桥，使 VLAN 20 的所有流量都必须经过 S2126G 这个接入层交换机，导致 S2126G 因负荷太重而宕机。

④ 必须在配置完 MST 的参数后再打开 STP，否则可能出现 MST 工作异常。

⑤ 所有没有指定实例关联的 VLAN 都被归纳到实例 0，在实际工程中需要注意实例 0 的根网桥指定。

9.7　DHCP 中继的配置

DHCP 中继（DHCP Relay，DHCPR）也叫作 DHCP 中继代理。若 DHCP 客户端与 DHCP 服务器端在同一个物理网段，则客户端可以正确地获得动态分配的 IP 地址；若不在同一个物理网段，则需要 DHCP（中继代理）。用 DHCP 中继代理可以去掉在每个物理网段都要有 DHCP 服务器的必要，它可以传递消息到不在同一个物理子网的 DHCP 服务器，也可以将服务器的消息传回给不在同一个物理子网的 DHCP 客户端。下面在 Cisco Packet Tracer 模拟器中模拟 DHCP 中继配置，如图 9-15 所示。

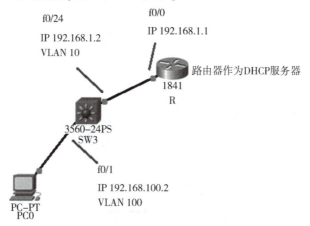

图 9-15　模拟 DHCP 中继配置

1. 路由器的配置

让路由器作为 DHCP 服务器。

给接口配置 IP 地址，命令如下：

```
Router#conf t
Router(config)#int f0/0
Router(config-if)#ip address 192.168.1.1 255.255.255.0
Router(config-if)#no shutdown
Router(config-if)#exit
```

2. 创建 DHCP 地址池

（1）先打开 DHCP 服务。命令如下：

```
Router(config)#ip dhcp enable
```

（2）定义 DHCP 地址池名称（如 a）。命令如下：

```
Router#conf t
Router(config)#ip dhcp pool a
Router(dhcp-config)#
```

（3）配置 DHCP 地址池属性。命令如下：

```
Router(config)#ip dhcp pool a
Router(dhcp-config)#network 192.168.100.0 255.255.255.0
Router(dhcp-config)#default-router 192.168.100.1
Router(dhcp-config)#range 192.168.100.1 192.168.100.254
Router(dhcp-config)#exit
```

3. 三层交换机的配置

（1）创建两个 VLAN。命令如下：

```
Switch(config)#vlan 10
Switch(config-vlan)#exit
Switch(config)#vlan 100
Switch(config-vlan)#exit
```

（2）将接口 f0/24 加入 VLAN 10，接口 f0/1 加入 VLAN 100，分别对两个 VLAN 配置 IP 地址。命令如下：

```
A:Switch(config)#int f0/24
Switch(config-if)#switchport access vlan 10
Switch(config-if)#exit
Switch(config)#int f0/1
Switch(config-if)#switchport access vlan 100
Switch(config-if)#exit
B:Switch(config)#int vlan 10
Switch(config-if)#ip address 192.168.1.2 255.255.255.0
Switch(config-if)#no shutdown
Switch(config-if)#exit
Switch(config)#int vlan 100
Switch(config-if)#ip address 192.168.100.2 255.255.255.0
Switch(config-if)#no shutdown
Switch(config-if)#exit
```

（3）在交换机上配置 DHCP 中继，命令如下：

```
Switch(config)#service dhcp
Switch(config)#ip forward-protocol udp 67
Switch(config)#int vlan 10
Switch(config-if)#ip hello-interval 192.168.1.1
Switch(config-if)#exit
Switch(config)#int vlan 100
Switch(config-if)#ip hello-interval 192.168.1.1
Switch(config-if)#exit
```

（4）分别在交换机和路由器上配置 OSPF 路由协议（静态路由协议或其他动态路由协议均可）。

交换机配置命令如下：

```
Switch(config)#router ospf 1
Switch(config-router)#network 192.168.1.0 255.255.255.0 area 0
Switch(config-router)#network 192.168.100.0 255.255.255.0 area 0
```

路由器配置命令如下：

Router(config)#router ospf 1
Router(config-router)#network 192.168.1.1 255.255.255.0 area 0

习题9

一、选择题

1. 使用全局配置命令 spanning-tree vlan vlan-id root primary 可以改变网桥的优先级。使用该命令后，一般情况下网桥的优先级为(   )。
   A. 0   B. 比最低的网桥优先级小1
   C. 32 767   D. 32 768

2. IEEE 制定实现 STP 使用的是下列哪个标准？(   )
   A. IEEE 802.1w   B. IEEE 802.3ad
   C. IEEE 802.1d   D. IEEE 802.1x

3. 下列哪些属于 RSTP 的稳定接口状态？(   )
   A. Blocking   B. Disable   C. Listening   D. Backup

4. 如果交换机的接口在 STP 状态，在下列哪个状态下，该接口接收发送 BPDU 报文，但是不能接收发送数据也不进行地址学习(   )。
   A. Blocking   B. Disable   C. Listening   D. Backup

二、简答题

1. 为什么要使用冗余链路？它主要使用了什么技术？
2. 简述生成树协议中最短路径的选择过程。
3. 简述生成树的工作过程。
4. 生成树接口有哪4个状态？其各自的含义是什么？

第 10 章

多路由协议的路由重分布

随着网络的迅速发展，网络规模不断扩大，为了满足不同领域、不同地域的不同需求，衍生出了多种路由协议，包括 RIP、EIGRP、OSPF 等重点协议，这些协议也是在各行各业中使用较多的路由协议。随着 20 世纪 80 年代网络的迅速发展，单一的局域网已经远远不能满足需求，不同的行业、不同的工作平台需要有相互通信的能力，这就对不同的路由协议之间实现通信提出要求，由此产生了路由重新分布这一技术。此技术在实现的过程中会因不同路由协议的不同度量方式和不同的管理距离等而产生诸如路由环路和次优路由的问题，因此在重分布的实现过程中，除了要保证全网路由器包含全网所有路由，还要保证每台路由器上的所有路由都不会产生环路并且都是最优路径。

10.1 理解路由重分布

在整个 IP 网络中，如果从配置管理和故障管理的角度看，我们更愿意运行一种路由协议，而不是多种路由协议，然而现代网络又常常迫使我们接受多种路由协议共存这一现实。当多种路由协议被拼凑在一起时，使用重分布技术是很有必要的，重分布也是一个严谨网络设计的一部分。

多厂商环境是需要重新分配路由的另一个因素。例如，一个运行 Cisco EIGRP 的网络可能会与使用另一个厂商路由器的网络合并，而这种路由器仅支持 RIP 和 OSPF。如果不进行重分布，那么 Cisco 路由器需要使用一种公开协议重新配置，或者使用 Cisco 路由器代替非 Cisco 路由器。

重分布是指连接到不同路由选择域的边界路由器在不同自主系统之间交换和通告路由选择信息的能力。

在大部分案例中，将要被合并的网络在实现和发展上都不相同，它们满足不同的需求，是不同设计理念的产物。这种差异性使向单一路由协议的迁移成为一项复杂的任务。因此，在某些案例中，公司的策略可能会强制使用多种路由协议，而在少数场合还会出现因网络管理员不能很好地协同工作而采用多种路由协议的情况。

在拨号环境中，如果单纯使用动态的路由协议，其周期性的管理流量会导致拨号线路始终保持接通状态。此时，通过阻止路由更新和 Hello 信息通过线路，并且在局端配置静态路由，管理员可以确保线路只有在有用户流量的时候才接通。而向动态路由协议重新分配静态路由，可以使拨号线路两边的所有路由器知道链路对方的所有网络。

简单来说，路由重分布的意思就是：RouterA 和 RouterB 分别配置了两个不同的动态路由协议，它们之间是没有 LSA 的，要想在路由上有对方的 LSA 就要做重分布。一般来说，一个组织或一个跨国公司很少只使用一个路由协议。如果一个公司同时运行了多个路由协议，或者一个公司和另外一个公司合并的时候所用的路由协议并不一样，这个时候必须重分布来将一个路由协议的信息发布到另外一个路由协议中。重分布只能在针对同一种第三层协议的路由选择进程之间进行，也就是说，OSPF、RIP、IGRP 之间可以重分布，因为它们都属于 TCP/IP 协议栈的协议。

10.2 路由重分布原则

进行路由重分布的前提是路由必须位于路由表中。IP 路由协议的能力差异是非常大的，对重新分布影响最大的协议特性是度量和管理距离的差异性，在重新分布的时候，如果忽略了这些差异性，最好的情况是出现某些或全部路由交换失败，最坏的情况是产生路由环路和路由黑洞。

（1）度量。

RIPv2 的度量参数是跳数，EIGRP 的度量参数是带宽和时延的复合度量 FD，OSPF 的度量参数是开销值 Cost。因此各种路由协议之间的度量标准不同，在执行重分布的时候，必须为重新分配的路由指定度量值。

路由重分布命令和配置原则 MP4

（2）管理距离。

管理距离是比较不同路由协议选择次序的参考值，如果路由器正在运行多种路由协议，并且从每个协议学习到一条到达目标网络的相同路由，而每种路由协议有自己的度量方案定义最优路径，此时需要用到管理距离来进行选择。管理距离被认为是可信度测量标准，管理距离越小，协议的可信度越高。

10.3 路由重分布问题及解决方法

路由重分布最容易形成路由环路，为了避免此问题，往往会采取某些工具和策略，如修改管理距离、路由过滤、路由图等。

管理距离反映了一个路由协议的路由可信度，每一个路由协议按照可靠性从高到低依次分配一个信任等级，这个信任等级叫作管理距离。对于两种不同的路由协议到一个目的地的路由信息，路由器首先根据管理距离决定相信哪一个协议。Cisco 各种协议默认的管理距离如下：EIGRP 为 90、OSPF 为 110、RIP 为 120。这些管理距离都可以根据策略来调整。

路由过滤和路由图是在重分布的过程中为了防止路由环路或路由黑洞的产生而提出的，利用它们可进行路由条目的流量抓取并采取相应的拒绝或允许操作。

进行路由重分布应该考虑到如下一些问题。

（1）路由环路。路由器有可能将从一个自治系统学到的路由信息发送回该自治系统，特别是在做双向重分布的时候一定要注意。

（2）路由信息的兼容问题。每一种路由协议的度量标准不同，因此路由器通过重分布所选择的路径可能并非最佳路径。

（3）不一致的收敛时间。不同的路由协议收敛的时间不同。

路由重分布时，计量单位和管理距离是必须要考虑的。每一种路由协议都有自己的度量标准，因此在进行重分布时必须转换度量标准，使它们兼容。种子度量（Seed Metric）是定义在路由重分布里的，它是从外部重分布进来的一条路由的初始度量值。路由协议默认的种子度量如表 10-1 所示。

表 10-1　路由协议默认的种子度量

路由协议	默认种子度量	说明
RIP	无限大	当 RIP 路由被重分布到其他路由协议中时，其度量值默认为 16，因而需要为其指定一个度量值
EIGRP	无限大	当 EIGRP 路由被重分布到其他路由协议中时，其度量值默认为 255，因而需要为其指定一个度量值
OSPF	BGP 为 1，其他 20	当 OSPF 路由被重分布到 BGP（边界网关路由协议）时，其度量值为 1；被重分布到其他路由协议中时，其度量值默认为 20。可根据需要为其指定一个度量值
IS-IS	0	当 IS-IS 路由被重分布到其他路由协议中时，其度量值默认为 0
BGP	IGP 的度量值	当 BGP 路由被重分布到其他路由协议中时，其度量值根据内部网关的度量值而定

10.4　路由重分布的配置

（1）重分布的命令格式如下：

Router(config-router)# redistribute protocol [protocol-id] {level-1 | level-2 | level-1-2} {metric metric-value} {metric-type type-value} {match(internal | external 1 | external 2)} {tag Tag-value} {route-map map-tag} {weight weight} {subnets}

（2）使用 distance 命令改变可信路由。命令如下：

distance weight [address mask [access-list-number | name]] [ip]

（3）使用 default-metric 命令修改默认度量值。命令如下：

default-metric number

（4）使用 distribute-list 命令过滤被重分布的路由。命令如下：

distribute-list {access-list-number | name} in[type number]　　//格式 1

distribute-list {access-list-number | name} out[interface-name | routing-process | autonomous-system-number]　　//格式 2

路由重分布的配置

10.4.1　RIP 与静态路由重分布的配置

RIP 与静态路由重分布的拓扑结构如图 10-1 所示。

第 10 章 多路由协议的路由重分布

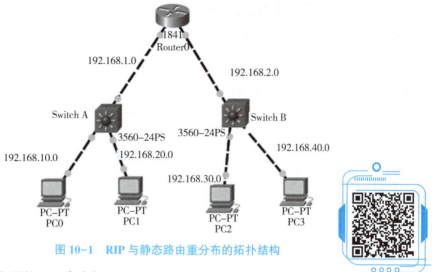

图 10-1 RIP 与静态路由重分布的拓扑结构

交换机和路由器的配置命令如下：

SwitchA(config)#router rip
SwitchA(config- router)#network 192. 168. 10. 0
SwitchA(config- router)#network 192. 168. 20. 0
SwitchA(config- router)#network 192. 168. 1. 0
SwitchA(config- router)#version 2
SwitchA(config- router)#no auto- summary
SwitchA(config- router)#exit
Router(config)#router rip
Router(config- router)#network 192. 168. 1. 0
Router(config- router)#network 192. 168. 2. 0
Router(config- router)#version 2
Router(config- router)#no auto- summary
Router(config- router)#exit
Router(config)#ip route 192. 168. 30. 0 255. 255. 255. 0 192. 168. 2. 1
Router(config)#ip route 192. 168. 40. 0 255. 255. 255. 0 192. 168. 2. 1
Router(config)#end
SwitchB(config)#ip route 192. 168. 10. 0 255. 255. 255. 0 192. 168. 2. 2
SwitchB(config)#ip route 192. 168. 20. 0 255. 255. 255. 0 192. 168. 2. 2
SwitchB(config)#ip route 192. 168. 1. 0 255. 255. 255. 0 192. 168. 2. 2
SwitchB(config)#end

在互连路由器上进行重分布配置，使运行不同路由协议的两个网络进行互通。命令如下：

Router(config)#router rip
Router(config- router)#redistribute static Subnet//将 RIP 重分布到静态路由当中
Router(config- router)#exit
Router(config)#end

配置边界路由器传输默认路由到 RIPv2。应注意的是，为了让其他 RIPv2 的路由器学习到默认路由，RIPv2 需要配置一条静态默认路由。

配置好后，3台设备的路由表情况如下：

```
//Router
Router#show ip route
Codes:C- connected,S- static,R- RIP B- BGP
       O- OSPF,IA- OSPF inter area
       N1- OSPF NSSA external type 1,N2- OSPF NSSA external type 2
       E1- OSPF external type 1,E2- OSPF external type 2
       i- IS- IS,L1- IS- IS level- 1,L2- IS- IS level- 2,ia- IS- IS inter area
       * - candidate default
Gateway of last resort is no set
    C    192. 168. 1. 0/24 is directly connected,fastethernet0/0
    C    192. 168. 1. 2/32 is local host.
    C    192. 168. 2. 0/24 is directly connected,fastethernet0/1
    C    192. 168. 2. 2/32 is local host.
    R    192. 168. 10. 0/24 [120/1] via 192. 168. 1. 1,00:00:15,fastethernet0/0
    R    192. 168. 20. 0/24 [120/1] via 192. 168. 1. 1,00:00:15,fastethernet0/0
    S    192. 168. 30. 0/24 [1/0] via 192. 168. 2. 1
    S    192. 168. 40. 0/24 [1/0] via 192. 168. 2. 1
//SwitchA
SwitchA#show ip route
Codes:C- connected,S- static,R- RIP B- BGP
       O- OSPF,IA- OSPF inter area
       N1- OSPF NSSA external type 1,N2- OSPF NSSA external type 2
       E1- OSPF external type 1,E2- OSPF external type 2
       i- IS- IS,L1- IS- IS level- 1,L2- IS- IS level- 2,ia- IS- IS inter area
       * - candidate default
Gateway of last resort is no set
    C    192. 168. 1. 0/24 is directly connected,fastethernet0/1
    C    192. 168. 1. 1/32 is local host.
    C    192. 168. 10. 0/24 is directly connected,VLAN 10
    C    192. 168. 10. 1/32 is local host.
    C    192. 168. 20. 0/24 is directly connected,VLAN 20
    C    192. 168. 20. 1/32 is local host.
    R    192. 168. 30. 0/24[120/1] via 192. 168. 1. 2,00:00:15,fastethernet0/0
    R    192. 168. 40. 0/24[120/1] via 192. 168. 1. 2,00:00:15,fastethernet0/0
    R    192. 168. 2. 0/24 [120/1] via 192. 168. 1. 2,00:00:15,fastethernet0/0
//SwitchB
SwitchB#show ip route
Codes:C- connected,S- static,R- RIP B- BGP
       O- OSPF,IA- OSPF inter area
       N1- OSPF NSSA external type 1,N2- OSPF NSSA external type 2
       E1- OSPF external type 1,E2- OSPF external type 2
       i- IS- IS,L1- IS- IS level- 1,L2- IS- IS level- 2,ia- IS- IS inter area
       * - candidate default
```

Gateway of last resort is no set
C   192.168.2.0/24 is directly connected,fastethernet0/1
C   192.168.2.1/32 is local host.
S   192.168.10.0/24 [1/0] via 192.168.2.2
S   192.168.20.0/24 [1/0] via 192.168.2.2
S   192.168.1.0/24 [1/0] via 192.168.2.2
C   192.168.40.0/24 is directly connected,VLAN 20
C   192.168.40.1/32 is local host.

分析上述路由表可知，RIP 与静态路由的重分布成功。

10.4.2　OSPF 与静态路由的重分布配置

OSPF 与静态路由重分布的拓扑结构依旧如图 10-1 所示。
交换机和路由器的配置如下：

```
SwitchA(config)#router ospf 10
SwitchA(config- router)#network 192.168.10.0 0.0.0.255 area 0
SwitchA(config- router)#network 192.168.20.0 0.0.0.255 area 0
SwitchA(config- router)#network 192.168.1.0 0.0.0.255 area 0
SwitchA(config- router)#exit
SwitchA(config)#end
Router(config)#router ospf 10
Router(config- router)#network 192.168.1.0 0.0.0.255 area 0
Router(config- router)#network 192.168.2.0 0.0.0.255 area 0
Router(config- router)#exit
Router(config)#ip route 192.168.30.0 255.255.255.0 192.168.2.1
Router(config)#ip route 192.168.40.0 255.255.255.0 192.168.2.1
Router(config)#end
SwitchB(config)#ip route 192.168.10.0 255.255.255.0 192.168.2.2
SwitchB(config)#ip route 192.168.20.0 255.255.255.0 192.168.2.2
SwitchB(config)#ip route 192.168.1.0 255.255.255.0 192.168.2.1
SwitchB(config)#end
```

在互连路由器上进行重分布配置，使运行不同路由协议的两个网络进行互通。命令如下：

```
Router(config)#router ospf 10
Router(config- router)#redistribute static subnets
//将 OSPF 重分布到静态路由
Router(config- router)#exit
Router(config)#end
```

配置好后，3 台设备的路由表情况如下：

```
//Router
Router#show ip route
Codes:C- connected,S- static,R- RIP B- BGP
      O- OSPF,IA- OSPF inter area
      N1- OSPF NSSA external type 1,N2- OSPF NSSA external type 2
      E1- OSPF external type 1,E2- OSPF external type 2
      i- IS- IS,L1- IS- IS level- 1,L2- IS- IS level- 2,ia- IS- IS inter area
      * - candidate default
```

Gateway of last resort is no set

C   192.168.1.0/24 is directly connected,fastethernet0/0

C   192.168.1.2/32 is local host.

C   192.168.2.0/24 is directly connected,fastethernet0/1

C   192.168.2.2/32 is local host.

O   192.168.10.0/24 [110/2] via 192.168.1.2,1d,22:44:08,fastethernet0/0

O   192.168.20.0/24 [110/2] via 192.168.1.2,1d,22:44:08,fastethernet0/0

S   192.168.30.0/24 [1/0] via 192.168.2.1

S   192.168.40.0/24 [1/0] via 192.168.2.1

//SwitchA

SwitchA#show ip route

Codes:C- connected,S- static,R- RIP B- BGP

    O- OSPF,IA- OSPF inter area

    N1- OSPF NSSA external type 1,N2- OSPF NSSA external type 2

    E1- OSPF external type 1,E2- OSPF external type 2

    i- IS- IS,L1- IS- IS level- 1,L2- IS- IS level- 2,ia- IS- IS inter area

    * - candidate default

Gateway of last resort is no set

C   192.168.1.0/24 is directly connected,fastethernet0/1

C   192.168.1.1/32 is local host.

C   192.168.10.0/24 is directly connected,VLAN 10

C   192.168.10.1/32 is local host.

C   192.168.20.0/24 is directly connected,VLAN 20

C   192.168.20.1/32 is local host.

O   192.168.30.0/24 [110/2] via 192.168.1.2,1d,22:44:08,fastethernet0/0

O   192.168.40.0/24[110/2] via 192.168.1.2,1d,22:44:08,fastethernet0/0

O   192.168.2.0/24 [110/2] via 192.168.1.2,1d,22:44:08,fastethernet0/0

//SwitchB

SwitchB#show ip route

Codes:C- connected,S- static,R- RIP B- BGP

    O- OSPF,IA- OSPF inter area

    N1- OSPF NSSA external type 1,N2- OSPF NSSA external type 2

    E1- OSPF external type 1,E2- OSPF external type 2

    i- IS- IS,L1- IS- IS level- 1,L2- IS- IS level- 2,ia- IS- IS inter area

    * - candidate default

Gateway of last resort is no set

C   192.168.2.0/24 is directly connected,fastethernet0/1

C   192.168.2.1/32 is local host.

S   192.168.10.0/24 [1/0] via 192.168.2.2

S   192.168.20.0/24 [1/0] via 192.168.2.2

```
S    192.168.1.0/24 [1/0] via 192.168.2.2
C    192.168.40.0/24 is directly connected, VLAN 20
C    192.168.40.1/32 is local host.
```

分析上述路由表可知，OSPF 与静态路由的重分布成功。

10.4.3 路由重分布列表控制例子

本示例的拓扑结构仍然如图 10-1 所示。OSPF 与 RIP 路由重分布配置，使用重分布列表，对分布的路由进行控制配置。命令如下：

```
SwitchA(config)#router rip
SwitchA(config-router)#network 192.168.10.0
SwitchA(config-router)#network 192.168.20.0
SwitchA(config-router)#network 192.168.1.0
SwitchA(config-router)#version 2
SwitchA(config-router)#no auto-summary
SwitchA(config-router)#exit
SwitchA(config)#end
Router(config)#router rip
Router(config-router)#network 192.168.1.0
Router(config-router)#network 192.168.2.0
Router(config-router)#version 2
Router(config-router)#no auto-summary
Router(config-router)#redistribute ospf metric 2//设置路由重分布，将 RIP 重分布到 OSPF 中
Router(config-router)#exit
Router(config)#router ospf 10
Router(config-router)#network 192.168.1.0 0.0.0.255 area 0
Router(config-router)#network 192.168.2.0 0.0.0.255 area 0
Router(config-router)#redistriblute rip subnets//设置路由重分布，将 OSPF 重分布到 RIP 中
Router(config-router)#exit
Router(config)#end
SwitchB(config)#router ospf 10
SwitchB(config-router)#network 192.168.30.0 0.0.0.255 area 0
SwitchB(config-router)#network 192.168.40.0 0.0.0.255 area 0
SwitchB(config-router)#network 192.168.2.0  0.0.0.255 area 0
SwitchB(config-router)#exit
```

根据的路由表的分析得知，RIP 与 OSPF 的路由重分布成功。

10.4.4 OSPF、EIGRP、RIP、静态路由的重分布综合实验

重分布综合实验示意如图 10-2 所示，R1、R2、R3、R4、R5、R6 两两直连在一起，运行静态和动态路由协议，现在要让它们之间实现路由重分布。

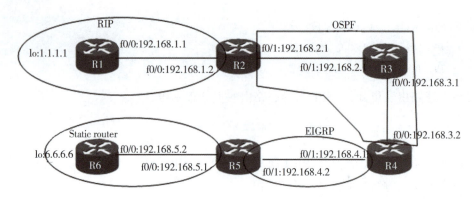

图 10-2 重分布综合实验示意

R2 的核心配置如下：

```
R2(config)#interface fastethernet0/0
R2(config-if)#ip address 192.168.1.2 255.255.255.0
R2(config)#interface fastethernet0/1
R2(config-if)#ip address 192.168.2.1 255.255.255.0
R2(config)#router ospf 100
R2(config-router)#log-adjacency-changes
R2(config-router)#redistribute rip subnets
R2(config-router)#network 192.168.2.0 0.0.0.255 area 0
R2(config)#router rip
R2(config-router)#redistribute ospf 100
R2(config-router)#network 192.168.1.0
R2(config-router)#default-metric 2
```

多重发布

混合路由重分布

R4 的核心配置如下：

```
R4(config)#interface fastethernet0/0
R4(config-if)#ip address 192.168.3.2 255.255.255.0
R4(config)#interface fastethernet0/1
R4(config-if)#ip address 192.168.4.1 255.255.255.0
R4(config)#router eigrp 100
R4(config-router)#redistribute ospf 100
R4(config-router)#network 192.168.4.0
R4(config-router)#default-metric 1000 10 1 255 1500
R4(config-router)#auto-summary
R2(config)#router ospf 100
R2(config-router)#log-adjacency-changes
R2(config-router)#redistribute eigrp 100 subnets
R2(config-router)#network 192.168.3.0 0.0.0.255 area 0
R2(config-router)#default-metric 64
```

R5 的核心配置如下：

R5(config)#interface fastethernet0/0
R5(config-if)#ip address 192.168.5.1 255.255.255.0
R5(config)#interface fastethernet0/1
R5(config-if)#ip address 192.168.4.2 255.255.255.0
R5(config)#router eigrp 100
R5(config-router)#network 6.6.6.6 0.0.0.0
R5(config-router)#network 192.168.4.0
R5(config-router)#network 192.168.5.0
R5(config-router)#auto-summary
R5(config)#router ospf 100
R5(config-router)#log-adjacency-changes
R5(config-router)#no auto-cost
R5(config)#ip route 6.6.6.6 255.255.255.255 fastethernet0/0

R2 的路由表如下：

```
R       1.0.0.0/8 [120/1] via 192.168.1.1,00:00:26,fastethernet0/0
        6.0.0.0/32 is subnetted,1 subnets
O E2    6.6.6.6 [110/64] via 192.168.2.2,00:10:28,fastethernet0/1
O E2 192.168.4.0/24 [110/64] via 192.168.2.2,00:36:14,fastethernet0/1
O E2 192.168.5.0/24 [110/64] via 192.168.2.2,00:09:24,fastethernet0/1
C       192.168.1.0/24 is directly connected,fastethernet0/0
C       192.168.2.0/24 is directly connected,fastethernet0/1
O       192.168.3.0/24 [110/2] via 192.168.2.2,00:37:01,fastethernet0/1
```

R4 的路由表如下：

```
O E2 1.0.0.0/8 [110/20] via 192.168.3.1,00:37:36,fastethernet0/0
6.0.0.0/32 is subnetted,1 subnets
D       6.6.6.6 [90/30720] via 192.168.4.2,00:11:03,fastethernet0/1
C       192.168.4.0/24 is directly connected,fastethernet0/1
D       192.168.5.0/24 [90/30720] via 192.168.4.2,00:09:59,fastethernet0/1
O E2 192.168.1.0/24 [110/20] via 192.168.3.1,00:37:36,fastethernet0/0
O       192.168.2.0/24 [110/2] via 192.168.3.1,00:37:36,fastethernet0/0
C       192.168.3.0/24 is directly connected,fastethernet0/0
```

R5 的路由表如下：

```
D EX 1.0.0.0/8 [170/2565120] via 192.168.4.1,00:36:35,fastethernet0/1
6.0.0.0/32 is subnetted,1 subnets
S       6.6.6.6 is directly connected,fastethernet0/0
C       192.168.4.0/24 is directly connected,fastethernet0/1
C       192.168.5.0/24 is directly connected,fastethernet0/0
D EX 192.168.1.0/24 [170/2565120] via 192.168.4.1,00:36:35,fastethernet0/1
D EX 192.168.2.0/24 [170/2565120] via 192.168.4.1,00:36:35,fastethernet0/1
D EX 192.168.3.0/24 [170/2565120] via 192.168.4.1,00:36:35,fastethernet0/1
```

习题10

简答题

1. 路由重分布应该考虑到哪些问题？
2. 使用什么命令可以修改默认度量值？
3. 如何设置默认种子度量值？

第 11 章

无线网络

随着计算机技术、网络技术和通信技术的飞速发展，人们对网络通信的要求不断提高，需要随时随地均能够和任何人进行包含数据、语音、视频等内容的通信，还要能实现主机在网络中自动漫游。在这样的情况下，无线网络应运而生，它是对有线网络的扩展，是新一代的网络，凡是采用无线传输介质的计算机网络都可称为无线网络。

无线网络有很多种，包括无线局域网、无线个域网、无线网桥、无线城域网和无线广域网等。本章主要介绍的是无线局域网，它是目前应用得最广泛的一种无线网络。

11.1 无线局域网概述

无线局域网(Wireless LAN，WLAN)是计算机网络与无线通信技术相结合的产物。它利用射频(Radio Frequency，RF)技术取代旧式的双绞线构成局域网，能够提供传统有线局域网的所有功能。无线网络所需的基础设施不需要埋在地下或隐藏在墙里，并且可以随需移动或变化。无线局域网包含两层含义，即"无线"和"局域网"。无线是指该类局域网的通信传输介质采用无线电波或红外线来进行信息传递，利用无线电波取代传统局域网的有线电缆或光缆，使无线局域网的组建更加简洁、灵活、方便、快速和易于安装，支持移动办公。

无线局域网一般用于家庭、大楼内部以及园区内部，典型覆盖距离为几十平方米至几百平方米，目前采用的技术主要是 802.11a/b/g 系列。无线局域网利用无线技术在空中传输数据、语音和视频信号，作为传统布线网络的一种替代方案或延伸。

通常，计算机组网的传输媒介主要依赖铜缆或光缆构成有线局域网。但有线网络在以下场合会受到布线的限制：布线、改线工程量大；线路容易损坏；网络中的各节点不可移动。当要把相离较远的节点连接起来时，铺设专用通信线路的布线施工难度大、费用高、耗时长，对满足正在迅速扩大的连网需求造成了严重的阻塞。无线局域网就是为解决有线网络的以上问题而出现的，它的出现使原来有线网络所遇到的问题迎刃而解，它可以使用户对有线网络任意进行扩展和延伸。只要在有线网络的基础上使用无线接入点、无线网桥、无线网卡等无线设备，无线通信就能实现。无线局域网在不进行传统布线的同时，能够提供有线局域网的所有功能，并能够随着用户的需要随意地更改扩展网络，实现移动应用。

1. 为什么需要无线局域网

作为局域网管理的主要工作,铺设电缆或检查电缆是否断线这种耗时的工作很容易令人烦躁,也不容易在短时间内找出断线所在。另外,由于配合企业及应用环境不断的更新与发展(如移动终端的广泛应用),因此原有的企业网络必须重新布局,需要重新安装网络线路。虽然电缆本身并不贵,可是请技术人员来配线的成本很高,尤其是老旧的大楼,配线工程费用就更高了,这时架设无线局域网就成为最佳解决方案。

2. 无线局域网的应用领域

无线局域网绝不是用来取代有线局域网的,而是用来弥补有线局域网的不足的,以达到网络延伸的目的,以下场合就经常用到无线局域网,如图11-1所示。

(1)移动办公的环境。如大型企业、医院等移动工作的人员应用的环境。

(2)难以布线的环境,如历史建筑、校园、工厂车间、城市建筑群、大型的仓库等不能布线或难于布线的环境。

(3)频繁变化的环境,如活动的办公室、零售商店、售票点、医院等。

(4)公共场所,如航空公司、机场、货运公司、码头、展览和交易会等。

(5)小型网络用户,如办公室、居家办公用户。

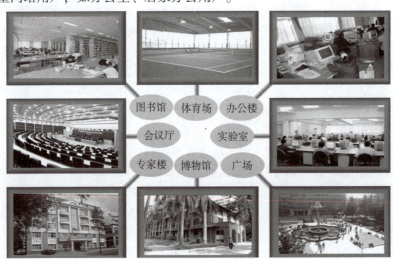

图 11-1 无线局域网的应用场合

3. 无线局域网的传输方式

无线局域网的传输方式与其所采用的传输媒体、所选择的载频波段及所使用的调制方式有关。目前有两种无线传输媒体:无线电波传输媒体和红外线传输媒体。

利用红外线作为传输媒体在家用电器遥控中很常见,作为无线局域网的一种无线传输媒体,它既不受无线电波的干扰,也不受无线电管理部门的限制,无须专门申请波段。但红外线传输媒体具有一定的方向性,对非透明物体的穿透能力差,传输距离不能太远,一般在几米到几十米。

在无线电波传输媒体下的调制方式有以下两种。

(1)窄带调制方式。利用无线电波作为传输媒体,窄带调制把欲发送数据的基带数字序列经过射频调制器,将其频谱搬移到一个便于无线发射的很高的载频上。所谓窄带,是指经过调制后的信号(已调波)占有频带的宽度相对很高的载频来说是很窄的。

(2)扩展频谱方式。扩展频谱过程一般将原基带数字序列信号的频谱扩展几倍到几十倍，经过射频调制后的发射信号的频带宽度比窄带调制的要宽得多。

4. 无线局域网的优缺点

(1)无线局域网的优点。

①网络建立成本低。有线网络的架设在大范围的区域内，需要使用同轴电缆、双绞线、光纤等传输媒体，花费大量的人力和物力，租赁昂贵的专用线路。而对无线网络而言，网络间的连接不需要任何线缆，极大地降低了成本。

②可靠性高。在建立有线网络的时候，通常都将网络设计在一个使用期限内(一般为5年)，并且随着网络的使用，网络线路本身可能出现线路渗水、金属生锈、外力造成线路切断等问题，使网络数据传输受到干扰，而无线网络不会出现这些问题。无线网络通常采用很窄的频段，当出现无线电干扰时，可以通过跳频技术跳频到另一频段内工作。

③移动性好。传统的有线网络在网络建立以后，网络中的设备和线路一般就固定下来。无线网络的最大优点就是可移动，只要在无线信号范围内，无线网络用户可以随意移动并且保证数据的正常传输。

④布线容易。因为无线网络不需要进行复杂的布线，避免了穿墙或过天花板布线的烦琐工作，所以安装容易，建网时间可大大缩短。

⑤组网灵活。无线局域网可以组成多种拓扑结构，可以十分容易地从少数用户的点对点模式扩展到上千用户的基础架构网络。

(2)无线局域网的缺点。

①传输速率低。

②存在通信盲点。无线网络传输存在盲点，在网络信号盲点处几乎不能通信，有时即使采用了多种措施也无法改变状况。

③易受外界干扰。因为目前无线电波非常多，并且对于频段的管理也并不是很严格，所以无线广播很容易受外界干扰而影响无线网络数据的正常传输。

④安全性较低。理论上在无线信号广播范围内，任何用户都能够接入无线网络、监听网络信号，即使采用数据加密技术，无线网络加密的破译也比有线网络容易得多。

11.2 无线局域网的传输标准

无线局域网是无线通信领域最具发展前途的重大技术之一，许多研究机构针对不同的应用场合指定了一系列协议标准，主要有蓝牙(Bluetooth)、HomeRF、HiperLAN 和 IEEE 802.11，目前应用最为普遍的是 IEEE 于 1997 年 6 月批准的 802.11 标准。

11.2.1 IEEE 802.11 系列协议

IEEE 在 1990 年 7 月成立了 IEEE 802.11 工作委员会，着手制定无线局域网物理层(PHY)及介质访问控制层(MAC)协议的标准，并于 1997 年由大量的局域网以及计算机专家审定通过 IEEE 802.11 无线局域网协议，之后又陆续推出了 802.11a、802.11b、802.11g 等一系列协议，进一步完善了无线局域网的标准。国内目前使用最多的是 802.11g。

1. IEEE 802.11

IEEE 802.11 标准定义了物理层和媒体访问控制层协议的标准。物理层定义了数据传输的信号特征和调制标准，以及两个 RF 传输标准和一个红外线传输标准。RF 传输标准是跳频扩频和直接序列扩频，工作在 2.400 0~2.483 5 GHz 频段。

IEEE 802.11 是 IEEE 最初制定的一个无线局域网标准，主要用于解决办公室局域网和校园网中用户与用户终端的无线接入，业务主要限于数据访问，速率最高只能达到 2 Mbps。因为它在速率和传输距离上都不能满足人们的需要，所以 IEEE 802.11 标准后来被 IEEE 802.11b 取代。

2. IEEE 802.11b

IEEE 802.11b 标准是 IEEE 于 1999 年针对无线局域网推出的标准，早期也被称为 Wi-Fi(现在 Wi-Fi 联盟已经确定 Wi-Fi 的标准不仅包含 802.11b，同时也包含 802.11a/g，以及 802.11n 正式版)。该标准的工作频率为 2.4 GHz，最大传输速率为 11 Mbps，传输距离一般室内为 30~100 m，室外为 100~300 m。因为价格低廉，IEEE 802.11b 标准的产品被广泛使用，其升级版本还有 IEEE 802.11b+，支持 22 Mbps 的传输速率。

IEEE 802.11b 一经推出就成为当时主流的无线局域网标准，被多数厂商所采用，所推出的产品广泛应用于办公室、家庭、宾馆、车站、机场等众多场合。

3. IEEE 802.11a

1999 年，IEEE 802.11a 标准制定完成，其推出的时间晚于 IEEE 802.11b 标准，工作频率为 5 GHz，最大传输速率为 54 Mbps，传输距离比 IEEE 802.11b 标准短，为 20~50 m，主要用于提供语音、数据、图像传输业务。该标准也是 IEEE 802.11 的一个补充，扩充了标准的物理层，采用正交频分复用(Orthogonal Frequency Division Multiplexing，OFDM)的独特扩频技术。

IEEE 802.11a 标准是 IEEE 802.11b 的后续标准，其设计初衷是取代 802.11b 标准。然而，工作于 2.4 GHz 频带是不需要执照的，该频段属于工业、教育、医疗等专用频段，是公开的，工作于 5 GHz 频带是需要执照的，而且 IEEE 802.11a 无线网卡昂贵，这些大大地限制了该技术的发展。

4. IEEE 802.11g

802.11a 与 802.11b 两个标准都存在缺陷，802.11b 的优势在于价格低廉，但传输速率较低(最高为 11 Mbps)。802.11a 的优势在于传输速率快(最高为 54 Mbps)且受干扰少，但价格相对较高。

IEEE 802.11g 标准拥有 IEEE 802.11a 的传输速率，安全性比 IEEE 802.11b 更高。它采用两种调制方式，含 802.11a 中采用的 OFDM 与 IEEE 802.11b 中采用的 CCK，因此能够与 802.11a 和 802.11b 兼容。

IEEE 802.11g 标准的诞生到流行，无论是对用户还是对整个业界来说都是一个巨大的推动，它将把无线局域网的性能提升到一个新的高度，同时降低构建网络的成本。

IEEE 802.11g 标准与之前标准相比，其优势如下。

(1)较高的数据传输速率，最高可达 54 Mbps(同于 802.11a 标准)。

(2)完全兼容 802.11b 标准。

(3)在相同的物理环境下，同样达到 54 Mbps 的数据传输速率时，使用 802.11g 标准的设备能覆盖的距离大约是使用 802.11a 标准设备的两倍。

(4)免费的 2.4 GHz 频带在全球绝大部分国家是可用的。

(5)由于采用了同 802.11a 标准相同的 OFDM 调制，双频产品的设计与实现很方便。

5. IEEE 802.11n

为了实现高带宽、高质量的无线局域网服务,使无线局域网达到以太网的性能水平,802.11n 标准应运而生。

在传输速率方面,802.11n 标准可以将无线局域网的传输速率由 802.11a 及 802.11g 标准提供的 54 Mbps 提高到 108 Mbps,甚至高达 500 Mbps。这得益于将 MIMO(Multiple Input Multiple Output,多入多出)与 OFDM 技术相结合的 MIMO OFDM 技术,这个技术不但提高了无线传输质量,也使传输速率得到极大提升。

在覆盖范围方面,802.11n 标准采用智能天线技术,通过多组独立天线组成的天线阵列,可以动态调整波束,保证让无线局域网用户接收到稳定的信号,并可以减少其他信号的干扰。因此其覆盖范围可以扩大到几百米,使无线局域网移动性极大提高。

几种标准的比较如表 11-1 所示。

表 11-1 几种标准的比较

标准	802.11b	802.11a	802.11g	802.11n
发布时间	1999 年	1999 年	2003 年	2009 年
工作频段	2.4~2.4835 GHz	5.15~5.35 GHz 5.725~5.85 GHz	2.4~2.4835 GHz	2.4 GHz 5 GHz
可用频宽	83.5 MHz	325 MHz	83.5 MHz	408.5 MHz
载波带宽	22 Mbps	20 Mbps	22 Mbps	20 Mbps 40 Mbps
无交叠信道	3 个	12 个	3 个	15 个
编码技术	CCK/DSSS	OFDM	CCK/OFDM	OFDM/MIMO
最高传输速率	11 Mbps	54 Mbps	54 Mbps	600 Mbps
无线覆盖范围	室内 30~100 m 室外 100~300 m	20~50 m	40~100 m	几百米
兼容性	通过 Wi-Fi 认证的产品之间可以互通	与 802.11b/g 不兼容	兼容 802.11b	兼容 802.11a/b/g

6. IEEE 802.11ac

IEEE 802.11ac 是一个 802.11 无线局域网通信标准,它通过 5 GHz 频带进行通信。理论上,它能够提供最多 1Gbps 带宽进行多站式无线局域网通信,或者提供最少 500 Mbps 的单一连接传输带宽。

802.11ac 是 802.11n 标准的继承者,它采用并扩展了源自 802.11n 的空中接口(Air Interface)概念,包括更宽的 RF 带宽(提升至 160MHz)、更多的 MIMO 空间流(Spatial Streams)(增加到 8)、多用户的 MIMO,以及更高阶的调制(达到 256QAM)。

11.2.2 其他标准

目前广泛应用的无线局域网标准还有红外线、蓝牙技术、家庭网络 HomeRF 和 HiperLAN 高性能无线局域网标准等。红外线和蓝牙技术将在后面详细介绍,这里主要介绍 HomeRF 和 HiperLAN。

1. HomeRF

HomeRF 工作组成立于 1977 年，由美国家用射频委员会领导。它的目的是在消费者能够承受的前提下，建设家庭语音、数据内联网。HomeRF 主要是为家庭网络设计的，它类似于蓝牙技术，在 2.4 GHz 频段提供 1.6 Mbps 的带宽。HomeRF 可以被集成到一个特定的网络架构中，支持 SWAP 协议，也可以被一个中心连接点控制。

2. HiperLAN

HiperLAN 是欧洲电信标准化协会（European Telecommunication Standards Institute，ETSI）的宽带无线电接入网络（BRAN）小组着手制定的 Hiper 接入标准，已推出了 HiperLAN1 和 HiperLAN2 两种标准。HiperLAN1 对应 IEEE 802.11b 标准，HiperLAN2 对应 IEEE 802.11a 标准。HiperLAN1 工作频段为 5 GHz，它的覆盖范围较小，约为 50 m，支持同步和异步语音传输，支持 2 Mbps 视频传输和 10 Mbps 数据传输。HiperLAN2 工作频段为 5 GHz，支持高达 54 Mbps 数据传输，因此它支持多媒体应用的性能更高。

11.2.3 Wi-Fi 和 WAPI

Wi-Fi 是无线局域网的一种技术，实质上是一种商业认证，具有 Wi-Fi 认证的产品符合 IEEE 802.11b 无线网络规范，它是当前应用最为广泛的无线局域网标准，采用波段是 2.4 GHz。

WAPI 是我国自行研制的一种无线局域网传输技术。2009 年 6 月，中华人民共和国工业和信息化部发布新政策，即凡加装 WAPI 功能的手机可入网检测并获进网许可。2009 年 6 月，在日本召开的 IEC/ISO JCT1/SC6 会议上，WAPI 获准以单独文本形式成为国际标准。与 Wi-Fi 相比，WAPI 具有明显的安全和技术优势。

WAPI 只是用于接入，通俗地讲，其应用就是给终端上网，弥补 3G 网络带宽不足的缺点，但是不能保证最佳的带宽。

Wi-Fi 应用于局域网，是取代有线的一种形式，可以用作数据交换、文件共享、终端接入等应用，而且可以根据不同的需求选用不同的设备、不同的架设方式，提供不同等级的网络质量，以满足各类应用。

11.3 无线局域网组网元素

在组建无线局域网时，需要用到的无线网络设备有无线网卡、无线接入点、无线天线和无线路由器。

11.3.1 无线局域网终端

无线网卡按支持的协议分类，有 802.11b 网卡、802.11g 网卡、802.11b/802.11g 兼容网卡等；按在 PC 中放置位置分类，有外置网卡和内置网卡；按支持的业务分类，有单模网卡和多模网卡，多模网卡一般同时支持 GPRS/EGPRS 和 TD 业务；按照接口分类，目前符合 IEEE 802.11 标准的无线网卡大致有 USB 无线网卡、PCMCIA 无线网卡和 PCI 无线网卡这 3 种，下面主要介绍这 3 种无线网卡。

1. USB 无线网卡

USB 无线网卡适用于笔记本和台式计算机，支持热插拔。USB 无线网卡一般比较细小，便于携带和安装。为了便于收发信号，USB 无线网卡一般带有一根可折叠的小天线。USB 无线网卡的特点是使用和安装很方便。图 11-2 所示为两款不同的 USB 无线网卡。

图 11-2　USB 无线网卡

2. PCMCIA 无线网卡

PCMCIA 网卡主要针对移动设备用户，支持热插拔，可以非常方便地实现移动式无线接入。PCMCIA 无线网卡即插即用，当搜索连接到可用的无线网络时，卡上的指示灯就会亮起来。图 11-3 所示为两款不同的 PCMCIA 无线网卡。

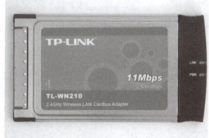

图 11-3　PCMCIA 无线网卡

3. PCI 无线网卡

台式计算机一般都有 USB 或 PCI 接口，因此它除了可以使用 USB 无线网卡外，还可以使用 PCI 无线网卡。PCI 无线网卡与常见的声卡、显卡的外形很相似，只需占据机箱的一个 PCI 插槽，就可以让台式计算机接入无线局域网。图 11-4 所示为台式计算机专用的 PCI 无线网卡。

图 11-4　PCI 无线网卡

11.3.2　无线网络设备

在无线网络中仅有无线网卡还不够，还必须有基站来完成发射信号，因此就需要

STA、无线接入点、接入控制器、天线、无线桥接器和无线路由器等无线网络设备。

1. STA(Station,工作站)

STA 在 WLAN 中一般为客户端,可以是装有无线网卡的计算机,也可以是有 Wi-Fi 模块的智能手机。STA 可以是移动的,也可以是固定的,它是无线局域网的最基本组成单元。图 11-5 所示为一个 STA。

图 11-5 一个 STA

2. 无线接入点

无线接入点(Wireless Access Point)又称无线 AP,是用于无线网络的无线交换机,也是无线网络的核心元素之一。无线 AP 是移动计算机用户进入有线网络的接入点,主要用于宽带家庭、大楼内部以及园区内部,典型覆盖距离为几十米至几百米,目前使用的主要标准为 802.11 系列。无线 AP 的工作原理是将网络信号通过双绞线传送,经过无线 AP 使用的编译,将网络信号转换成为无线电信号发送,形成无线网的覆盖。AP 及 AP 连接示意如图 11-6 所示,无线 AP 相当于基站,是一个连接有线网络和无线网络的桥梁,主要作用是将无线网络接入以太网,还要将各无线网络客户端连接到一起,相当于以太网的集线器,使装有无线网卡的 PC 通过无线 AP 共享有线局域网甚至广域网的资源,一个无线 AP 能够在几十至几百米的范围内连接多个无线用户。

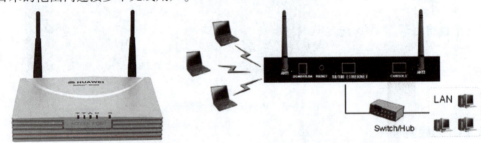

图 11-6 AP 及 AP 连接示意

3. 接入控制器

接入控制器(Access Controller,AC)相当于无线局域网与传送网之间的网关,将来自不同无线 AP 的数据进行业务汇聚,将来自业务网的数据分发到不同无线 AP,此外还负责用户的接入认证功能,执行验证、授权和记账(Authentication Authorization Accounting,AAA)代理功能。AC 提供的业务和功能有支撑平台、路由管理、接入认证、地址管理、用户计费、业务控制、安全管理、增值业务、网络管理、系统维护等。

4. 天线

当计算机与无线 AP 或其他计算机相距较远时,随着信号的减弱,传输速率会明显下降,或者根本无法实现与无线 AP 或其他计算机通信,此时就必须借助天线对所接收或发送的信号进行增益。天线的功能是将载有源数据的高频电流,利用天线本身的特性转换成电磁波而发送出去,发送的距离与发射的功率和天线的增益成正向变化。

天线有许多种类型,一般可分为室内天线和室外天线,室外天线包括锅状的定向天线和棒状的全向天线等,如图 11-7 所示。

图 11-7　室内天线和室外天线

5. 无线桥接器

无线桥接器（Wireless Bridge）主要在进行长距离传输（如两栋大楼间连接）时使用，由 AP 和高增益定向天线组成。无线桥接器可分为定向型和全向型两种。图 11-8 所示为一款室外型无线桥接器。

图 11-8　室外型无线桥接器

6. 无线路由器

无线路由器集成了有线路由器和无线 AP 的功能，既能实现宽带接入共享，又能轻松实现无线局域网的功能。

通过与各种无线网卡配合，无线路由器就可以以无线方式连接成具有不同拓扑结构的局域网，从而共享网络资源，形式灵活。图 11-9 所示为两款不同的无线路由器。

图 11-9　无线路由器

11.4　无线局域网组网结构

根据无线 AP 的功用不同，无线局域网可以实现不同的组网方式，目前有点对点模式、基础架构模式、无线网桥模式、多无线 AP 模式和无线中继器模式 5 种组网方式。

1. 点对点模式

点对点模式的网络由无线工作站组成，用于一台无线工作站和另一台或多台无线工作站直接通信。这种模式的网络无法接入有线网络中，只能独立使用，无须使用无线 AP，其安全由各个客户端自行维护。点对点模式的网络如图 11-10 所示。

图 11-10　点对点模式的网络

2. 基础架构模式

基础架构模式的网络由无线 AP、无线 STA 以及分布式系统构成，覆盖的区域被称为基本服务区。无线 AP 用于在无线 STA 和有线网络之间接收、缓存和转发数据，所有的无线通信都经过无线 AP 完成。无线 AP 通常能够覆盖几十至几百个用户，覆盖半径上百米。无线 AP 可以连接到有线网络，实现无线网络和有线网络的互联。基础架构模式的网络如图 11-11 所示。

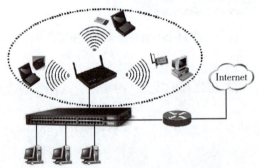

图 11-11　基础架构模式的网络

3. 无线网桥模式

无线网桥模式的网络支持两个无线 AP 进行无线桥接来连通两个不同的局域网，设置桥接模式只要将对方无线 AP 的 MAC 码填进自己无线 AP 的 Wireless Bridge（无线网桥）项中就可以了，不会再发射无线信号给其他的无线用户。无线网桥模式的网络适合两栋建筑物之间进行无线通信时使用，如图 11-12 所示。

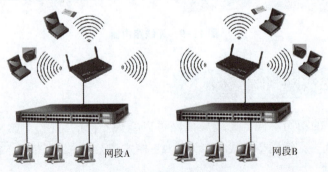

图 11-12　无线网桥模式的网络

4. 多无线 AP 模式

多无线 AP 模式的网络支持两个以上的 AP 进行无线桥接，放在中心位置的无线 AP 选择 Multiple Bridge(多 AP 桥接)项，然后其他无线 AP 统一将中心位置无线 AP 的 MAC 码填进自己的 Wireless Bridge 项中就可以了。多无线 AP 模式的网络适合多栋建筑物之间进行无线通信时使用，如图 11-13 所示。

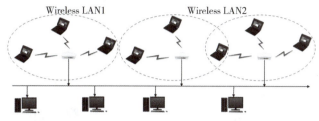

图 11-13　多无线 AP 模式的网络

5. 无线中继器模式

无线中继器模式的网络支持两台无线 AP 之间无线信号中继以增强无线距离，或者中继其他牌子的无线路由或无线 AP，11 Mbps、22 Mbps、54 Mbps、108 Mbps 都可以中继。

只要将无线 AP 置成 Repeater(无线信号中继)模式，然后用 Wireless Client 项的 Site Survey(信号搜索)搜索附近的无线 AP 或其他无线路由的 SSID 并连接，然后把对方无线 AP 或无线路由的 MAC 复制到这台无线 AP 的 Repeater Remote AP MAC 栏就可以了。只要其他无线 AP 或无线路由接上宽带，它就可以接收无线信号并把减弱了的无线信号再放大发送出去，这种模式适合距离比较远的无线客户端作信号放大使用，或者用来做无线桥接然后发射信号给无线网卡接收。

注意，中继其他无线 AP 或无线路由时，双方的 Performance(无线效能值)里面的选项都应填写一样，其中的 Preamble Type(前导帧模式)请选择 Long Preamble(长前导帧)项，TX Rates 选择 1-2-5.5-11(Mbps)项，兼容性会更好。图 11-14 所示为无线中继器模式的网络。

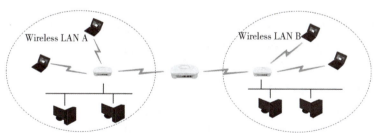

图 11-14　无线中继器模式的网络

11.5　对等无线局域网组建

虽然组建无线网络比组建有线网络简单，但是要组建一个让人满意的无线网络还是有一定困难的。

在很多情况下，特别是在学生宿舍里组建无线网络的时候，如果几台计算机只安装了无线网卡而没有交换机或路由器等装置，那么这几台计算机可以通过无线网卡组建一个简单的对等网络，彼此之间不需要交叉线就可以互通。在家庭中，我们经常既有移动设备又有台式计算机，这时也可以通过组建对等无线网络来实现共享上网，如图 11-15 所示。

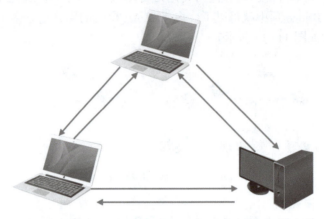

图 11-15 通过对等无线网络共享上网

11.6 家庭无线网络搭建

11.6.1 无线网络的高级设置

1. 加密设置

为了更安全、方便地使用无线局域网，我们还可以对其进行一些高级设置。为了确保组建的无线网络的安全，在使用无线网络时，需要给无线网络设置密钥功能，这样其他用户就不能盗用无线信号了。

给无线网络进行加密时，先打开无线路由器的无线加密设置界面，在无线参数的基本设置中勾选"开启安全设置"选项，就可以设置密钥了。密钥可以设置为 64 位、128 位和 152 位，设置 64 位密钥，需输入 10 个 16 进制数字符或者 5 个 ASCII 码字符，设置 26 个 128 位密钥需输入 16 进制数字符或者 13 个 ASCII 码字符，设置 152 位密钥，需输入 32 个 16 进制数字符或者 16 个 ASCII 码字符。用户可以根据自己的需要设置适当的密钥，以后只有输入密钥才能使用。

2. 使用 DHCP 自动配置 IP

在路由器中，我们可以通过自动配置 IP 地址的方式给使用该路由器的每台计算机分配相应的 IP 地址，这样省去了手动为每台计算机设置 IP 地址的麻烦。配置时，应打开无线路由器的 DHCP 服务设置界面，如图 11-16 所示。在"DHCP 服务器"项中选中"启用"单选按钮，在下面的"地址池开始地址"项中设置路由器为局域网内计算机分配 IP 地址时的开始值，如 192.168.1.100。也就是说，第一台向路由器发出申请的计算机获取的 IP 地址是 192.168.1.100，第二台是 192.168.1.101，依次类推。在"地址池结束地址"项中输入结束的地址，如 192.168.1.199，在下面的两个 DNS 相关项中输入本地的 DNS 服务器地址，单击"保存"按钮。设置完成后，我们可以通过客户端列表来查看分配情况，如图 11-17 所示。

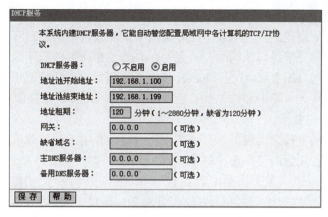

图 11-16　DHCP 服务设置界面

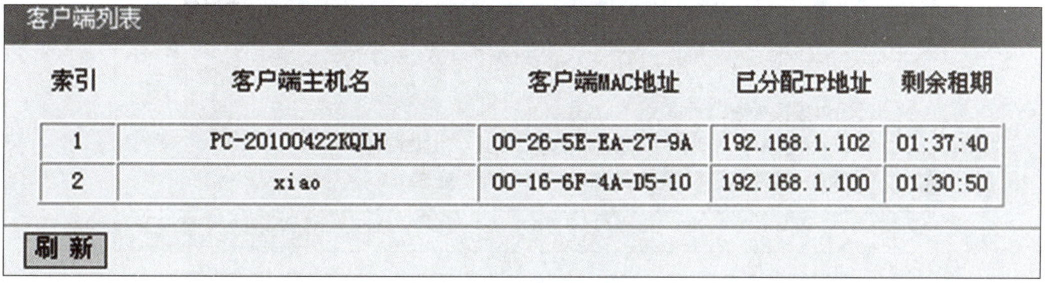

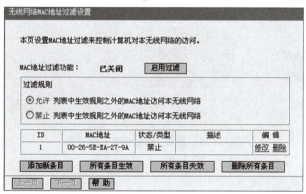

图 11-17　客户端列表

3. MAC 地址过滤

无论我们怎么样加密，现在都有很多破解方法，如 BT3、BT4 等，用这些方法能很轻易地破解出路由器的密码，因此这样还是不够安全。想要加强安全性，可以通过 MAC 地址来限制非法上网。在无线路由器配置界面中单击无线参数下的"MAC 地址过滤"项，打开图 11-18 所示的 MAC 地址过滤设置界面。

图 11-18　MAC 地址过滤设置界面

11.6.2　用有线接入方式搭建无线局域网

很多学校和单位都架设了内部局域网，局域网内用户的计算机可以通过局域网与 Internet 进行连接。那么，如何在此基础上使用无线路由器搭建无线局域网呢？

1. 设备的连接

在局域网基础上搭建无线网络和 ADSL 拨号架设无线网络的原理相同，只是设置方法有些不同。单位和学校架设局域网时，一般会在办公室和宿舍预留网线接口，使用局域网接入方式组建无线网络不需要 ADSL Modem 设备，也不需要在无线路由器中进行虚拟拨号设置，只需用网线将无线路由器的 WAN 接口与局域网网络接口连接即可。

2. 无线路由器设置

在局域网的基础上架设无线网络，还要在无线路由器中进行简单设置。登录无线路由器，在设置向导中选择第三项"静态 IP"，如图 11-19 所示。

单击"下一步"按钮，为无线路由器设置 IP 地址、子网掩码、DNS 服务器，该 IP 地址和子网掩码都要和局域网设置在同一网段，如图 11-20 所示。单击"下一步"按钮，完成配置后重启路由器。

无线路由器端口映射

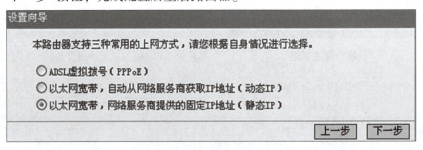

图 11-19 选择第三项"静态 IP"

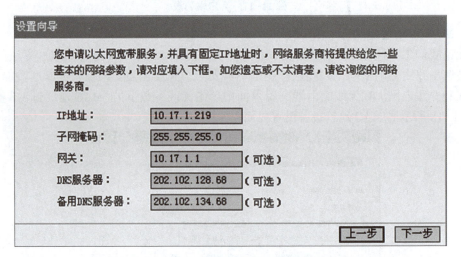

图 11-20 设置 IP 地址和子网掩码

11.7 无线个域网

个域网（Personal Area Network，PAN）是一种范围较小的网络，主要用于计算机设备之间的通信。PAN 的通信范围只有几平方米，也可用于连接多个网络。PAN 常常被看作是"最后一米"网络的解决方案。

无线个域网（Wireless PAN，WPAN）是一种采用无线连接的个域网，它主要通过无线电或红外线代替传统有线电缆，实现个人信息终端的互连，组建个人信息网络。它是在个人周围空间形成的无线网络,现通常指覆盖范围在几平方米的短距离无线网络,尤其是指能在便携式电子设备和通信设备之间进行短距离特别连接的自组织网。WPAN 设备具有价格便宜、体积小、易操作和功耗低等优点。

WPAN 是一种与无线广域网(WWAN)、无线城域网(WMAN)、无线局域网(WLAN)并列但覆盖范围更小的无线网络,4 种无线网络的关系与通信范围如图 11-21 所示。

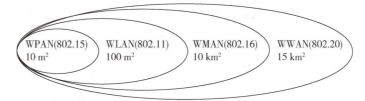

图 11-21 4 种无线网络的关系与通信范围

WPAN 的主要特点如下。

(1)支持高速数据传输速率并行链路,传输速率可达 100 Mbps。
(2)支持邻近终端之间的短距离连接,典型为 1~10 m。
(3)支持标准无线或电缆桥路与外部 Internet 或广域网的连接。
(4)支持典型的对等式拓扑结构。
(5)支持中等用户密度。

通常可将 WPAN 按传输速率分为低速、高速和超高速 3 类,如图 11-22 所示

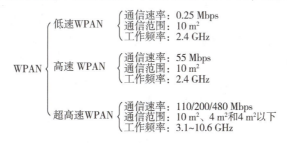

图 11-22 WPAN 分类

低速 WPAN 主要为近距离网络互连而设计,采用 IEEE 802.15.4 标准,其结构简单、通信距离近、功耗低、成本低,被广泛用于工业监测、办公和家庭自动化及农作物监测等。

高速 WPAN 适合大量多媒体文件、短时的视频和音频流的传输,能实现各种电子设备间的多媒体通信。

超高速 WPAN 支持 IP 语音、高清电视、家庭影院、数字成像和位置感知等信息的高速传输,支持近距离的高速传输,支持较远距离的低速率、低功耗传输,具备共享环境下的高容量、高可扩展性。

11.8 无线城域网

无线城域网(Wireless MAN,WMAN)主要用于解决城域网的接入问题,除可提供固定

的无线接入服务外，还可提供具有移动性的接入服务，包括多信道多点分配系统（Multi-channel Multipoint Distribution System，MMDS）、本地多点分配系统（Local Multipoint Distribution System，LMDS）、IEEE 802.16 和 ETSI HiperMAN（High Performance MAN，高性能城域网）等。

随着计算机和通信技术的迅猛发展，全球信息网络正在快速向以 IP 为基础的下一代网络（Next Generation Network，NGN）演进。结合未来全球个人多媒体通信的全面覆盖要求及下一代宽带无线（Next Generation Biology Workbench，NGBW）的概念与发展趋势看，宽带无线接入技术的重要性日益体现。运用宽带无线接入技术，可以将数据、Internet、语音、视频和多媒体应用传送到商业和家庭用户，其中基于 IEEE 802.16 系列标准的宽带 WMAN 技术因能够提供高速数据无线传输、实现移动多媒体宽带业务等优势而引起广泛关注。

11.9 无线广域网

无线广域网（Wireless WAN，WWAN）是指覆盖全国或全球范围内的无线网络，它能提供更大范围内的无线接入，与 WPAN 和 WMAN 相比，它更加强调快速移动性。WMAN 是采用无线网络把物理距离极为分散的局域网连接起来的网络。

典型的 WWAN 包括 GSM 全球移动通信系统和卫星通信系统以及 3G、4G 网络。

3G 是第三代移动通信技术，是指支持高速数据传输的蜂窝移动通信技术。3G 服务能够同时传送声音及数据信息，速率一般在 100 kbps 以上。3G 是指将无线通信与国际互联网等多媒体通信结合的新一代移动通信系统，目前 3G 存在 3 种标准：CDMA2000、WCDMA、TD-SCDMA。

WCDMA 由欧洲标准化组织（3rd Generation Partnership Project，3GPP）制定，受到全球标准化组织、设备制造商、器件供应商、运营商的广泛支持，将成为未来 3G 的主流体制。

CDMA2000 是基于 IS-95 标准提出的 3G 标准，目前其标准化工作由 3GPP2 来完成。

TD-SCDMA 标准由中国无线通信标准组织（China Wireless Telecommunication Standards-group，CWTS）提出，目前已经融合到了 3GPP 关于 WCDMA-TDD 的相关规范中。

4G 是第四代移动通信技术，它集 3G 与 WLAN 于一体，能够快速传输数据、音频、视频和图像等。4G 能够以 100 Mbps 以上的速度下载，比目前的家用宽带 ADSL 更快，能够满足几乎所有用户对无线服务的要求。此外，4G 可以在 DSL 和有线电视调制解调器没有覆盖的地方部署，然后扩展到整个地区。很明显，4G 有着不可比拟的优越性，它主要有以下特点。

（1）多网络融合。多种无线通信技术系统共存。

（2）全 IP 化网络。从单纯的电路交换向分组交换过渡，并最终演变为基于分组交换的全网络。

（3）用户容量更大。其用户容量为 3G 系统的 10 倍。

（4）无缝的全球覆盖。用户可在任何时间、任何地点使用无线网络。

（5）带宽更宽。更高的单位信道带宽和频谱传输效率。

（6）更加智能灵活。用户的无线网络可以通过其他网络扩展其应用业务，自适应地变换不同信道，提供更高质量和个性化的服务。

(7) 具有更强的兼容性。兼容多种制式的通信协议和终端应用环境，以及各种终端硬件设备。

第五代移动通信技术(简称 5G)是最新一代蜂窝移动通信技术，也是 4G(LTE-A、WiMax)、3G(UMTS、LTE)和 2G(GSM)的延伸。5G 的性能目标是高数据传输速率、低时延、低能源、低成本、高系统容量和大规模设备连接。Release-15(5G 首版标准)中的 5G 规范的第一阶段是为了适应早期的商业部署而制订，Release-16 的第二阶段于 2020 年 4 月完成，作为 IMT-2020 技术的候选提交给国际电信联盟(International Telecommuniation Union,ITU)。ITU IMT-2020 规范要求数据传输速率达到 20 Gbps，从而实现宽信道带宽和大容量 MIMO。

在移动通信领域，第一代技术是模拟技术，第二代技术实现了数字化语音通信，第三代技术是人们熟知的 3G 技术(以多媒体通信为特征)，第四代技术是正在使用的 4G 技术，其通信速率大大提高，标志着进入无线宽带时代，而 5G 技术就是第五代移动通信技术。目前，全球服务商都正在全面铺开 5G 通信。几代通信技术对比如图 11-23 所示。

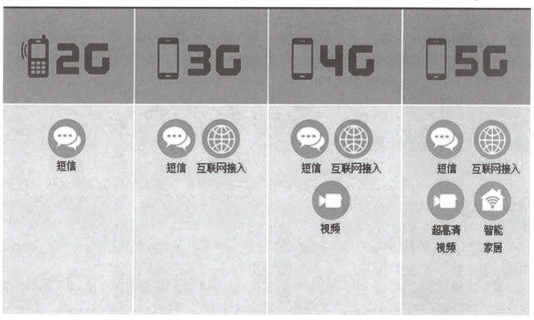

图 11-23　几代通信技术对比

习题11

简答题

1. 什么是无线局域网？其种类有哪些？
2. 无线局域网使用的协议有哪些？各协议的特点分别是什么？
3. 无线局域网使用的设备有哪些？各设备的特点是什么？
4. 简述家庭无线局域网的配置过程。

第 12 章

网络工程

网络工程是针对计算机网络实施的工程。目前,计算机网络已被广泛应用于社会的各个领域,计算机网络应用到企业就形成了企业网。虽然基于各企事业单位网络的应用系统各不相同,但网络本身的构建(从网络结构、网络设备、操作系统到网络管理等)是基本相同的。组建一个计算机网络系统是一个非常复杂且对技术性要求很强的工作,需要专门的系统设计人员按照系统工程的方法进行统一规划和设计。

12.1 网络工程概述

网络工程是研究网络系统规划、设计与管理的工程科学,要求工程技术人员根据既定的目标,严格依照行业规范制定网络建设的方案,协助工程招投标、设计、实施、管理与维护等活动。

采用 TCP/IP 体系结构的互联网已经成为企业、国家乃至全球的信息基础设施。设计、组建和测试基于 TCP/IP 技术的计算机网络是网络工程的首要任务。

网络工程必须总结并研究与网络设计、实施和维护有关的概念和客观规律,从而能够根据这些概念和规律来设计和组建满足用户需求的计算机网络。

1. 工程的定义

简单地讲,工程是有一个明确的目标、在指定的组织领导下按计划进行的工作。

2. 计算机网络工程的含义

计算机网络工程是工程的一个子概念,它是在信息系统工程方法和完善的组织机构指导下,根据网络应用的需求,按照计算机网络系统的标准、规范和技术,详细规划设计可行方案,将计算机网络硬件设备、软件和技术系统性地集成在一起,组建满足用户需求的、具有高性价比的计算机网络系统。

计算机网络工程就是组建计算机网络的工作,凡是与组建计算机网络有关的事情都可以包括在计算机网络工程中。

网络工程除具备一般工程共有的内涵和特点以外,还包含以下要素。

(1)工程设计人员要全面了解计算机网络的原理、技术、系统、协议、安全、系统布线等基本知识,以及其发展现状和发展趋势。

(2)总体设计人员要熟练掌握网络规划与设计的步骤、要点、流程、案例、技术设备选型以及发展方向。

(3)工程主管人员要懂得网络工程的组织实施过程,能把握住网络工程的评审、监理、验收等环节。

(4)工程开发人员要掌握网络应用开发技术、网站设计和 Web 制作技术、信息发布技术、安全防御技术。

(5)工程竣工之后,网络管理人员使用网络管理工具对网络实施有效的管理维护,使网络工程发挥应有的效益。

3. 网络工程的内容

网络工程的内容包括以下 4 个方面。

(1)网络规划与设计:针对计划建设的网络系统的类型规模、体系结构、硬件与软件、管理与安全等方面,提出一套完整的技术方案和实施方案。

(2)网络硬件系统建设:主要包括计算机设备、网络设备和布线系统等硬件的集成。

(3)网络软件系统建设:主要包括网络操作系统、工作站操作系统通信及协议软件、数据库管理系统、网络应用软件和开发工具软件等的选择与安装。

(4)网络安全管理建设:主要包括网络管理与安全体系以及相应软件系统的组建。网络工程的目标就是工程的建设方和施工方要在遵守国家相关法律、法规,遵循国家标准和国际标准的前提下,完成网络工程的规划、设计、施工和验收等工作。

网络工程是信息系统集成的一部分和基础,网络集成技术是网络工程的核心技术。全面的质量管理和类似的理念刺激了过程的不断改进,正是这种改进促使更加成熟的网络工程方法不断出现,网络工程的核心就是对于网络质量的关注。

12.2 网络规划与设计

对于公司而言,除了公司整体技术经济实力、良好的资质和成功的项目案例外,能够整合出一套过硬的具有高可行性、高性价比、用户适用性强的网络设计方案也是赢得项目合同的关键。一套漂亮的网络设计方案体现了技术人员对网络技术、应用集成、网络设备和项目费用管理的综合处理能力。当然,网络设计方案最终要通过网络工程来加以实施。计算机网络的建设涉及网络的需求分析、设计、施工、测试、维护和管理等方面。

12.2.1 网络规划概述

实施网络工程的首要工作就是要进行规划,深入细致的规划是成功组建计算机网络的基础,缺乏规划的网络必然是失败的网络,其稳定性、扩展性、安全性、可管理性均没有保证。

遵循正规的开发过程将增加成功的机会,同所有技术开发一样,当设计一个满足特定业务需求的网络时,必须遵循一定的处理过程。一个好的、正规的设计过程不会成为实际建网工作的负担,而会使设计者的工作更简单、更高效、更令人满意。

因为时间压力总是存在的,所以许多专业技术人员总是不想进行正规的设计,而直接开始工作。但是,即使是最简单的开发过程,也可以使网络避免出现以下问题。

(1)不能满足需求。如果不清楚实际需要什么,就不可能得到一个满足需求的网络。

(2)需求不断变化。需求的渐渐增加和变化会大大增加花在项目上的时间、精力和经费。所有需求必须清楚地记录下来,并及时沟通和评价。

(3)延误工期或超支。随意地做项目可能会延误工期或超支,而且急于求成往往会增加成本。

(4)不能令用户满意。不管一个网络看上去多好,如果它不能使最终的用户满意,它就是失败的。

(5)不能使管理层满意。随意和不专业的开发工作将有损信誉,引起管理层的不满。

总之,小的网络项目可以只需要简单的过程,如记录开始时的需求、解决方案的实现、对建成的网络的改变,大而复杂的项目则需要记录详细的开发过程。

1. 系统开发生命周期

开发一个新系统的过程叫作系统开发生命周期。在这个周期中,一个新的网络或新的特征被设计、实现和维护。这个过程在修改后又重新开始。这种周期与软件工程及系统分析的周期很相似。

虽然没有一种生命周期能完美地描述所有开发项目,但有两种基本的生命周期模型得到了软件工程师的认可:流程周期和循环周期。它们对所有网络开发项目都有一定程度的描述。

(1)流程周期。

流程周期由不同的阶段定义,基于流程模型的不同过程在不同的阶段有不同的名称,它们都在一定程度上遵循如下 5 个步骤:分析、设计、实施、测试、运行。

这种生命周期叫作一个流程,因为工作从一个阶段"流到"下一个阶段,如图 12-1 所示。系统投入运行以后,生命周期就会因更新而重新开始。当按照流程模型开发时,每个阶段必须在下一个阶段开始之前完成,一般要回到前一个阶段是不允许的,在当前开发周期中做不到的将被安排在下一个周期。当不允许返回前面的阶段时,经常会有一些不良影响,如工期会被拖延,而且常常会带来严重的超支。

流程周期的主要好处是所有计划在较早的阶段完成,该系统的所有股东都知道具体情况以及工作进程。这样可以较早知道工期,协调起来也更简单。

尽管流程周期的固定性得到了很多开发者的认同(他们可以用它来回绝那些想做改动的用户),但它显得很死板,因此只适用于很小的项目。而且,在项目完成之前,其需求常常会变化,流程周期不灵活的特点会使开发受挫。

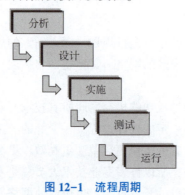

图 12-1 流程周期

(2) 循环周期。

循环周期(又称漩涡周期)是流程周期的变种,它比流程周期出现得更晚,旨在克服流程周期的缺点。循环周期的指导性原则是变化管理。

循环周期也有一些不足,具体如下。

(1)因为没有办法预知用户会再要求些什么,所以很难估计最终经费和完成时间。

(2)需要更长时间开发的主要功能很难完成。

(3)按循环周期法进行开发,很容易陷入无休止的更新中。

2. 网络设计过程

流程周期和循环周期不能很好地描述所有网络开发项目,同一个项目可能从一个周期跳到另一个。例如,流程周期模型可能可以描述一个新网络的设计和实施过程,而循环周期模型可以更好地描述将来的更新和维护。

网络设计过程描述了开发一个网络时必须完成的基本任务。通过分成多个阶段,大项目被拆分成多个易理解、易处理的部分。如果把一个项目看成是一个任务表,阶段就是这类简单的任务。换言之,每个阶段都包括将项目推动到下一个阶段必须做的工作。一个网络设计过程通常由以下几个阶段组成,如图12-2所示。

(1)需求分析。

(2)现有网络分析。

(3)逻辑设计(又称概念设计)。

(4)物理设计(又称最终设计)。

(5)安装和维护。

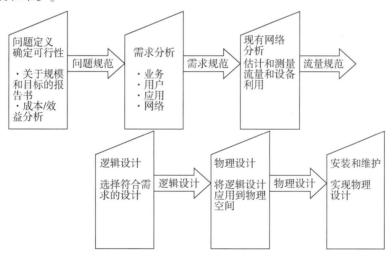

图12-2 网络设计过程

其实,在工程中我们可以使用ESSUP分阶段法将分段做得更加细致、具体。ESSUP分阶段法将一个项目分割为数个可平行或可部分平行执行的小项目,如图12-3所示,这样可以大大提高工作效率。

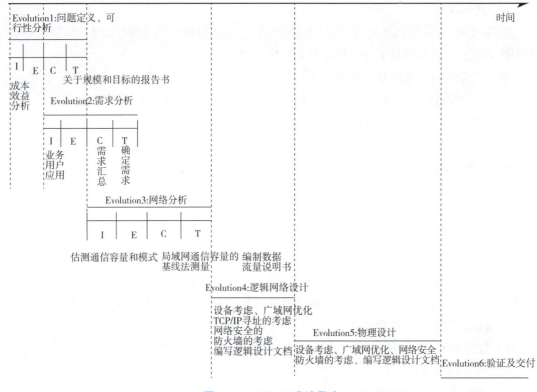

图 12-3 ESSUP 分阶段法

12.2.2 需求分析

需求分析是开发过程中最关键的阶段，因为需求提供了网络设计应达到的目标。尽管需求收集对网络设计来说是很基本的，却因为实现起来太困难而常被跳过。

收集需求信息意味着要与用户、经理及其他网络管理员交谈，然后归纳和解释谈话结果，这经常意味着要解决不同用户群体之间的需求矛盾。有时，网络管理员与用户间会有隔阂，他们不是很清楚用户的需求。收集需求是很耗时的工作，而且不能立即提供一个结果。但是，需求分析有助于设计者更好地理解网络应该具有的功能，它使设计者能够更好地评价现有网络、更客观地作出决策、提供网络移植功能、给所有用户提供合适的资源。

需求分析的目的是从实际出发，通过现场实地调研收集第一手资料，取得对整个工程的总体认识，为系统总体规划设计打下基础。

用户的感觉经常是主观的、不精确的，却是我们所需的重要信息。直接与用户进行交流，尤其是旧网络改造项目，这个环节尤为重要。用户并不能从技术角度描述需求，但我们可把用户需求归纳为网络时延与可预测响应时间、可靠性/可用性、伸缩性、高安全性等方面。

需求分析离不开用户的参与。在大多数单位中，信息化建设中所遇到的问题大部分不是技术问题，而是业务流程合理化的问题，因此必须发动用户参与，并根据分析和调研结果编写需求文档，将用户的需求描述书面的形式表达出来。

12.2.3 现有网络分析

客户建立网络是为了应用,一般的应用包括:从单位工资系统、人事管理系统、办公自动化系统到企业的网站平台、电子档案系统、ERP 系统;从资源共享到信息服务和专用网络;从单一的数据通信到视频会议等。

为了设计出符合用户需求的网络,我们必须找出哪些服务或功能对用户的工作是重要的,通过前面的用户需求分析,从中得出用户应用类型、数据的大小、网络安全性及可靠性等要求,才能据此设计出切合用户实际需要的网络系统。

在进行需求分析的时候,应注意扩展(即扩充性)问题。对于不能满足未来 3~5 年需要的网络方案,应建议客户重新修改,并可提出在原有网络上进行改造的思路。对于用户要投入使用的应用软件或已经使用的软件,需了解该软件对网络系统服务器或特定网络平台的系统要求,通常做法是采用问卷调查的形式。通过对应用目标的结果分析,网络规划师清楚这些应用需要什么样的平台,需要多少,负载和流量如何平衡分配等。就目前来说,网络应用大致有以下几种典型的类型。

(1)公共服务,如 Web 服务、邮件系统、文件服务器服务等。

(2)数据库服务,如关系数据库系统为很多网络应用(如 MIS 系统、OA 系统、企业 ERP、系统学籍考绩管理系统、图书馆系统等)提供后台的数据库支持。

(3)专用服务系统应用类型,如视频点播系统、电视会议系统、财务管理系统、项目管理系统、人力资源系统等。

(4)基础服务和安全平台,如 DNS 服务、网管平台、证书服务、防火墙等。

对建网单位的地理环境进行实地勘察是确定网络规模、网络拓扑结构、综合布线系统设计与施工等工作不可或缺的环节,其主要包括以下几项内容:用户数量及其位置、建筑群调查、具体建筑物了解。

12.2.4 逻辑设计

在逻辑设计阶段,网络设计师应利用前面所学到的知识来选择一种能实现网络需求的相应技术。良好的逻辑设计并不仅仅是一个简单的设备清单,它是一个全面的计划,要综合考虑网络的方方面面以及它要完成的功能。

逻辑设计的重点放在网络系统部署和网络拓扑等细节设计方面。逻辑设计由网络设计师完成,要考虑以下方面:是采用平面结构还是采用三层结构;如何规划 IP 地址;采用何种路由协议;采用何种网络管理方案;在网络安全方面的考虑。

每个组织和网络都是唯一的,但各个组织的设计目标是大不相同的。所有的设计目标都要竭尽全力满足需求说明书中规定的要求,提供特定水平的服务。设计目标可能包括最低的运行成本、最少的安装花费、最大的适应性、最大的安全性、最大的可靠性以及最短的故障时间。

为了实现上述设计目标,在设计过程中应综合权衡以下因素。

(1)成本与性能。

设计者不但要考虑一次的实现成本,而且还要考虑长期运行成本。多花点时间在安装上以减少现阶段的维护费用可能是最明智的选择。

(2) 初期成本。

项目资金通常在需求收集过程的初始阶段就定下来了，网络布线和运行费用也同时确定下来。

(3) 网络服务。

在做出技术选择之前，要考虑网络应该提供的服务内容。也就是说，先决定做什么，再决定怎么去做。

(4) 技术选择。

做出具体的技术选择之前要详细考虑每个方法的相关优缺点，具体考虑以下内容：物理层的考虑、网络设备、广域网性能、网络管理、TCP/IP 寻址、网络安全、防火墙、备选设计。

完成逻辑设计后，应编写相应的说明文档。

12.2.5 物理设计

在确定了建设一个什么样的网络之后，下一步就要选择合适的网络介质和设备来实现它。物理设计的任务就是要选择符合逻辑性能要求的传输介质、设备、部件或模块等，并将它们搭建成一个可以正常运行的网络。

和逻辑设计一样，物理设计需要做大量的前期工作，收集大量的信息为实施打好基础。以图 12-4 所示的楼层物理设计为例，应考虑以下问题。

(1) 客户公司信息节点的总数。
(2) 办公室楼层的楼层高度、楼层数量。
(3) 办公地点每层楼上网络用户的布局情况。
(4) 服务器和桌面应用程序类型，以便决定主干网络的带宽。
(5) Internet 是否需要，取决于企业是否使用 Internet 来开展业务。
(6) 能否接受 Internet 和 Intranet 之间的转换与停止工作。
(7) 需要的网络设备，如服务器、交换机、路由器等。
(8) 是否需要 VPN 功能或专线服务，是否与商业合作伙伴交换文档。
(9) 总公司和分公司之间的关系和访问问题。
(10) 网络安全在方案中占据的权重。

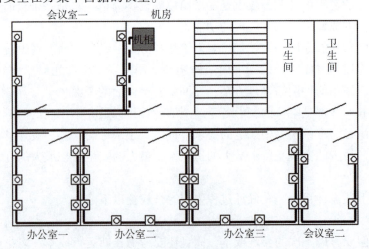

图 12-4 楼层物理设计

除了要了解以上的信息，物理设计还需要遵循如下原则。

(1)选择的物理设备至少应该满足逻辑设计的基本性能要求，同时还需要考虑设备的可扩展性和冗余性等因素。

(2)从网络设备的可用性、可靠性和冗余性的角度去考虑。

(3)选择的设备还应该具有较强的互操作性。

(4)在进行结构化综合布线设计时，要考虑到未来20年内的增长需求。

(5)情况不明时，一定要进行充分的实地考察。

物理设计和逻辑设计一样，最终都需要编写说明文档，而且设计输出的文档要求详细，用语要专业，这样不同岗位的人员能够根据文档很顺利地进行各自负责的工作。设计文档应包括以下内容。

(1)拓扑图和布线方案。

(2)设备清单。

(3)工程造价费用估算。

(4)工程进度表。

(5)验收与测试方案。

(6)用户培训与使用计划。

综上所述，要完成物理设计，必须要掌握相关综合布线知识，并对各种网络设备有一定的了解，才能够很好地完成网络设备的选型。下面介绍综合布线相关知识。

建筑物综合布线系统(Premises Distribution System，PDS)是一个用于传输语音、数据、影像和其他信息的标准结构化布线系统，是建筑物或建筑群内的传输网络，它使语音和数据通信设备、交换设备和其他信息管理系统彼此相连接，物理结构一般采用模块化设计和星形拓扑结构。

综合布线的优点包括：结构清晰，便于管理维护；材料统一、先进，适应今后的发展需要；灵活性强，适应各种不同的需求；便于扩充，既节约费用又提高了系统的可靠性。

按照一般划分，综合布线系统包括6个子系统，即建筑群子系统、设备间子系统、垂直干线子系统、管理子系统、水平子系统、工作区子系统，如图12-5所示。

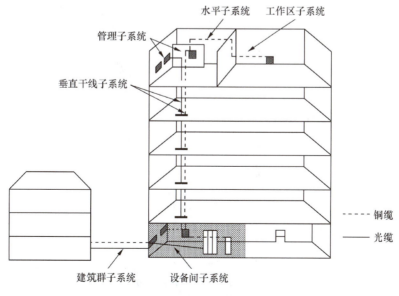

图12-5 综合布线系统的组成

12.2.6 安装和维护

安装与维护包括工程项目设备的采购与安装、软件平台的开发与搭建、系统调试与运行、项目监理、技术文档的编写整理，以及人员培训等工作。安装和维护是整个实施服务过程中最重要的环节，需要集成商的系统与网络工程师、产品专家及专业技术人员等共同完成上述工作。

12.2.7 网络工程组织机构与职责

网络工程要由一个专门的机构来负责。因为每个网络工程的实际情况各不相同，所以具体的机构也不完全一致。对所有的网络工程参与者进行简单的划分，可以将其分为三方，分别是甲方、乙方和监理方。甲方即网络工程中的用户，一般是网络工程的提出者和投资方，通俗地讲就是客户。乙方即网络工程的承建方，一般是指网络公司。监理方帮助用户建设一个性能价格比最优的网络系统，在网络工程建设过程中，给用户提供前期咨询、网络方案论证、确定系统集成商、网络质量控制等服务，通俗地讲就是监督方。三方的基本关系如图 12-6 所示。

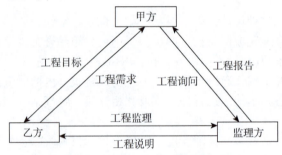

图 12-6　三方的基本关系

根据上面讲解的网络工程的实施步骤，三方的职责划分如图 12-7 所示。

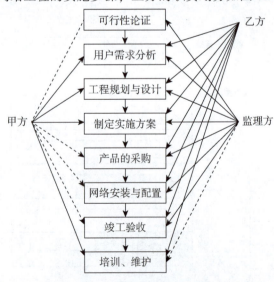

图 12-7　三方的职责划分

12.3 磁盘管理

文件和磁盘管理是计算机的常规管理任务，Windows Server 2016 在文件和磁盘管理方面具有了强大的功能，它提供了一组磁盘管理实用程序，位于计算机管理控制台中，包括查错程序、磁盘碎片整理程序、磁盘整理程序等。在文件管理方面，Windows Server 2016 使用 NTFS 文件系统提供 NTFS 权限、文件压缩服务，可以通过资源管理器实现其功能。

1. 基本磁盘类型

硬盘分区是针对一个硬盘进行操作的，它可以分为主分区、扩展分区、逻辑分区。其中主分区可以有 1~4 个，扩展分区可以有 0~1 个，逻辑分区则没有什么限制，它们的关系如图 12-8 所示。

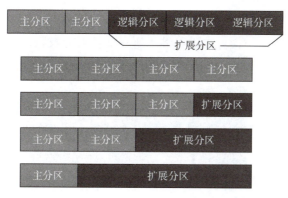

图 12-8 主分区、扩展分区和逻辑分区的关系

（1）主分区。

主分区是用来启动操作系统的分区，操作系统安装在主分区上，也可以将系统的引导文件存放在主分区上。每块基本磁盘最多可以被划分为 4 个主分区。

（2）扩展分区。

每一块硬盘上只能有一个扩展分区，通常情况下，将除了主分区以外的所有磁盘空间划分为扩展分区。扩展分区不能用来启动操作系统，而且它在划分好之后不能直接使用，不能被赋予盘符，必须在其中划分逻辑分区后才可以使用。

（3）逻辑分区。

逻辑分区是在扩展分区之内划分出的磁盘区域。一般情况下，我们将磁盘分为一个主分区和一个扩展分区，然后在扩展分区上划分多个逻辑分区。如果需要多个操作系统互不干扰地安装在一个磁盘上，就必须划分多个主分区。

2. 文件管理

给需要访问文件/文件夹的用户分配权限后，这些用户就可以访问该文件/文件夹，没有被分配权限的用户则无法访问该文件/文件夹。

（1）文件的权限类型。

①完全控制。用户可以执行全部权限，包括两个附加的高级属性。

②修改。用户可以写入新的文件\新建文件\删除文件，也可以查看其他用户在该文件上的权限。

③读取及运行。用户可以读取和执行文件。

④列出文件夹目录。用户可以查看在目录中的文件名。

⑤读取。用户可以读取目录中的文件。

⑥写入。用户可以写入新文件。

(2) 文件夹的权限类型。

①完全控制。用户可以执行全部权限，包括两个附加的高级属性。

②修改。用户可以写入修改、重新写入、删除任何现有文件夹，也可以查看其他用户在该文件夹上的权限。

③读取及运行。用户可以读取文件夹。

④读取。用户可以读取文件夹。

⑤写入。用户可以重新写入文件夹。

另外，文件夹中的文件/文件夹可以继承所在文件夹的权限。如果要阻止继承现象的发生，可以在文件/文件夹的"安全"选项卡中选择"阻止继承"选项。

(3) NTFS 的权限设置。

右击相应文件夹，在快捷菜单中选择"属性"命令，在打开的"属性"对话框中选择"安全"选项卡，既可设置该文件夹的权限，还可以获得所有权的信息。

12.4 校园网的组建

校园网是一个覆盖整个校园的计算机网络，能将学校内各种计算机、服务器、终端设备连接起来，并通过某种接口连接到 Internet。

利用校园网，可建立起校园内部、校园与外部 Internet 间的信息沟通体系，以满足教学、科研和管理的网络环境需求，并为学校各种人员提供资源共享和充分的网络信息服务。

12.4.1 校园网的功能

校园网首先是一个内部网，建网目的就是实现学校办公、教学和管理的信息化，因此应具备学校管理、教育教学资源共享、远程教学和交流等功能，同时还应接入 Internet，以便使校园网内用户能访问 Internet。

校园网除将覆盖整个校园范围的计算机设备互连外，通常还应提供以下服务。

(1) WWW 服务。利用 WWW 服务，可组建学校的网站，为学校的宣传、教学和管理服务。WWW 服务器可提供学习平台，供学生浏览或下载学习资源。

(2) 论坛和答疑室。论坛可为学生提供交流和提问的平台，以方便师生进行交流。答疑室则为教师和学生提供了一个实时的文字和语音交流的平台。若条件有限，论坛和答疑室可与学校网站采用同一个服务器来实现。

(3) 邮件服务器。邮件是一种使用广泛的信息交流方式。提供邮件服务器，可方便师生使用邮件进行交流。

(4) 视频点播服务。方便学生自主学习。

(5) 电子图书馆与电子阅览室。提供电子图书的查阅和资料的检索服务。

(6) 代理服务。利用代理服务器，可实现校园网用户访问 Internet。

12.4.2 校园网设计要求和方案

1. 设计要求

校园网正逐渐成为各学校必备的信息基础设施，其规模和应用水平是衡量学校教学与科研综合实力的一个重要标志。校园网在设计上应注意网络运行的安全性和可靠性，并应注意网络要易于扩充和管理。

校园网的建设应本着"实用性强、扩充性好、开放性好、较先进、安全可靠、升级和使用方便"的原则进行，所建设的校园网既要实用，又要先进，还要考虑今后的发展需要，要有良好方便的扩充功能，要注重其应用和服务功能，能够为用户提供服务，要重视软件开发，引进可靠、成熟且实用的应用软件，充分利用国内外的网络信息资源，做好服务和管理工作。

根据建设原则和用户需求，建成的校园网应能达到以下要求。

(1) 建立一个以全校师生为服务对象的网络平台，为全校师生的教学、科研、行政和后勤服务提供高效的网络信息服务。网络具有传输数据、语音、图形和图像等多种媒体信息功能，具备性能优越的资源共享功能。

(2) 校园网各终端间具有快速交换功能，中心系统交换机采用虚拟网络技术，对网络用户具有分类控制功能。

(3) 对网络资源的访问提供完善的权限控制，能提供有效的身份识别，能基于校园网对全校师生进行管理，如实现基于校园网的考勤、门禁和学生管理等。

(4) 网络应具有防止和捕杀病毒功能，以保证网络安全。网络与 Internet 相连后，应具有防火墙功能，以防止网络黑客入侵网络系统。

(5) 可对接入 Internet 的各网络用户进行访问权限控制。

2. 设计方案

在明确校园网要实现的服务和功能之后，在设计方案之前，还应实地考察校园内各楼宇的分布情况，并确定中心机房的位置。通常中心机房应大体位于整个校园网的中心，以使各节点到中心机房的距离都较近。

由于非屏蔽双绞线的有效传输距离应控制在 100 m 以内，若从中心机房交换机到楼层配线间的距离超过 100 m，则应考虑使用光纤连接。各幢楼的楼层配线间应设在中间楼层。

根据校园内各楼宇的分布，计算出哪些交换机之间需要光纤接口，各幢楼需要的节点数目，并以此计算出整个校园网所需的接入层和汇聚层交换机的数目及其位置分布，以及核心交换机需要的光纤模块的数量。接下来就可进行校园网拓扑结构的设计和选择所使用的交换机型号和数量。拓扑结构和方案确定后，就可组织施工单位进行综合布线的设计和施工，采购相关的网络设备和服务器，组织技术人员配置网络设备，然后安装调试网络设备。

12.4.3 校园网络设计实例一

某学校有学生宿舍 3 幢，每幢 6 层，每层有学生寝室 20 间，每间寝室提供一个信息节点；教师宿舍 1 幢（108 户），共 18 层，每户提供 1 个信息节点；教学楼 1 幢，有 7 层，每层有 10 间教室（每间教室提供 1 个信息节点）和 4 个教师办公室（每间办公室提供 2 个信息节点）；图书馆和电子阅览室在同一幢楼，共有 4 间电子阅览室，每间电子阅览室需要 40 个信息节点，图书馆需要 10 个信息节点；综合楼共 10 层，每层需要 20 个信息节点。平面分布如图 12-9 所示。

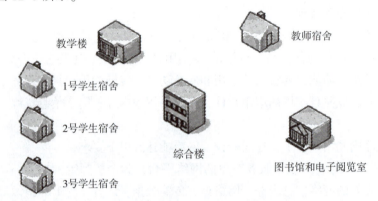

图 12-9 平面分布

1. 方案设计

根据学校各楼宇之间的平面分布，中心机房可设置在综合楼，由于该楼有 10 层，可设置在 4~6 楼中的某一层，其余各幢楼的汇聚层交换机通过光纤与中心机房的核心交换机相连。

各幢楼的汇聚层交换机和接入层交换机均放在各幢楼的配线间中，配线间设置在中间楼层。

2. 计算汇聚层和接入层交换机数目

根据各幢楼所需的节点数，计算所需的交换机数量，如表 12-1 所示。

表 12-1 所需交换机数量

建筑物	楼层	节点数	24 口接入层交换机数量	24 口汇聚层交换机数量
1 号学生宿舍	6	6×20=120	6 台	1 台
2 号学生宿舍	6	6×20=120	6 台	1 台
3 号学生宿舍	6	6×20=120	6 台	1 台
教学楼	7	7×18=126	6 台	1 台
教师宿舍	18	108	5 台	1 台
图书馆和电子阅览室	—	4×40+10=170	8 台	1 台
综合楼	—	10×20=200	10 台	1 台

3. 网络拓扑结构

根据上述分析，设计如图 12-10 所示的网络拓扑结构。

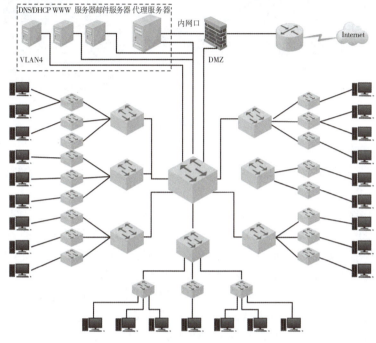

图 12-10 网络拓扑结构

4. 交换机型号选择

接入层交换机可选择使用 Cisco Catalyst 2950-24 交换机，汇聚层交换机可选择使用 Cisco Catalyst 3550-24 交换机，核心层交换机可选择使用 Cisco Catalyst 4503 交换机（3 个插槽）。

服务器可选择使用 Dell 2600 系列，另外还需选购一台硬件防火墙以保护内网。校园网访问 Internet 可采用光纤直连方式，或者采用路由器方式或 ADSL 拨号方式接入 Internet。

12.4.4 校园网络设计实例二

某高校经过扩建兼并后，各个校区的网络互连工作提上了日程。学校扩建涉及各个校区路由器运行路由协议的整体规划，经过和学校方面沟通，基本上确定以公有的路由协议为主。

1. 项目需求分析

学校信息中心提出以下方案。
(1)全网静态路由，提高路由器之间转发用户数据报文的效率。
(2)由于扩建初期，网络规模大小不确定，可以暂时用简单的动态路由协议。
(3)为了以后网络扩展考虑，采用扩展性强、区域性强的动态路由协议构建全网。
网络拓扑结构如图 12-11 所示。

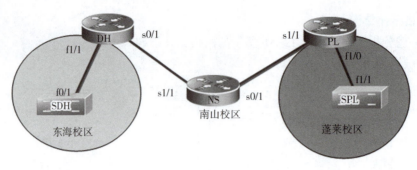

图 12-11 网络拓扑结构

2. 项目逻辑设计

（1）确定主要的路由协议。以公有的路由协议为主，在构建园区网的时候可以选取静态路由协议、RIP 及 OSPF 协议。

（2）使用静态路由，提高路由器之间转发用户数据报文的效率。由于静态路由为手动指定，不存在路由器之间定期或不定期地交互路由信息的路由器不用维护动态的路由表，提高了路由器对用户数据的转发效率。但是，手动指定路由信息，同时必须手动维护，增加了网络管理员的工作量，静态路由不适合拥有很多网段信息的网络。

（3）合并初期，网络规模大小不确定，可以暂时用简单的动态路由协议。由于整个网络规划没有确定，考虑到几个校区结构不复杂，可以采用 RIP 进行互联互通，这样可以避免在合并初期路由信息不确定而带来的人工维护成本。但 RIP 本身只适合小型网络，网络中不能有超过 16 台路由器。另外，因为 RIPv1 是有类路由协议，所以建议采用 RIPv2 来构建网络。

（4）为了以后网络扩展考虑，采用扩展性强、区域性强的动态路由协议构建全网。对于园区网的构建，强调了扩展性及区域性，目前主流的园区网协议为 OSPF，该协议引入了区域的设计理念，并通过特有的算法保证整个网络是无环路的架构，各个分支区域内部发生路由震荡不会引发全网的路由震荡，保证了网络的稳定性，同时新加入网络的路由器或三层交换机也可以灵活地选择所属区域。

给各设备设定地址，逻辑设计地址如表 12-2 所示。

表 12-2 逻辑设计地址

设备名称	接口地址	接口连接
DH （东海校区路由器）	s0/1：10.1.1.2/24	s0/1 连接 NS　s1/1
	f1/1：192.168.1.1/24	f1/1 连接 SDH　f0/1
NS （南山校区路由器）	s1/1：10.1.1.1/24	s1/1 连接 DH　s0/1
	s0/1：13.1.1.1/24	s0/1 连接 PL　s1/1
PL （蓬莱校区路由器）	f1/0：192.168.2.1/24	f1/0 连接 SPL　f1/1
	s1/1：13.1.1.2/24	s1/1 连接 NS　s0/1
SDH	VLAN1：192.168.1.2/24	f0/1 连接 DH　f1/1
SPL	VLAN1：192.168.2.2/24	f1/1 连接 PL　f1/0

3. 设备配置

（1）为路由器 DH 设置 IP 地址。命令如下：

```
DH(config)#interface s0/1
DH(config-if)#ip address10.1.1.2 255.255.255.0
DH(config-if)#no shutdown
DH(config)#interface f1/1
DH(config-if)#ip address 192.168.1.1 255.255.255.0
DH(config-if)#no shutdown
```

其他路由器的地址配置方法同上。

（2）配置静态路由/默认路由。命令如下：

```
DH(config)#ip route 0.0.0.0 0.0.0.0 10.1.1.1
NS(config)#ip route 192.168.2.0 255.255.255.0 13.1.1.2
NS(config)#ip route 192.168.1.0 255.255.255.0 10.1.1.2
PL(config)#ip route 0.0.0.0 0.0.0.0 13.1.1.1
```

（3）网络规模大小不确定，可以暂时用简单的动态路由协议。命令如下：

```
NS(config)#router rip
NS(config-router)#network 10.0.0.0
NS(config-router)#network 13.0.0.0
DH(config)#router rip
DHconfig-router)#network 192.168.1.0
DH(config-router)#network 10.0.0.0
PL(config)#router rip
PL(config-router)#network 192.168.2.0
PL(config-router)#network 13.0.0.0
```

为了以后网络扩展考虑，采用扩展性强、区域性强的动态路由协议构建全网。

将3台路由器所有接口设计到区域0，在每台路由器上运行RIP发布直连路由信息。命令如下：

```
NS(config)#router ospf  1
NS(config-router)#network 10.0.0.0 0.0.0.255 area 0
NS(config-router)#network 13.0.0.0 0.0.0.255 area 0
DH(config)#router ospf 1
DH(config-router)#network 10.0.0.0        0.0.0.255 area0
DH(config-router)#network 192.168.1.0     0.0.0.255 area 0
PL(config)#router ospf 1
PL(config-router)#network 192.168.2.0     0.0.0.255 area 0
PL(config-router)#network 13.0.0.0        0.0.0.255 area 0
```

4．测试

（1）查看路由器各个接口地址。命令如下：

```
#show ip interface brief
```

（2）查看路由器路由表信息。命令如下：

```
#show ip route
```

（3）查看OSPF邻居关系。命令如下：

#show ip ospf neighbour

12.5 某省网络设计大赛案例

伴随着公司规模的扩大，济南某软件公司在昆山建立了自己的产业园，共有高级管理人员和普通员工等 1 000 多人，计划未来 5 年可增加至 10 000 人左右。为满足公司内信息化办公、开发的需要，现建立园区网络。此园区网络通过 ISP 提供的线路，使用 VPN 技术与济南总部园区网络相连。

根据园区网络建设需求，某网络公司进行网络规划和部署。为了确保部署成功，前期进行仿真测试。测试环境包括 3 台路由器、3 台三层交换机、1 台二层交换机、2 台服务器及 3 台主机。

请根据要求在网络设备上进行实际操作，完成网络物理连接、IP 地址规划、VLAN 规划与配置、VPN 配置、路由协议、网络安全与可靠性配置等任务。

某高校代表队根据提供设备和要求做出了具体拓扑结构，如图 12-12 所示，我们称之为方案一。

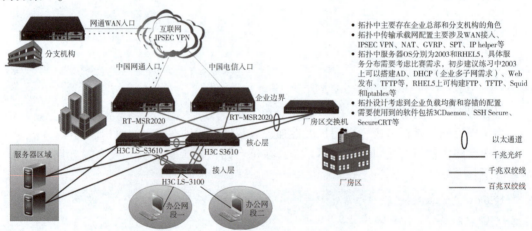

图 12-12 方案一的拓扑结构

具体实施步骤如下。

1. 网络线缆制作与连接

（1）充分利用比赛提供的线缆，综合考虑企业核心转发数据的需求，制作相应的千兆线缆或百兆线缆，如果只存在百兆，那么一定注意交换机级联需要使用以太通道，注意线缆的测试。现在设备一般都是自适应，直通和交叉没有太多讲究。

（2）比赛提供的 SPF 模块是千兆光纤模块，注意看模块上面的英文是 SX 还是 LX。如果是 SX，那么属于多模光纤模块，需要用橙色的光纤跳线；如果是 LX，那么是单模，需要用黄色的光纤跳线。

（3）插入光纤跳线后，注意肉眼判断是否有光源射出。

2. 服务器的安装与配置

（1）2003 上练习常见的服务构建以及发布。

(2) RHEL5 上练习常见服务构建以及发布。

(3) 企业常用服务 Web、AD、DHCP、FTP、Squid、Iptables、LAMP 等的安装及配置。

(4) 办公网段一和办公网段二的计算机加入 AD。

(5) 使用 3CDaemon 做好 TFTP 服务器和 syslog 服务器。

(6) 办公网段一可直接上网，假设办公网段二需要做上网限制，该网段计算机必须通过 RHEL5 代理上网，完成相应的配置和常见上网应用的限制。

3. 网络设备调试

(1) 办公网段属于不同 VLAN，相互之间隔离。

(2) 配置满足内网办公网段一和办公网段二从 DHCP 服务器获得相应的 IP 信息，满足相应访问内网服务器和上外网的需求。

(3) 做好 VRRP 的配置，保证网络的容错性和负载均衡。

(4) 做好 STP 的配置，保证网络的容错性和负载均衡。

4. 网络测试验收

(1) 办公网段一和办公网段二相互之间不能通信，但是都可以登录 AD，访问互联网和内网服务器。

(2) 关闭核心层的一台 3610 路由器，内网应用和外网应用正常。

(3) 断开 3610 路由器和下面 3100 路由器任意一条链路，内网和外网应用正常。

(4) 分支机构和总部的 VPN 连接正常，能通过 VPN 链路访问总部内网资源。

(5) 禁用任意一台服务器的任意一片网卡，该服务器依然能正常被用户访问。

针对以上设计，该高校代表队的选手提出了不同的看法，认为上述方案过于烦琐，所以提出了另外一套方案，具体拓扑结构如图 12-13 所示，我们称之为方案二。

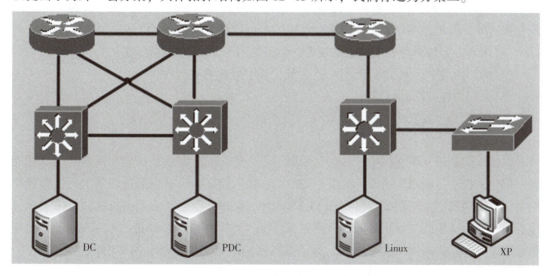

图 12-13 方案二的拓扑结构

左边下面两台服务器作为 AD 使用，在 AD 上面还可以配置 EXCHANGE SCCM SCOM WSUS，上面的两台路由和交换机作为防灾热备冗余使用。用 OSPF 和另外一台路由器连接，另外一边三层连接一台 PC，采用 Linux 系统，作为 Web DHCP FTP，邮件服务如果可以用 LOUTS 最好，否则就用 QMAIL 或者 SENDMAIL。二层接路由器和三层交换机都可以在下面连接一台 PC 作为客户端，还要做 SSH。右边的三层交换机作为 VLAN 和接口镜像作用。

实施步骤同前面的案例基本类似，此处不再赘述。

12.6　企业网组建案例

某集团目前有南山、东海两处工业园区，该集团计划建设自己的企业园区网络，希望通过这个新建的网络，提供一个安全、可靠、可扩展、高效的网络环境，将两处产业园的办公地点连接到一起，使企业内能够方便快捷地实现网络资源共享、全网接入 Internet 等目标，同时实现公司内部的信息保密隔离，以及对于公网的安全访问。为了确保这些关键应用系统的正常运行、安全和发展，网络必须具备以下特性。

（1）采用先进的网络通信技术完成企业网络的建设，连接两个相距较远的产业园办公地点。

（2）为了提高数据的传输效率，在整个企业网络内控制广播域的范围。

（3）在整个企业集团内实现资源共享，并保证主干网络的高可靠性。

（4）企业内部网络中实现高效的路由选择。

（5）在企业网络出口对数据流量进行一定的控制。

（6）能够使用较少的公网 IP 接入 Internet。

集团的具体环境如下。

（1）企业具有南山、东海两处工业园区，且相距较远。

（2）南山办公地点具有的部门较多，南山铝材分公司、精纺公司、旅游公司等为主要的办公场所，因此这部分的交换网络对可用性和可靠性要求较高。

（3）东海办公地点办公人员人数较少，但是外网的接入点在这里。

（4）集团已经申请到了若干公网 IP 地址，供企业内网接入使用。

（5）公司内部使用私网地址。

12.6.1　项目需求

在接入层采用二层交换机，并且要采取一定方式分隔广播域。核心交换机采用高性能的三层交换机，且采用双核心互为备份的形式，接入层交换机分别通过两条上行链路连接两台核心交换机，由三层交换机实现 VLAN 之间的路由。两台核心交换机之间也采用双链路连接，并提高核心交换机之间的链路带宽。接入交换机的 Access 接口上实现对允许连接数量的控制，以提高网络的安全性。为了提高网络的可靠性，整个网络中存在大量环路，要避免环路可能造成的广播风暴等。

三层交换机配置路由接口，与 RNS、RDH 之间实现全网互通。RNS 和东海办公地点的路由器 RDH 之间通过广域网链路连接，并提供一定的安全性；RDH 配置静态路由连接到 Internet。在 RDH 上用少量公网 IP 地址实现企业内网到 Internet 的访问。在 RDH 上对内网到外网的访问进行一定控制，要求不允许财务部访问 Internet，业务部只能访问 WWW

和 FTP 服务器，而综合部只能访问 WWW 服务器，其余访问不受控制。

该项目的网络拓扑结构如图 12-14 所示。

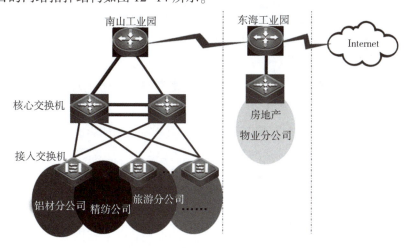

图 12-14　该项目的网络拓扑结构

12.6.2　项目逻辑设计分配方案

该项目的具体实施方案如图 12-15 所示。

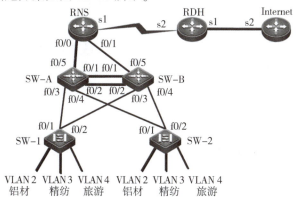

图 12-15　具体实施方案

1. 需求一

在接入层采用二层交换机，并且要采取一定方式分隔广播域。

解决方法：在接入层交换机上划分 VLAN 可以实现对广播域的分隔，划分铝材 VLAN 2、精纺 VLAN 3、旅游 VLAN 4，并分配接口。

2. 需求二

核心交换机采用高性能的三层交换机，且采用双核心互为备份的形式，接入层交换机分别通过两条上行链路连接到两台核心交换机，由三层交换机实现 VLAN 之间的路由。

解决方法：交换机之间的链路配置为 Trunk 链路，三层交换机上采用 SVI 方式（switch virtual interface）实现 VLAN 之间的路由。

3. 需求三

两台核心交换机之间也采用双链路连接，并提高核心交换机之间的链路带宽。

解决方法：在两台三层交换机之间配置接口聚合，以提高带宽。

4. 需求四

接入交换机的 Access 接口上实现对允许的连接数量的控制，以提高网络的安全性。

解决方法：采用接口安全的方式实现。

5. 需求五

为了提高网络的可靠性，整个网络中存在大量环路，要避免环路可能造成的广播风暴等。

解决方法：整个交换网络内实现 RSTP，以避免环路带来的影响。

6. 需求六

三层交换机配置路由接口，与 RNS、RDH 之间实现全网互通。

解决方法：两台三层交换机上配置路由接口，连接南山园区办公地点的路由器 RNS，RNS 和 RDH 分别配置接口 IP 地址；在三层交换机的路由接口和 RNS，以及 RDH 的内网接口上启用 RIP，实现全网互通。

7. 需求七

RNS 和东海园区办公地点的路由器 RDH 之间通过广域网链路连接，并提供一定的安全性。

解决方法：RNS 和 RDH 的广域网接口上配置 PPP，并用 PAP 认证提高安全性。

8. 需求八

RDH 配置静态路由连接到 Internet。

解决方法：两台三层交换机上配置默认路由，指向 RNS，RNS 上配置默认路由指向 RDH，RDH 上配置默认路由指向连接到 Internet 的下一跳地址。

9. 需求九

在 RDH 上用少量公网 IP 地址实现企业内网到 Internet 的访问。

解决方法：用 NAT(网络地址转换)实现企业内网仅用少量公网 IP 地址到 Internet 的访问。

10. 需求十

在 RDH 上对内网到外网的访问进行一定控制，要求不允许财务部访问 Internet，业务部只能访问 WWW 和 FTP 服务器，综合部只能访问 WWW 服务器，其余访问不受控制。

解决方法：通过 ACL(访问控制列表)实现。

各设备的配置情况分别列表予以说明。

SW-A 配置情况如表 12-3 所示。

表 12-3　SW-A 配置情况

接口和 VLAN	IP 地址
f0/5	10.1.17.2/24
VLAN 2	192.168.1.1/24
VLAN 3	192.168.2.1/24
VLAN 4	192.168.3.1/24

SW-B 配置情况如表 12-4 所示。

表 12-4 SW-B 配置情况

接口和 VLAN	IP 地址
f0/5	10.1.15.2/24
VLAN 2	192.168.1.2/24
VLAN 3	192.168.2.2/24
VLAN 4	192.168.3.2/24

RNS 配置情况如表 12-5 所示。

表 12-5 RNS 配置情况

接口	IP 地址
f0/0	10.1.17.1/24
f0/1	10.1.15.1/24
s1	10.1.1.1/24

RDH 配置情况如表 12-6 所示。

表 12-6 RDH 配置情况

接口	IP 地址
s1	202.102.128..1/24
s2	10.1.1..2/24

外网接口 s2 的地址为 202.102.128.2/24。

12.6.3 项目物理实施

在核心交换机与接入交换机上分别创建相应的 VLAN，核心交换机与接入层设备之间建立 Trunk 链路。两台核心交换机间通过双链路相连，实现接口聚合。

在全部交换机上配置 RSTP，指定两台三层交换机分别为根网桥和备份根网桥，在接入交换机的 Access 链路上实现接口安全。配置三层交换机的 VLAN 间路由功能。

在三层交换机的路由接口、RNS 和 RDH 上配置接口 IP 地址，RNS 和 RDH 配置广域网链路，启用 PPP 和配置 PAP 认证。运用 RIPv2 路由协议配置企业内网的路由，用静态路由实现企业内网到 Internet 的访问，在路由器 RDH 上作 NAT 实现内网对外网的访问，为了控制内网对 Internet 的访问，在路由器 RDH 上配置 ACL。

12.7 Windows 常见服务器的搭建

网络工程中各种方案的设计都离不开设备及相关服务。路由交换设备在前面已经介绍过，一个完整的方案离不开各种服务器，如 DNS 服务器、DHCP 服务器、文件服务器、Web 服务器等。这些服务器在网络工程中占据相当大的比重。本节就以 Windows Server 2016 为例，全面地

12.7 Windows 常见服务器的搭建

讲解相关服务器的搭建,读者可扫描二维码查看本节具体内容。

习题12

一、选择题

1. 在网络工程的生命周期中,对用户需求进行了解和分析是在什么阶段?（　　）

   A. 需求分析　　　　B. 设计　　　　C. 实施　　　　D. 运维

*2. 当使用时间到达租约期的多少后DHCP客户端和DHCP服务器端将更新租约?（　　）

   A. 50%　　　　B. 75%　　　　C. 87.5%　　　　D. 100%

*3. 如果服务器系统可用性达到99.99%,那么每年的停机时间必须小于多少?（　　）

   A. 4 min　　　　B. 10 min　　　　C. 53 min　　　　D. 106 min

*4. 刀片服务器中某块"刀片"插入了4块500 GB的SAS硬盘,若使用RAID 10组建磁盘系统,则系统可用的磁盘容量为多少?（　　）

   A. 500 GB　　　　B. 1 TB　　　　C. 1500 GB　　　　D. 2 TB

二、综合题

某学校拟组建一个小型校园网,具体设计如下。

1. 设计要求。

（1）终端用户包括：48个校园网普通用户；一个有24个多媒体用户的电子阅览室；一个有48个用户的多媒体教室(性能要求高于电子阅览室)。

（2）服务器提供Web、DNS、邮件服务。

（3）支持远程教学,可以接入Internet,具有广域网访问的安全机制和网络管理功能。

（4）各楼之间的距离为500 m。

2. 可选设备如表12-7所示。

表12-7　可选设备

设备名称	数量	特性
交换机Switch1	1台	具有两个100Base—TX接口和24个10Base—T接口
交换机Switch2	2台	各具有两个100 Mbps快速以太网接口(其中一个为100Base—TX,另一个为100Base—FX)和24个10Base—T接口
交换机Switch3	2台	各配置两个100Base—FX端口、24个100Base—TX快速以太网接口
交换机Switch4	1台	配置4个100Base-FX端口、24个100Base-TX快速以太网接口,具有MIB管理模块
路由器Router1	1台	提供了对内的10/100 Mbps局域网接口,对外的128 kbps的ISDN或专线连接,同时具有防火墙功能

3. 可选介质：3类双绞线、5类双绞线、多模光纤。

该校网络设计方案如图12-16所示。

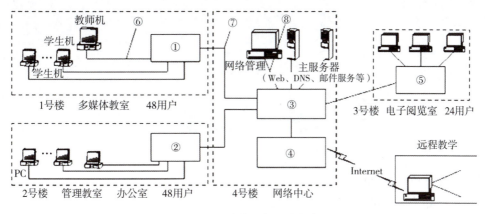

图 12-16 该校网络设计方案

（1）依据给出的可选设备进行选型，给出①~②处空缺的设备名称（每处可选一台或多台设备）。

（2）给出⑥~⑧处空缺的介质（所给介质可重复选择）。

参 考 文 献

[1] 肖川. 计算机网络[M]. 北京：高等教育出版社，2018.
[2] 吴功宜. 计算机网络教程[M]. 6 版. 北京：电子工业出版社，2018.
[3] 谢钧. 计算机网络教程微课版[M]. 6 版. 北京：人民邮电出版社，2021.
[4] 韩劲松. 交换机与路由器配置教程[M]. 北京：清华大学出版社，2022.
[5] 沈鑫剡. 计算机网络工程[M]. 2 版. 北京：清华大学出版社，2021.
[6] 刘永华. 网络工程导论[M]. 北京：清华大学出版社，2021.
[7] 杨陟卓. 网络工程设计与系统集成[M]. 3 版. 北京：人民邮电出版社，2014.
[8] 杨波. 现代密码学[M]. 5 版. 北京：清华大学出版社，2022.
[9] 王进. 华为 HCIA-Datacom 认证实验指南[M]. 北京：中国水利水电出版社，2022.
[10] 邱洋. 网络设备配置与管理[M]. 2 版. 北京：电子工业出版社，2018.
[11] 姚向华. 无线传感器网络与物联网[M]. 北京：高等教育出版社，2022.
[12] 梁广民. 网络互联技术[M]. 3 版. 北京：高等教育出版社，2022.
[13] 董会国. 网络工程方案设计与实施[M]. 3 版. 北京：中国铁道出版社，2021.
[14] 陈雪蓉. 计算机网络技术及应用[M]. 3 版. 北京：高等教育出版社，2020.
[15] 沈鑫剡. 计算机网络工程实验教程(基于华为 eNSP)[M]. 北京：清华大学出版社，2021.
[16] 谢希仁. 计算机网络[M]. 北京：电子工业出版社，2021.
[17] 肖川. 局域网组网技术[M]. 2 版. 北京：北京理工大学出版社，2019.

附　录

Cisco、H3C、华为等公司生产的网络设备的命令较多，下面先介绍基本命令，再介绍其他功能命令。路由命令是最基本的命令。Cisco、H3C、华为网络设备常用命令如表 1 所示。

表 1　Cisco、H3C、华为网络设备常用命令

	Cisco	H3C	华为	说明
基本命令	no	undo	undo	取消、关闭当前设置
	show	display	display	显示查看
	exit	quit	quit	退回上级
	hostname	sysname	sysname	设置主机名
	en，config terminal	system-view	system-view	进入全局模式
	delete	delete	delete	删除文件
	reload	reboot	reboot	重启
	write	save	save	保存当前配置
	username	local-user	local-user	创建用户
	shutdown	shutdown	shutdown	禁止、关闭接口
	show version	display version	display version	显示当前系统版本
	show startup-config	display saved-configuration	display saved-configuration	查看已保存过的配置
	show running-config	display current-configuration	display current-configuration	显示当前配置
	no debug all	Ctrl+D	Ctrl+D	取消所有 debug 命令
	erase startup-config	reset saved-configuration	reset saved-configuration	删除配置
	end	return	return	退到用户视图
	exit	logout	logout	登出
	logging	info-center	info-center	指定信息中心配置信息
	line	user-interface	user-interface	进入线路配置（用户接口）模式
	start-config	saved-configuration	saved-configuration	启动配置

续表

	Cisco	H3C	华为	说明
基本命令	running-config	current-configuration	current-configuration	当前配置
	host	ip host	ip host	host 名字和 IP 地址对应
交换部分	enable password	set authentication password simple	set authentication password simple	配置明文密码
	interface type/number	interface type/number	interface type/number	进入接口
	interface vlan 1	interface vlan 1	interface vlan 1	进入 VLAN 配置 VLAN 管理地址
	interface rang	interface ethID to ID	interface ethID to ID	定义多个接口的组
	enabl esecret	super password	super password	设置特权口令
	duplex(half｜full｜auto)	duplex(half｜full｜auto)	duplex(half｜full｜auto)	配置接口状态
	speed(10/100/1000)	speed(10/100/1000)	speed(10/100/1000)	配置接口速率
	switchport mode trunk	port link-type trunk	port link-type trunk	配置 Trunk
	vlan ID/no vlan ID	vlan batch ID/undo vlan batch ID	vlan batch ID/undo vlan batch ID	添加、删除 VLAN
	switchport access vlan	port default vlan ID	port access vlan ID	将接口接入 VLAN
	show interface	display interface	display interface	查看接口
	show vlan ID	display vlan ID	display vlan ID	查看 VLAN
	encapsulation	link-protocol	link-protocol	封装协议
	channel-group 1 mode on	port link-aggregation group 1	port link-aggregation group 1	链路聚合
	ip routing	默认开启	默认开启	开启三层交换的路由功能
	no switchport	不支持	不支持	开启接口三层功能
	vtp domain	GVRP	GVRP	对跨以太网交换机的 VLAN 进行动态注册和删除
	spanning-tree vlan ID root primary	stp instance id root primary	stp instance id root primary	STP 配置根网桥
	spanning-tree vlan ID priority	stp primary vlaue	stp primary vlaue	配置网桥优先级
	show spanning-tree	dis stp brief	dis stp brief	查看 STP 配置

续表

	Cisco	H3C	华为	说明
路由部分	ip route 0.0.0.0 0.0.0.0	ip route-static 0.0.0.0 0.0.0.0	ip route-static 0.0.0.0 0.0.0.0	配置默认路由
	ip route 目标网段+掩码 下一跳	ip route-static 目标网段+掩码 下一跳	ip route-static 目标网段+掩码 下一跳	配置静态路由
	show ip route	display ip routing-table	display ip routing-table	查看路由表
	router rip/network 网段	rip/network 网段	rip/network 网段	启用 RIP 并宣告网段
	router ospf	ospf	ospf	启用 OSPF
	network ip 反码 area <area-id>	area<area-id>	area<area-id>	配置 OSPF 区域
	no auto-summary	rip split-horizon	rip split-horizon	配置 RIPv2 水平分割
	show ip protocol	display ip protocol	display ip protocol	查看路由协议
	access-list 1-99 permit/deny IP	rule id permit source IP	rule id permit source IP	标准 ACL
	access-list 100-199 permit/deny protocol source IP+反码 destination IP + 反码 operator operan	rule｛normal｜special｝｛permit｜deny｝｛tcp｜udp｝source｛<ip wild>｜any｝destination<ip wild>｜any｝［operate］	rule｛normal｜special｝｛permit｜deny｝｛tcp｜udp｝source｛<ip wild>｜any｝destination<ip wild>｜any｝［operate］	扩展 ACL
	standby group-number ip virtual-ip	vrrp vrid number virtual-ip	vrrp vrid number virtual-ip	配置 HSRP 组
	standby group-number priority	vrrp vrid number priority	vrrp vrid number priority	配置 HSRP 优先级
	standby group-number preempt	vrrp vrid number preempt-mode	vrrp vrid number preempt-mode	配置 HSRP 占先权
	standby group-number track			配置接口跟踪
	ip nat inside source static	nat server global <ip>［port］inside <ip> port［protocol］	nat server global <ip>［port］inside <ip> port［protocol］	配置静态地址转换

1. Cisco 常用命令解释

视图模式命令如下：

普通视图 Router>
特权视图 Router#　　//在普通模式下输入 enable

全局视图 Router(config)#   //在特权模式下输入 config t
接口视图 Router(config-if)#   //在全局模式下输入"int 接口名称",例如 int s0 或 int e0
路由协议视图 Router(config-route)#   //在全局模式下输入 router 动态路由协议名称

(1) 基本配置命令如下:

Router>enable   //进入特权模式
Router#conf t   //进入全局模式
Router(config)#hostname xxx   //设置设备名称,就好像给我们的计算机起个名字
Router(config)#enable password   //设置特权口令
Router(config)#no ip domain-lookup   //不允许路由器默认使用 DNS 解析命令
Router(config)#line console 0   //进入控制口的服务模式
Router(config-line)#password xxx   //要设置 console 的密码
Router(config-line)#login   //使能可以登录
Router(config-line)#logging synchronous   //日志同步
Router(config-line)#exec-timeout 0 0   //设置时间溢出为 0
Router(config-line)#line vty 0 4   //进入设置 Telnet 服务模式
Router(config-line)#password xxx   //设置 Telnet 的密码
Router(config-line)#login   //使能可以登录
Router(config-line)#exit   //保存退出到特权模式
Router(config)# Service password-encrypt   //对所有在路由器上输入的口令进行暗文加密

ENSP 介绍

思科华为模拟配置比较

(2) 接口配置命令如下:

Router(config)#interface serial0   //进入接口模式 serial0 接口配置(如果是模块化的路由器,前面应加上槽位编号,例如 serial0/0 代表这个路由器的 0 槽位上的第一个接口)
Router(config-if)#ip address xxx.xxx.xxx.xxx xxx.xxx.xxx.xxx   //添加 IP 地址和掩码
Router(config-if)#enca hdl/ppp   //捆绑链路协议 HDLC 或 PPP,Cisco 默认串口封装的链路层协议是 HDLC
Router(config)#int loopback   //建立环回口(逻辑接口)模拟不同的本机网段
Router(config-if)#ip add xxx.xxx.xxx.xxx xxx.xxx.xxx.xxx   //添加 IP 地址和掩码给环回口
Router(config-if)#no shutdown   //在物理接口上配置了 IP 地址后用 no shut 启用这个物理接口,反之可以用 shutdown 管理性地关闭接口

(3) 路由配置。
① 静态路由命令如下:

Router(config)#ip route xxx.xxx.xxx.xxx xxx.xxx.xxx.xxx   //下一条或自己的接口
Router(config)#ip route 0.0.0.0 0.0.0.0 s 0   //添加默认路由

② 动态路由。
RIP 命令如下:

Router(config)#router rip   //启动 RIP
Router(config-router)#network xxx.xxx.xxx.xxx   //宣告自己的网段
Router(config-router)#version 2   //转换为 RIPv2 版本
Router(config-router)#no auto-summary   //关闭自动汇总功能,RIPv2 才有作用
Router(config-router)# passive-int   接口名//启动本路由器的那个接口为被动接口
Router(config-router)# nei xxx.xxx.xxx.xxx   //广播转单播报文,指定邻居的 IP

华为静态路由的配置

IGRP 命令如下：

```
Router(config)#router igrp xxx        //启动 IGRP
Router(config-router)#network xxx.xxx.xxx.xxx     //宣告自己的网段
Router(config-router)#variance xxx    //调整倍数因子,使用不等价的负载均衡
```

EIGRP 命令如下：

```
Router(config)router eigrp xxx        //启动协议
Router(config-router)#network xxx.xxx.xxx.xxx     //宣告自己的网段
Router(config-router)#variance xxx    //调整倍数因子,使用不等价的负载均衡
Router(config-router)#no auto-summary  //关闭自动汇总功能
```

华为动态 RIP 和 OSPF 配置

OSPF 协议命令如下：

```
Router(config)router ospf xxx         //启动协议启动一个 OSPF 协议进程
Router(config-router)network xxx.xxx.xxx.xxx area xxx   //宣告自己的接口或网段
Router(config-router)router-id xxx.xxx.xxx.xxx    //配置路由的 ID
Router(config-router)aera xxx stub    //配置 xxx 区域为末节区域,加入这个区域的路由器全部要配置这条命令
Router(config-router)aera xxx stub no-summary     //配置 xxx 区域为完全末节区域,只在 ABR 上配置
Router(config-router)aera xxx nssa    //配置 xxx 区域为非纯末节区域,加入这个区域的路由器全部要配置这条命令
Router(config-router)aera xxx nssa no-summary     //配置 xxx 区域为完全非纯末节区域,只在 ABR 上配置,并发布默认路由信息进入这个区域内的路由器
```

(4) 保存当前修改/运行的配置命令如下：

```
Router#write    //将 RAM 中的当前配置存储到 NVRAM 中,下次路由器启动就是执行保存的配置
Router#Copy running-config startup-config    //命令与 write 效果一样
```

(5) 一般的常用命令如下：

```
Router(config-if)#exit
Router(config)#
Router(config-router)#exit
Router(config)#
Router(config-line)#exit
Router(config)#
Router(config)#exit
Router#
exit 命令    //从接口、协议、line 等视图模式下退回到全局模式,或者从全局模式退回到特权模式
Router(config-if)#end
Router(config-router)#end
Router(config-line)#end
Router#
end 命令    //从任何视图直接回到特权模式
Router#Logout    //退出当前路由器登录模式
Router#reload    //重新启动路由器
//特权模式下：
```

华为 AAA 远程登录

华为标准 ACL 和
扩展 ACL 配置

```
Router#show ip route            //查看当前的路由表
Router#clear ip route *         //清除当前的路由表
Router#show ip protocol         //查看当前路由器运行的动态路由协议情况
Router#show ip int brief        //查看当前的路由器的接口 IP 地址启用情况
Router#show running-config      //查看当前运行配置
Router#show startup-config      //查看启动配置
Router#debug ip pack            //打开 IP 报文的调试
Router#terminal monitor         //输出到终端上显示调试信息
Router#show ip eigrp neighbors  //查看 EIGRP 的邻居表
Router#show ip eigrp top        //查看 EIGRP 的拓扑表
Router#show ip eigrp interface  //查看当前路由器运行 EIGRP 的接口情况
Router#show ip ospf neighbor    //查看当前路由器的 OSPF 协议的邻居表
Router#show ip ospf interface   //查看当前路由器运行 OSPF 协议的接口情况
Router#clear ip ospf process    //清除当前路由器 OSPF 协议的进程
Router#Show interfaces          //显示设置在路由器和访问服务器上所有接口的统计信息,显示路由器上
配置的所有接口的状态
Router#Show interfaces serial   //显示关于一个串口的信息
Router#Show ip interface        //列出一个接口的 IP 信息和状态的小结,列出接口的状态和全局参数
```

2. Cisco 命令全集

Cisco 常用命令如下:

```
access-enable       //允许路由器在动态访问列表中创建临时访问列表入口
access-group        //把访问控制列表(ACL)应用到接口上
access-list         //定义一个标准的 IP ACL
access-template     //在连接的路由器上手动替换临时访问列表入口
appn                //向 APPN 子系统发送命令
atmsig              //执行 ATM 信令命令
b                   //手动引导操作系统
bandwidth           //设置接口的带宽
banner motd         //指定日期信息标语
bfe                 //设置突发事件手册模式
boot system         //指定路由器启动时加载的系统映像
calendar            //设置硬件日历
cd                  //更改路径
cdp enable          //允许接口运行 CDP 协议
clear               //复位功能
clear counters      //清除接口计数器
clear interface     //重新启动接口上的硬件逻辑
clock rate          //设置串口硬件连接的时钟速率,如网络接口模块和接口处理器
能接受的速率
cmt                 //开启/关闭 FDDI 连接管理功能
config-register     //修改配置寄存器设置
configure           //允许进入存在的配置模式,在中心站点上维护并保存配置信息
configure memory    //从 NVRAM 加载配置信息
configure terminal  //从终端进行手动配置
connect             //打开一个终端连接
```

简单 VOICE

简单语音服务

copy　　//复制配置或映像数据
copy flash tftp　　//备份系统映像文件到 TFTP 服务器
copy running-config startup-config　　//将 RAM 中的当前配置存储到 NVRAM
copy running-config tftp　　//将 RAM 中的当前配置存储到网络 TFTP 服务器上
copy tftp flash　　//从 TFTP 服务器上下载新映像到 Flash
copy tftp running-config　　//从 TFTP 服务器上下载配置文件
debug　　//使用调试功能
debug dialer　　//显示接口在拨什么号及诸如此类的信息
debug ip rip　　//显示 RIP 路由选择更新数据
debug ipx routing activity　　//显示关于路由协议(RIP)更新数据包的信息
debug ipx sap　　//显示关于 SAP(业务通告协议)更新数据包信息
debug isdn q921　　//显示在路由器 D 通道 ISDN 接口上发生的数据链路层(第 2 层)的访问过程
debug ppp　　//显示在实施 PPP 中发生的业务和交换信息
delete　　//删除文件
deny　　//为一个已命名的 IP ACL 设置条件
dialer idle-timeout　　//规定线路断开前的空闲时间的长度
dialer map　　//设置一个串行接口来呼叫一个或多个地点
dialer wait-for-carrier-time　　//规定花多长时间等待一个载体
dialer-group　　//通过对属于一个特定拨号组的接口进行配置来访问控制
dialer-list protocol　　//定义一个数字数据接收器(DDR)拨号表以通过协议或 ACL 与协议的组合来控制拨号
dir　　//显示给定设备上的文件
disable　　//关闭特权模式
disconnect　　//断开已建立的连接
enable　　//打开特权模式
enable password　　//确定一个密码以防止对路由器非授权的访问
enable password　　//设置本地口令控制不同特权级别的访问
enable secret　　//为 enable password 命令定义额外一层安全性
encapsulation frame-relay　　//启动帧中继封装
encapsulation novell-ether　　//规定在网络段上使用的 Novell 独一无二的格式
encapsulation PPP　　//把 PPP 设置为由串口或 ISDN 接口使用的封装方法
encapsulation sap　　//规定在网络段上使用的以太网 802.2 格式 Cisco 的密码是 sap
end　　//退出配置模式
erase　　//删除闪存或配置缓存
erase startup-config　　//删除 NVRAM 中的内容
exec-timeout　　//配置 EXEC 命令解释器在检测到用户输入前所等待的时间
exit　　//退出所有配置模式或关闭一个激活的终端会话和终止一个 EXEC
format　　//格式化设备
frame-relay local-dlci　　//为使用帧中继封装的串行线路启动本地管理接口(LMI)
help　　//获得交互式帮助系统
history　　//查看历史记录
hostname　　//使用一个主机名来配置路由器,该主机名以提示符或默认文件名的方式使用
interface　　//配置接口类型和进入接口模式
interface serial　　//选择接口并且输入接口模式

ip access- group   //控制对一个接口的访问
ip address   //设定接口的网络逻辑地址
ip default- network   //建立一条默认路由
ip domain- lookup   //允许路由器默认使用 DNS
ip host   //定义静态主机名到 IP 地址的映射
ip name- server   //指定至多 6 个进行名字- 地址解析的服务器地址
ip route   //建立一条静态路由
ip unnumbered   //在给一个接口分配一个明确的 IP 地址情况下,在串口上启动互联网协议(IP)的处理过程
ipx delay   //设置点计数
ipx ipxwan   //在串口上启动 IPXWAN 协议
ipx maximum- paths   //当转发数据包时设置 Cisco IOS 软件使用的等价路径数量
ipx network   //在一个特定接口上启动互联网数据包交换(IPX)的路由选择并且选择封装的类型(用帧封装)
ipx router   //规定使用的路由协议
ipx routing   //启动 IPX 路由选择
ipx sap- interval   //在较慢的链路上设置较不频繁的 SAP(业务广告协议)更新
ipx type- 20- input- checks   //限制对 IPX20 类数据包广播的传播的接收
isdn spid1   //在路由器上规定已经由 ISDN 业务供应商为 B1 信道分配的业务简介号(SPID)
isdn spid2   //在路由器上规定已经由 ISDN 业务供应商为 B2 信道分配的业务简介号(SPID)
isdn switch- type   //规定了在 ISDN 接口上的中央办公区的交换机的类型
keeplive   //为使用帧中继封装的串行线路 LMI(本地管理接口)机制
lat   //打开 LAT 连接
line   //确定一个特定的线路和开始线路配置
line concole   //设置控制台接口线路
line vty   //为远程控制台访问规定了一个虚拟终端
lock   //锁住终端控制台
login   //以某用户身份登录,登录时允许口令验证
mbranch   //向下跟踪组播地址路由至终端
media- type   //定义介质类型
metric holddown   //把新的 IGRP 路由选择信息与正在使用的 IGRP 路由选择信息隔离一段时间
mrbranch   //向上解析组播地址路由至枝端
mrinfo   //从组播路由器上获取邻居和版本信息
mstat   //对组播地址多次路由跟踪后显示统计数字
mtrace   //由源向目标跟踪解析组播地址路径
name- connection   //命名已存在的网络连接
ncia   //开启/关闭 NCIA 服务器
network   //指定一个和路由器直接相连的网络地址段
network- number   //对一个直接连接的网络进行规定
no shutdown   //打开一个关闭的接口
Rad   //开启一个 X. 29 PAD 连接
Rermit   //为一个已命名的 IP ACL 设置条件
Ring   //发送回声请求,诊断基本的网络连通性
Rpp   //开始 IETF 点对点协议

Rpp authentication　　//启动 Challenge 握手鉴权协议(CHAP)或密码验证协议(PAP),或者将两者都启动,并且对在接口上选择的 CHAP 和 PAP 验证的顺序进行规定

Rpp chap hostname　　//当用 CHAP 进行身份验证时,创建一批好像是同一台主机的拨号路由器

Rpp chap password　　//设置一个密码,该密码被发送到对路由器进行身份验证的主机,命令对进入路由器的用户名/密码的数量进行了限制

Rpp pap sent-username　　//对一个接口启动远程 PAP 支持,并且在 PAP 对同等层请求数据包验证过程中使用 sent-username 和 password

protocol　　//对一个 IP 路由协议进行定义,该协议可以是 RIP、IGRP、OSPF 和 IGRP

pwd　　//显示当前设备名

reload　　//关闭并执行冷启动;重启操作系统

rlogin　　//打开一个活动的网络连接

router　　//由第一项定义的 IP 路由协议作为路由进程,例如:router rip 选择 RIP 作为路由协议

router igrp　　//启动一个 IGRP 的路由选择过程

router rip　　//选择 RIP 作为路由选择协议

rsh　　//执行一个远程命令

sdlc　　//发送 SDLC 测试帧

send　　//在 TTY 线路上发送消息

service password-encryption　　//对口令进行加密

setup　　//运行 setup 命令

show　　//显示运行系统信息

show access-lists　　//显示当前所有 ACL 的内容

show buffers　　//显示缓存器统计信息

show cdp entry　　//显示 CDP 表中所列相邻设备的信息

show cdp interface　　//显示打开的 CDP 接口信息

show cdp neighbors　　//显示 CDP 查找进程的结果

show dialer　　//显示为 DDR(数字数据接收器)设置的串行接口的一般诊断信息

show flash　　//显示闪存的布局和内容信息

show frame-relay lmi　　//显示关于本地管理接口(LMI)的统计信息

show frame-relay map　　//显示关于连接的当前映射入口和信息

show frame-relay pvc　　//显示关于帧中继接口的永久虚链路(PVC)的统计信息

show hosts　　//显示主机名和地址的缓存列表

show ip protocols　　//显示活动路由协议进程的参数和当前状态

show ip route　　//显示路由选择表的当前状态

show ip router　　//显示 IP 路由表信息

show ipx interface　　//显示 Cisco IOS 软件设置的 IPX 接口的状态以及每个接口中的参数

show ipx route　　//显示 IPX 路由选择表的内容

show ipx servers　　//显示 IPX 服务器列表

show ipx traffic　　//显示数据包的数量和类型

show isdn active　　//显示当前呼叫的信息,包括被叫号码、建立连接前所花费的时间、在呼叫期间使用的自动化操作控制(AOC)收费单元以及是否在呼叫期间和呼叫结束时提供 AOC 信息

show isdn status　　//显示所有 ISDN 接口的状态,或者一个特定的数字信号链路(DSL)的状态,或者一个特定 ISDN 接口的状态

show memory　　//显示路由器内存的大小,包括空闲内存的大小

show processes　　//显示路由器的进程

show protocols　　//显示设置的协议
show running-config　　//显示 RAM 中的当前配置信息
show spantree　　//显示关于 VLAN 的生成树信息
show stacks　　//监控和中断程序对堆栈的使用,并显示系统上一次重启的原因
show startup-config　　//显示 NVRAM 中的启动配置文件
show status　　//显示 ISDN 线路和两个 B 信道的当前状态
show version　　//显示系统硬件的配置、软件的版本、配置文件的名称和来源及引导映像
shutdown　　//关闭一个接口
telnet　　//开启一个 Telnet 连接
term ip　　//指定当前会话的网络掩码的格式
term ip netmask-format　　//规定了在 show 命令输出中网络掩码显示的格式
timers basic　　//控制着 IGRP 以多少时间间隔发送更新信息
trace　　//跟踪 IP 路由
username password　　//规定了在 CHAP 和 PAP 呼叫者身份验证过程中使用的密码
verify　　//检验 flash 文件
where　　//显示活动连接
which-route　　//执行 OSI 路由表查找并显示结果
write　　//运行的配置信息写入内存、网络或终端
write erase　　//现在由 copy startup-config 命令替换